从零开始

中文版

Photoshop CC 基础培训教程

老虎工作室

李小虎 赵博 艾萍 编著

人 民 邮 电 出 版 社

北 京

图书在版编目（CIP）数据

Photoshop CC中文版基础培训教程 / 老虎工作室等编著. -- 北京 : 人民邮电出版社, 2015.5（2019.1重印）
（从零开始）
ISBN 978-7-115-38804-9

Ⅰ. ①P… Ⅱ. ①老… Ⅲ. ①图象处理软件—教材 Ⅳ. ①TP391.41

中国版本图书馆CIP数据核字(2015)第054838号

内容提要

本书全面系统地介绍了Photoshop CC的基本功能及其常用工具，并对选区、图层、路径、通道、蒙版、滤镜、文本和图形制作等重点和难点内容进行了详细讲解。在介绍工具和命令的同时，还提供了精彩的范例解析和综合案例，以方便读者更好地理解和掌握所学的内容。

本书配套光盘中提供了本书相关案例的操作视频、素材文件和最终效果文件，读者可以根据这些资料进行比对学习，在较短的时间内掌握Photoshop CC的操作方法。

本书适合 Photoshop 初学者和有一定操作经验的读者阅读，尤其适合各类相关培训学校作为教材使用。另外，针对近年来数码相机的普及，本书增加了数码照片后期处理方面的内容，因此也适合对数码照片处理感兴趣的家庭用户阅读。

◆ 编　　著　老虎工作室　李小虎　赵　博　艾　萍
责任编辑　李永涛
责任印制　杨林杰

◆ 人民邮电出版社出版发行　　北京市丰台区成寿寺路11号
邮编　100164　　电子邮件　315@ptpress.com.cn
网址　http://www.ptpress.com.cn
北京九州迅驰传媒文化有限公司印刷

◆ 开本：787×1092　1/16
印张：14.25
字数：350千字　　2015年5月第1版
印数：6 601–6 900册　　2019年1月北京第9次印刷

定价：35.00元（附光盘）

读者服务热线：(010)81055410　印装质量热线：(010)81055316
反盗版热线：(010)81055315
广告经营许可证：京东工商广登字20170147号

老虎工作室

关于本书

内容和特点

本书全面系统地介绍了 Photoshop CC 的基本功能及其常用工具，并对选区、路径、图层、通道、蒙版、滤镜、文本和图形制作等重点和难点内容进行了详细讲解。在介绍工具和命令的同时，本书还提供了精彩的范例解析、课堂实训和综合案例。在本书配套光盘中，还提供了相关案例的操作视频、素材文件和最终效果文件，能使读者在较短的时间内掌握 Photoshop CC 的操作方法。

为了方便读者自学和培训学校教学使用，本书严格按照培训班的课程设置来编排内容，以课时决定章节的长短，采取了“功能讲解－范例解析－课堂实训－综合案例－课后作业”的介绍流程，以便于培训班的老师上课时使用。在每一章的前面给出了本章的学习目标，以便读者了解本章所要学习的内容。在介绍工具或命令时，一般先介绍该工具或命令的基本功能和基本操作，再讲解相关的选项和参数。对于重要和较难理解的工具或命令，本书提供了相应的范例解析和课堂实训，方便读者加深印象和加强理解。最后，再通过综合案例来强化练习，总结本章内容并提醒读者要注意的问题。在每一章的学习完成后，还给出相关的课后作业，便于读者巩固所学的知识。

全书共分为 10 章，主要内容介绍如下。

- 第 1 章：介绍 Photoshop CC 的界面、基本概念和基本操作方法，包括软件界面、图像文件及图像浏览的基本操作，同时介绍图像文件的颜色设置、标尺、网格和参考线的设置等。
- 第 2 章：介绍 Photoshop CC 中各种选区创建工具及编辑命令的使用方法。
- 第 3 章：介绍图层的基本概念与基本操作，以及【移动】工具的使用方法。
- 第 4 章：介绍 Photoshop CC 中路径和矢量图形工具的使用方法。
- 第 5 章：介绍工具箱中各种绘画及修饰工具的主要功能及使用方法。
- 第 6 章：介绍文字工具和其他工具，如裁切、切片、吸管和注释等的基本功能及其使用方法。
- 第 7 章：介绍通道和蒙版的功能及其应用。
- 第 8 章：介绍图层的高级应用，包括图层样式、图层混合模式、图层组、图层剪贴组和智能对象。
- 第 9 章：介绍 Photoshop CC 菜单中的图像编辑命令和图像颜色调整命令。
- 第 10 章：介绍 Photoshop CC 中各种滤镜的效果及其应用。

读者对象

本书适合 Photoshop 初学者和有一定操作经验的读者阅读，尤其适合各类培训学校作为教材使用。另外，针对近年来数码相机的普及，本书增加了照片处理方面的内容，也适用于喜欢数码照相技术的普通家庭用户。

配套资源及用法

为了方便读者学习，本书附带一张光盘，主要内容如下。

1. “Map”目录

存放本书实例练习所用到的素材文件。

2. “最终效果”目录

存放本书实例制作的最终效果。读者按书中的操作步骤完成范例解析、课堂实训及综合案例后，可以与这些效果进行对照，查看自己所做的是否正确。

3. “课后作业”目录

存放本书课后作业的最终效果。读者按书中课后作业的操作步骤提示完成练习后，可以与这些效果进行对照，查看自己所做的是否正确。

4. “操作视频”目录

该目录下包含“CH02”～“CH10”9 个子目录，分别存放第 2 章～第 10 章实例制作的操作视频文件。读者如果在练习时遇到困难，可以参照这些视频文件进行比对学习。

注意：播放视频文件前要安装光盘根目录下的“tscc.exe”插件。

参与本书编写的还有王倩、念晶晶、王陈承、宋真，在此向他们表示衷心的感谢，同时也深深感谢支持和关心本书出版的所有朋友。感谢您选择了本书，也请您把对本书的意见和建议告诉我们。

老虎工作室网站 http://www.ttketang.com，电子函件 ttketang@163.com。

老虎工作室

2014 年 12 月

目 录

第1章 Photoshop CC 基本操作

Photoshop 一直是备受用户喜爱的平面图像处理软件，最新推出的 Photoshop CC，功能强大、操作便捷，具有极强的灵活性，更是受到多方好评。除去 Photoshop CS6 中所包含的功能，Photoshop CC 新增了相机防抖动功能、Camera RAW功能改进、图像提升采样、属性面板改进、Behance 集成、同步设置以及其他一些有用的功能。此外，软件界面也进行了优化设计，更方便用户按照自己的使用习惯设置 Photoshop。

本章将介绍 Photoshop CC 的界面、基本概念和基本操作方法，包括软件界面、图像文件及图像浏览的基本操作，同时介绍图像文件的颜色设置，标尺、网格和参考线的设置等。这些知识是学习 Photoshop CC 最基本且非常重要的内容。

【学习目标】

- 了解 Photoshop CC 的界面。
- 了解图像处理的基本概念。
- 掌握软件界面的基本操作。
- 掌握图像文件的基本操作。
- 掌握图像浏览的基本操作。
- 掌握图像文件的颜色设置。
- 掌握标尺、网格和参考线的设置。

1.1 功能讲解

在学习过程中，读者应了解 Photoshop CC 的界面组成和基本功能，掌握有关该软件的基本概念，并在此基础上掌握一些基本操作。

1.1.1 Photoshop CC 界面简介

正确安装 Photoshop CC 后，单击 Windows 桌面任务栏上的按钮，在弹出的【开始】菜单中选择【所有程序】/【Adobe】/【Adobe Photoshop CC】命令，即可启动该软件。

启动 Photoshop CC 后，打开一个文件，可以看到 Photoshop CC 的工作界面进行了很多改进，图像处理区域更加开阔，文档切换也变得更加灵活。由于 Photoshop CC 默认的是黑色界面，本书为了讲解图示方便，特意换成了灰白色界面，具体操作为：选择菜单栏中的【编辑】/【首选项】/【界面】命令，在弹出的【首选项】对话框中，【外观】选项下面给出了 4 种界面颜色供用户选择，选择最后一个灰白色，单击确定即可。Photoshop CC 的工作界面按其功能划分了几个部分，包括菜单栏、标题栏、工具箱、工具选项栏、调板区、图像窗口和状态栏等，如图 1-1 所示，下面分别进行介绍。

图1-1 Photoshop CC 界面

一、 菜单栏

菜单栏位于界面最上方，包含了用于图像处理的各类命令，共有【文件】、【编辑】、【图像】、【图层】、【类型】、【选择】、【滤镜】、【3D】、【视图】、【窗口】和【帮助】11 个菜单，每个菜单下又有若干个子菜单，选择子菜单中的命令可以执行相应的操作。

下拉菜单中有些命令的后面有省略号，表示选择此命令可以弹出相应的对话框；有些命令的后面有向右的黑色三角形，表示此命令还有下一级菜单；还有一部分命令显示为灰色，表示当前不能使用，只有在满足一定的条件之后才可使用。

二、 标题栏

标题栏位于工具选项栏下方，显示了文档名称、文件格式、窗口缩放比例和颜色模式等信息。如果文档中包含多个图层，则标题栏中还会显示当前工作的图层的名称。

当打开多个图像时，图像窗口以选项卡的形式显示，单击一个图像文件的名称，即可将其设置为当前操作的窗口。用户也可按 Ctrl+Tab 键按照顺序切换窗口，或者按 Ctrl+Shift+Tab 键按照相反的顺序切换窗口。

三、 工具箱

工具箱的默认位置位于界面左侧，通过单击工具箱上部的双箭头，可以在单列和双列间进行转换。工具箱中包含了用于图像处理和图形绘制的各种工具，这些工具的具体功能将在后面章节中详细介绍。

要查看工具的名称，可将鼠标光标移至该工具处，稍等片刻，系统将自动显示工具名称的提示。工具箱中有些工具按钮的右下角带有黑色小三角符号，表示该工具还隐藏有其他同类工具，将鼠标光标移至此类按钮上按下鼠标左键不放，隐藏工具即会显示出来。在隐藏的工具组中选择所需工具，则该工具将成为当前工具。工具箱转换状态及隐藏的工具按钮如图 1-2 所示。

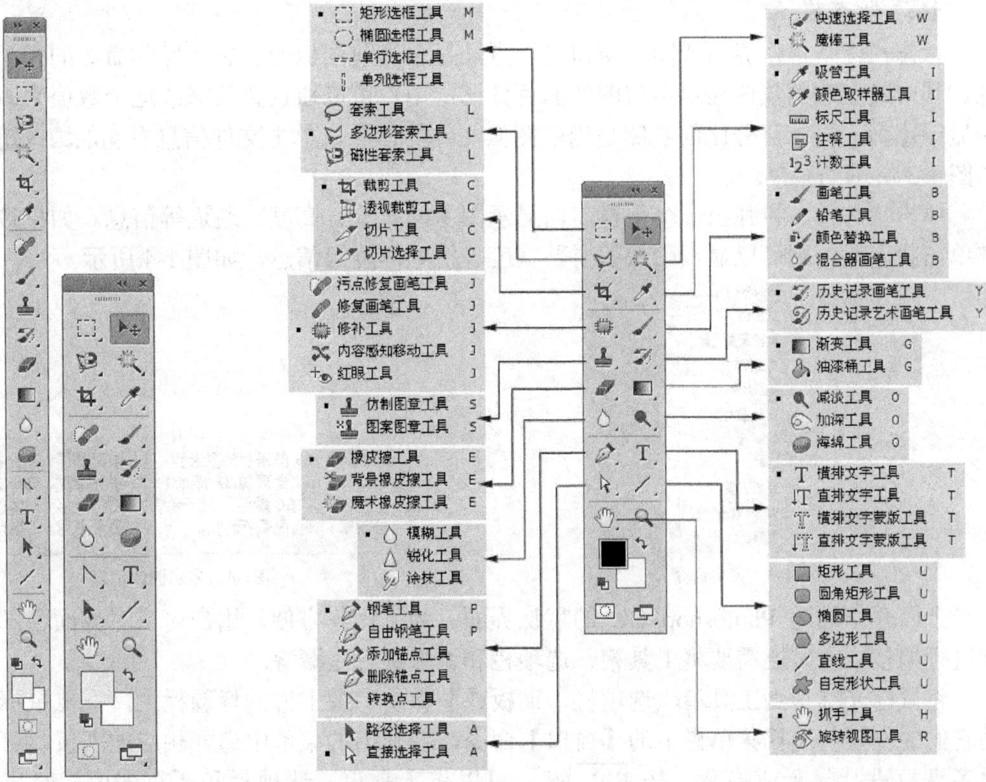

图1-2　工具箱转换状态及隐藏的工具按钮

四、 工具选项栏

工具选项栏（以下简称选项栏）位于菜单栏下方，其功能是显示工具箱中当前被选择工具的相关参数和选项，以便对其进行具体设置。它会随着所选工具的不同而变换内容。

五、 调板区

调板区的默认位置位于界面右侧，主要用于存放 Photoshop CC 提供的功能调板（以下简称调板）。Photoshop CC 共提供了 26 种调板，利用这些调板可以对图层、通道、工具、色彩等进行设置和调控。用户可以利用菜单栏中的【窗口】命令显示和隐藏调板。

六、 图像窗口

图像窗口中显示所打开的图像文件。在图像窗口最上方的标题栏中显示图像的相关信息，如图像的文件名称、文件类型、显示比例、目前所在图层以及所使用的颜色模式和位深度等。图 1-1 所示图像窗口的标题栏中显示的是“礼物.JPG@100%（RGB/8#）”，表示当前打开的是一个名为“礼物”的 JPG 格式图像文件，该图像以实际大小的 100%显示；当前图像的颜色模式为 RGB，位深度为 8 位。

将一个窗口的标题栏从选项卡中拖出，它将会变为可以任意移动位置的浮动窗口。用鼠标拖曳图像窗口的标题栏，可以移动图像窗口的位置。将鼠标光标移动至图像窗口的一个边框上，当鼠标光标显示为↔（或↕）形状时拖曳鼠标，可拖动图像窗口边框的位置，改变图像窗口的大小。将鼠标光标移动至图像窗口的任意一个角上，当鼠标光标显示为↘（或↗）形状时拖曳鼠标，可同时拖动图像窗口相邻两个边框的位置，改变图像窗口的大小。

七、 状态栏

状态栏位于工作界面或图像窗口最下方，显示当前图像的状态及操作命令的相关提示信息。其中最左侧的数值显示当前图像的百分比，用户可以通过直接修改这个数值来改变图像的显示比例。显示百分比的右侧是当前图像文件的信息，单击文件信息右侧的▶按钮，弹出如图 1-3 所示的菜单。

单击状态栏，将弹出一个小窗口，显示图像的宽度、高度、通道等信息。如果按住 Ctrl 键单击状态栏，则可以显示图像的拼贴宽度、拼贴高度等信息，如图 1-4 所示。

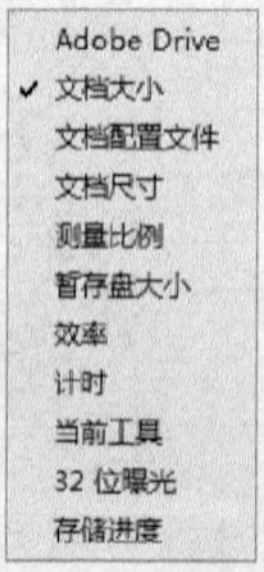

图1-3　菜单命令

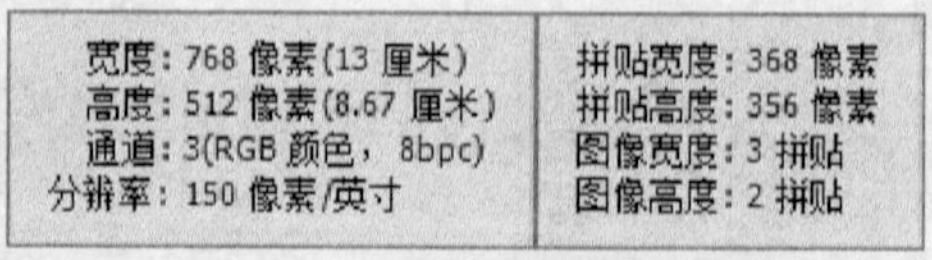

图1-4　显示图像信息

上面介绍的是 Photoshop CC 的默认界面。为了操作方便，用户可以对界面各部分的位置进行调整，有时还需要将工具箱、选项栏和调板进行隐藏等。

将鼠标光标移到工具箱、选项栏、调板或图像窗口最上方的标题栏上，拖曳鼠标可以移动它们的位置。选择菜单栏中的【窗口】命令，在弹出的菜单中选择相应的调板，可以分别对各调板进行显示或隐藏。按 Tab 键，可以将工具箱、选项栏和所有调板同时显示或隐藏；按住 Shift 键的同时按 Tab 键，可将界面窗口中的所有调板同时显示或隐藏。选择菜单栏中的【窗口】/【工作区】/【基本功能（默认）】命令，可以使界面恢复到默认状态。

1.1.2 基本概念介绍

读者在学习 Photoshop CC 时，不仅要了解 Photoshop CC 的界面，还要了解一些相关的基本概念，下面分别对其进行介绍。

一、 像素和分辨率

在 Photoshop 中，像素（Pixel）是组成图像的最基本单元，它是一个小矩形颜色块。一个图像通常由很多像素组成，这些像素被排成横行或纵列。当用缩放工具把图像放大到一定比例时，就可以看到类似马赛克的效果。每个像素都有不同的颜色值，单位长度的像素越多，分辨率（ppi）越高，图像的品质就越好。图 1-5 所示为显示器上正常显示的图像；当把图像放大到一定的比例后，就会看到如图 1-6 所示的类似马赛克的效果。

图1-5　显示器上正常显示的图像

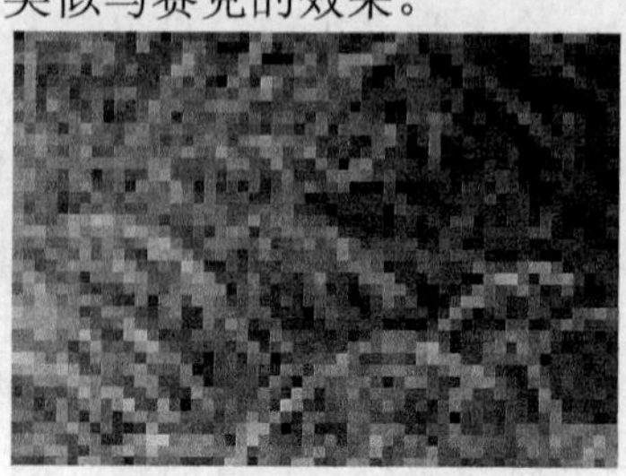

图1-6　图像放大后的效果

图像分辨率是指图像在一个单位打印长度内像素的个数，分辨率的单位是 ppi（pixels per inch）。例如，图像分辨率是 72ppi，即在每英寸长度内包含 72 个像素，也就是在每 1 平方英寸的图像中有 5184（72×72）个像素。图像分辨率越高，输出效果越清晰。

分辨率的高低和图像大小之间有着密切的关系，分辨率越高，所包含的像素越多，图像的信息量越大，因此文件也就越大。此外，图像的清晰度也与像素的总数有关，如果像素固定，那么提高分辨率虽然可以使图像变得比较清晰，但尺寸却会变小；反之，降低分辨率图像会变大，但画面质量会变得比较粗糙。像素数目和分辨率共同决定了打印时图像的大小。像素相同但分辨率不同的图像，打印时的大小也不相同。

另外，经常提到的输出分辨率是以 dpi（dots per inch，每英寸所含的点）为单位的，它是针对输出设备而言的。通常激光打印机的输出分辨率为 300dpi～600dpi，照排机要达到 1200dpi～2400dpi 或更高。

要点提示 ppi 与 dpi 都可以用来度量分辨率，经常有读者会混淆二者的概念。ppi 指的是在每英寸中所包含的“像素”，dpi 指的是在每英寸中所表达出的“打印点数”。多数用户都是以每英寸内的打印点数来度量图像分辨率，因此通常都是以 dpi 作为分辨率的度量单位。

二、 点阵图和矢量图

点阵图也称为位图图像，是由诸如 Photoshop、Painter 等软件制作的。如果将此类图放大到一定程度，就会发现它是由一个个小方格组成的，这些小方格被称为像素，且每个像素都有一个明确的颜色，故此类图又被称为像素图。点阵图的特点是可以表现色彩的变化和颜色的细微过渡，产生逼真的效果，并且很容易在不同的软件之间交换使用。在整张图片中，单位面积内所包含的像素越多，就越能表现出图片细微的部分。其中，分辨率和点阵图有着密不可分的关系，分辨率越高，单位面积内的像素就越多，图像也就越清晰，但占用的存储空间也越大；反之，分辨率越低，或将图片显示比例设置得过大，就会使图像变得模糊且产生锯齿边缘和色调不连续的情况，如图 1-7 所示。

由于点阵图是由一连串排列的像素组合而成，它并不是独立的图形对象，所以不能个别地编辑图像中的对象。如果要编辑其中部分区域的图像，就必须精确地选取需要编辑的像素，然后再进行编辑。能够处理点阵图图像的软件有 Photoshop、PhotoImpact、Painter 以及 CorelDRAW 软件内的 CorelPhotoPaint 等。

要点提示 点阵图是利用许多颜色以及颜色间的差异来表现图像的，因此它可以很细致地表现出色彩的差异性。

矢量图是由经过精确定义的直线和曲线组成的，这些直线和曲线称为向量，因此矢量图又称为向量图。其中每一个对象都是独立的个体，它们都有各自的色彩、形状、尺寸和位置坐标等属性。在矢量编辑软件中，可以任意改变矢量图中每个对象的属性，而不会影响到其他的对象，也不会降低图形的品质。

矢量图与分辨率无关，也就是说，可以将矢量图缩放到任意尺寸，可以按任意分辨率打印，不会丢失细节或降低清晰度。因此，矢量图最适合表现醒目的图形，这种图形无论缩放到何种程度均能保持线条清晰，如图 1-8 所示。

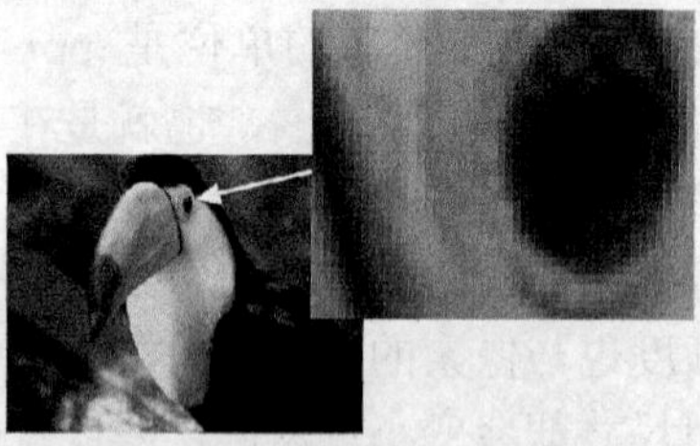

图1-7　点阵图放大后的效果

图1-8　矢量图放大后的效果

矢量图的文件大小只与图形的复杂程度有关，一般需要的存储空间很小，绘制与编辑时对计算机的内存要求较低。在输出时，可以以打印机或印刷机等输出设备的最高分辨率进行打印或印刷。矢量图一般是直接在计算机上绘制而成的，可以绘制编辑矢量图的软件有 Illustrator、CorelDRAW、FreeHand 和 Expression 等。

要点提示：点阵图和矢量图是有区别的。点阵图编辑的对象是像素，而矢量图编辑的对象是记载颜色、形状、尺寸和位置等物体的属性。

三、 颜色深度

颜色深度（Color Depth）用来度量图像中有多少颜色信息可用于显示或打印像素，其单位是位（bit），所以颜色深度有时也称为“位深度”或“像素深度”。常用的颜色深度是 1 位、8 位、24 位和 32 位。颜色深度为 1 位的像素有两个可能的数值（0 或 1）。较大的颜色深度（每像素信息的位数更多）意味着数字图像具有较多的可用颜色和较精确的颜色表示。

因为 1 个 1 位的图像包含两种颜色，所以 1 位的图像最多可由两种颜色组成。在 1 位图像中，每个像素的颜色只能是黑色或白色；1 个 8 位的图像包含 2^8 种颜色，或 256 级灰阶，每个像素可能是 256 种颜色中的任意一种；1 个 24 位的图像包含约 1670 万（2^{24}）种颜色；1 个 32 位的图像包含 2^{32} 种颜色，但很少这样讲，这是因为 32 位的图像可能是一个具有 Alpha 通道的 24 位图像，也可能是 CMYK 色彩模式的图像，这两种情况下的图像都包含有 4 个 8 位的通道。图像色彩模式和色彩深度是相关联的（1 个 RGB 图像和 1 个 CMYK 图像都可以是 32 位），但不总是这种情况。Photoshop 也支持 16 位/通道，可产生 16 位灰度模式的图像、48 位 RGB 模式的图像、64 位 CMYK 模式的图像。表 1-1 列出了常见的色彩深度、颜色数量和色彩模式的关系。

表 1-1　色彩深度、颜色数量和色彩模式的关系

色彩深度	颜色数量	色彩模式
1 位	2（黑和白）	位图
8 位	256	索引颜色/灰度
16 位	65536	灰度，16 位/通道
24 位	约 1670 万	RGB
32 位		CMYK，RGB
48 位		RGB，16 位/通道

1.1.3 操作约定

Photoshop CC 中的鼠标有 6 种基本操作，为了叙述上的方便，约定如下。

- 移动：在不按鼠标按键的情况下移动鼠标，将鼠标光标指到某一位置。
- 单击：快速按下并释放鼠标左键。单击可用来选择屏幕上的对象。除非特别说明，以后所出现的单击都是用鼠标左键。
- 双击：快速连续单击鼠标左键两次。双击通常用来打开对象。除非特别说明，以后所出现的双击都是用鼠标左键。
- 拖曳：按住鼠标左键不放，将鼠标光标移动到一个新位置，然后释放鼠标左键。拖曳操作可用来选择、移动、复制和绘制图形。除非特别说明，以后所出现的拖曳都是指按住鼠标左键不放移动鼠标的操作。
- 右击：快速按下并释放鼠标右键。这个操作通常弹出一个快捷菜单。
- 拖曳并右击：按住鼠标左键不放，将鼠标光标移动到一个新位置，然后在不释放鼠标左键的情况下单击鼠标右键。

1.1.4 软件界面的基本操作

下面介绍软件窗口大小的调整方法，控制面板的显示与隐藏、拆分与组合等操作。

一、 调整软件窗口的大小

调整 Photoshop CC 窗口大小的基本操作方法介绍如下。

- 无论 Photoshop CC 窗口最大化还是还原显示，只要将鼠标光标放置在菜单栏的灰色区域上双击，即可将窗口在最大化和还原状态之间切换。
- 当窗口为还原状态时，将鼠标光标放置在窗口的任意边缘处，鼠标光标将变为双向箭头形状，按下鼠标左键拖曳鼠标光标，可以将窗口调整至任意大小。
- 将鼠标光标放在菜单栏的灰色区域内，按住鼠标左键拖曳鼠标光标，可以将窗口放置在 Windows 窗口中的任意位置。

调整 Photoshop CC 窗口的大小

1. 单击系统桌面左下角的 开始 按钮，在弹出的【开始】菜单中选择【所有程序】/【Adobe Photoshop CC】命令，即可启动该软件。
2. 在 Photoshop CC 菜单栏的右上角单击 按钮，可以使界面窗口最小化，其最小化图标显示在 Windows 系统的任务栏中，图标形态如图 1-9 所示。
3. 在 Windows 系统的任务栏中单击最小化后的图标，界面窗口将还原为最大化显示。
4. 在菜单栏的右上角单击 按钮，可以使窗口变为还原状态。还原后，窗口右上角的 3 个按钮即变为如图 1-10 所示的形态。

图1-9 最小化图标形态

图1-10 还原后的按钮形态

5. 当窗口显示为还原状态时，单击 按钮，可以将还原后的窗口最大化显示。
6. 单击 × 按钮，可以将当前窗口关闭，退出 Photoshop CC。

二、　调板的基本操作

在 Photoshop CC 界面右侧有很多浮动的调板，方便用户进行图像的编辑和操作，这些调板均列在【窗口】菜单下。在【窗口】菜单下，由横线将调板分为几组，在默认状态下，每组的调板都是在一个调板组中组合出现。图 1-11 所示为【导航器】、【直方图】和【信息】的组合调板。下面主要介绍调板的基本操作。

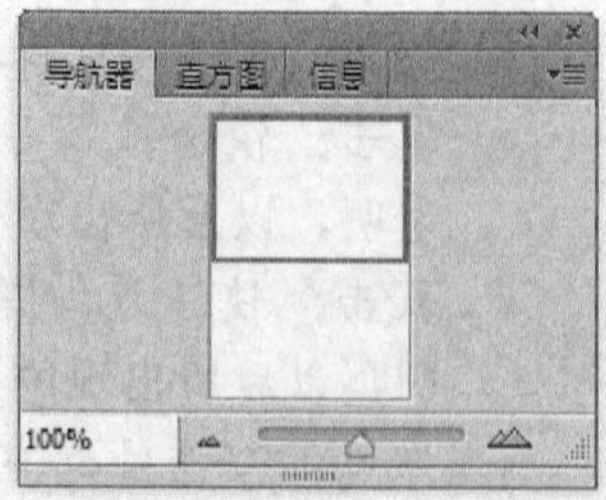

图1-11　组合调板

在【窗口】菜单中，有一部分命令的左侧显示有对号符号，说明此调板目前在工作区中是显示状态；没有显示对号符号的命令，说明此调板已被关闭，处于隐藏状态。当隐藏了某个调板后，再在【窗口】菜单下面选取相对应的命令，即可将隐藏的调板显示在 Photoshop CC 工作区或界面窗口中。

每组调板都有两个或两个以上的选项卡组合在一起，用户可以根据需要自由地拆分组合和调整大小，也可以通过单击面板上方的双箭头将各种面板以图标或调板的方式切换显示。图 1-12 所示的就是单击双箭头后各种调板扩展后的状态。要调出某个调板，可以单击调板区相应的名称图标，相应的调板就会展开，如图 1-13 所示。

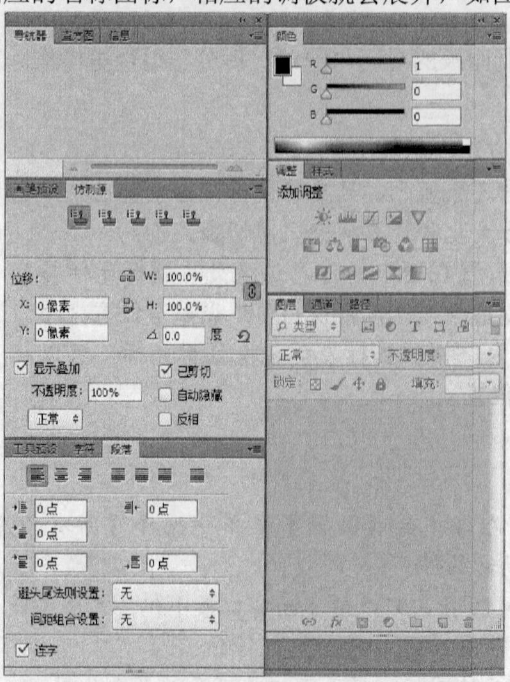

图1-12　单击双箭头扩展调板后的状态

图1-13　单击图标后调板展开的状态

1.1.5　图像文件的基本操作

下面来介绍图像文件的基本操作，包括新建、打开、存储和关闭等。

一、　新建文件

利用菜单栏中的【文件】/【新建】命令可以创建一个新的图像文件。

利用【文件】/【新建】命令创建一个新文件

1. 选择菜单栏中的【文件】/【新建】命令，弹出如图 1-14 所示的【新建】对话框。

> 要点提示 弹出【新建】对话框的方法有两种：①选择菜单栏中的【文件】/【新建】命令；②按 Ctrl+N 键。

2. 在【新建】对话框中将【名称】设置为“练习 01”，其他各选项及参数的设置如图 1-15 所示。

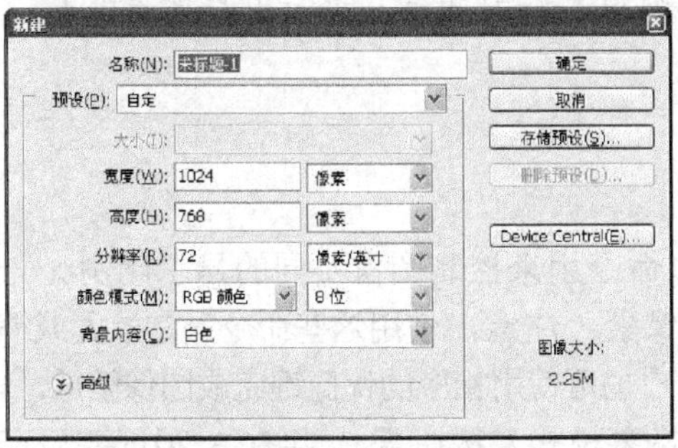

图1-14 【新建】对话框

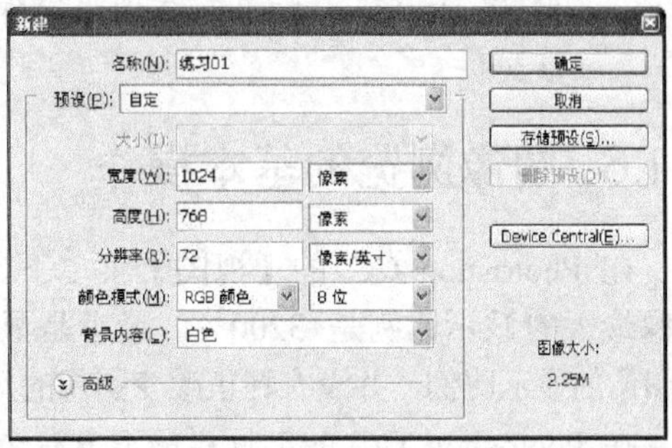

图1-15 设置各选项及参数后的【新建】对话框

3. 参数设置完成后，单击 确定 按钮，即可按照所设置的选项及参数创建出一个新文件。

   在【新建】对话框中可对所建文件进行各种设定。

   - 在【名称】文本框中可输入图像名称。创建文件后图像名称会显示在图像窗口的标题栏中。
   - 在【预设】下拉列表中可选择一些系统预设的图像尺寸。选择一个预设后，可在【大小】列表中选择图像的大小。
   - 在【宽度】、【高度】和【分辨率】文本框中可输入自定的尺寸，在文本框右侧的下拉列表中还可以选择不同的度量单位。【分辨率】单位习惯上采用“像素/英寸”，如果制作的图像用于印刷，需设定“300 像素/英寸”的分辨率。
   - 在【颜色模式】下拉列表中可设定该图像的色彩模式。
   - 在【背景内容】下拉列表中可选择新建图像的背景颜色。

二、 打开文件

选择菜单栏中的【文件】/【打开】命令，可以打开不同格式的图像文件，而且可以同时打开多个图像文件。弹出【打开】对话框的方法有 3 种：选择菜单栏中的【文件】/【打开】命令、按 Ctrl+O 键、在工作区中双击。

三、 存储文件

文件的存储命令主要包括【存储】和【存储为】。对新建的文件编辑后进行存储，使用这两种命令性质是一样的，都是为当前文件命名并进行保存。但若对打开的文件进行编辑后再保存，就要区分【存储】和【存储为】命令，前者是将文件以原文件名进行保存，而后者是将修改后的文件重新命名进行保存。

四、 关闭文件

完成图像文件的编辑操作之后，可以采用以下方法关闭文件。

- 选择菜单栏中的【文件】/【关闭】命令，或按 Ctrl+W 键，或单击图像窗口左上角的 × 按钮，可以关闭当前的图像文件。
- 如果在 Photoshop CC 中打开了多个图像文件，可以选择菜单栏中的【文件】/【关闭全部】命令，或按 Alt+Ctrl+W 键，可以关闭所有的文件。
- 选择菜单栏中的【文件】/【关闭并转到 Bridge】命令，或按 Shift+Ctrl+W 键，可以关闭当前文件，然后打开 Bridge。
- 选择菜单栏中的【文件】/【退出】命令，或按 Ctrl+Q 键，可以关闭文件并退出 Photoshop。如果有文件没有保存，将弹出一个对话框，提示用户是否保存该文件。

1.1.6　图像浏览的基本操作

在 Photoshop CC 的【视图】菜单下，有很多命令用来控制图像不同的显示比例。一个图像最大的显示比例是 3200%，最小是显示一个像素。注意，使用这些命令只是放大或缩小了图像的显示比例，并没有真正改变图像的尺寸。用户也可使用相应的快捷键完成图像缩放。

在 Photoshop CC 的工具栏最下方有个【更改屏幕模式】按钮，共有 3 种屏幕显示模式，如图 1-16 所示。单击相应的按钮可以切换不同的显示状态，按 F 键也可达到切换的目的。最下边的全屏显示模式显示时只有黑色背景，用户可在这种状态下无干扰地浏览图像效果。按 Tab 键可将所有的调板隐藏，然后再按 F 键切换到全屏状态来观看图像的整体效果。

一、　在多个窗口中查看图像

如果在 Photoshop 中打开了多个图像文件，可以通过选择菜单栏中的【窗口】/【排列】命令，来控制各个图像窗口的排列方式，如图 1-17 所示。

图1-16　屏幕显示模式

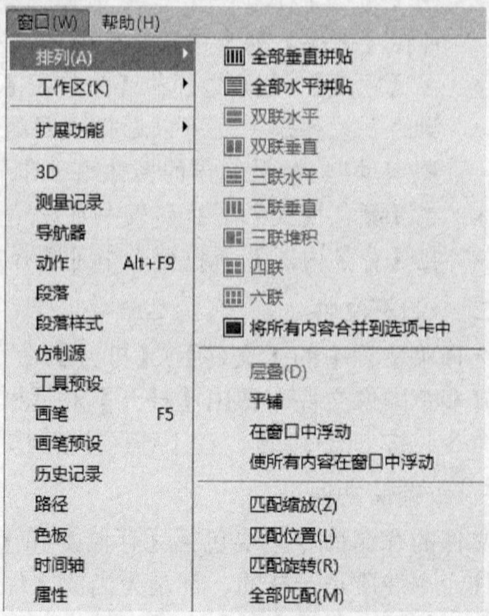

图1-17　【窗口】/【排列】命令

二、　【放大】与【缩小】命令

选择【视图】菜单下的【放大】或【缩小】命令，可以改变当前图像的显示比例。每使用一次该命令，图像的显示尺寸就放大一倍或缩小一半，如从 200%缩小到 100%。该命令无法产生非整数倍的显示比例。

三、 按屏幕大小缩放

选择【视图】菜单下的【按屏幕大小缩放】命令，或双击工具箱中的【抓手】工具，可显示当前图像的最大比例。

全屏显示的比例会受到工具箱和调板的限制，当工具箱和调板以默认位置分布在屏幕两侧时，全屏显示会自动让出屏幕两侧的位置，而以一个较小的图像窗口来显示整幅图像。只有关闭或隐藏所有的工具箱和调板时，才能真正在屏幕上实现全屏显示。

四、 实际像素

实际像素是以一个显示器的屏幕像素对应一个图像像素时的显示比例，即 100%的显示比例。在 Photoshop CC 中，直接选择【视图】菜单下的【实际像素】命令，或双击工具箱中的【缩放】工具，便可以 100%地以实际像素显示比例。

五、 打印尺寸

选择【视图】菜单下的【打印尺寸】命令，可以在屏幕上显示出图像的实际打印大小。实际打印尺寸，不考虑图像的分辨率，而是以图像本身的宽度和高度（打印时的尺寸）来表示一幅图像的大小。

六、 【缩放】工具

【缩放】工具可将图像成比例地放大或缩小，以便于用户对图像进行观察和修改。选择工具时，鼠标光标在图像窗口内显示为一个带加号的放大镜，单击即可实现图像的成倍放大；按住 Alt 键使用工具时，鼠标光标变为一个带减号的缩小镜，单击可实现图像的成倍缩小；也可使用工具在图像内拖曳出指定区域，实现放大或缩小的操作。

按 Z 键便可选中工具；按 Ctrl++键，可以放大显示图像；按 Ctrl+–键，可以缩小显示图像；按 Ctrl+0 键，可以使图像自动适配至屏幕大小显示。按住 Ctrl 键，可以将当前的【缩放】工具切换为【移动】工具；释放 Ctrl 键后，即恢复到工具。

选择工具，在图像中单击鼠标右键，弹出的右键菜单如图 1-18 所示。其中的命令功能比较明确，这里不做详细解释。

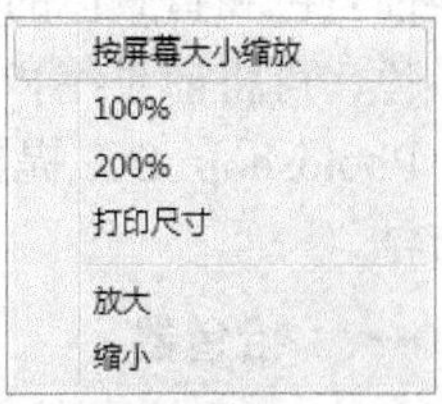

图1-18 【缩放】工具的右键菜单

七、 【抓手】工具

Photoshop 工作区的范围是有限的，当需要对图像的局部进行精细处理时，有时需要将图像放大显示到超出图像窗口的范围，此时图像在窗口内将无法完全显示。利用工具箱中的【抓手】工具可以在窗口中移动图像，对其进行局部观察和修改。

按 H 键便可选中工具，按住 Ctrl 键，在图像上单击，可以对图像进行放大显示；按住 Alt 键，在图像上单击，可以对图像进行缩小显示；当使用工具箱中的其他工具时，按住空格键不放，将鼠标光标移动至图像上，可以暂时将当前工具切换为工具。

八、 【导航器】调板

【导航器】调板是用来观察图像的，可方便用户对图像进行缩放，如图 1-19 所示。在调板的左下角显示百分比数字，用户可直接输入数值，按 Enter 键确认后，即会显示相应的百分比，在导航器中也会有相应的预览图；也可以用鼠标拖曳导航器下方的三角滑块来改变缩放比例。单击左侧较小的图标可使图像缩小显示，单击右侧较大的图标可放大显示。

单击【导航器】右边的三角形按钮，在弹出的菜单中选择【面板选项】命令，弹出【面板选项】对话框，如图 1-20 所示。在该对话框中可定义【显示框】的颜色，在【导航器】的预览图中可以看到用色框表示图像的观察范围。默认色框的颜色是红色。单击色块会弹出【拾色器】对话框，用户可在其中选择相应的颜色，在色块中会显示所选的颜色。另外，也可从【颜色】下拉列表中选择系统自带的其他颜色。

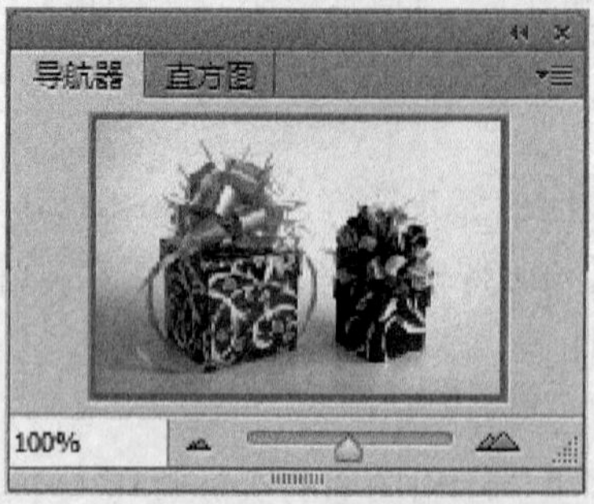

图1-19　【导航器】调板

图1-20　【面板选项】对话框

1.1.7 图像文件的颜色设置

在 Photoshop CC 的工具箱中有两个大的颜色色块，分别是【设置前景色】色块和【设置背景色】色块，它们的位置如图 1-21 所示，分别用其来设置图像的前景色和背景色。前景色就相当于绘画时使用的颜料或笔的颜色，当使用工具箱中的【画笔】或【铅笔】等绘图工具时，都是使用前景色；背景色就相当于绘画时使用的画布或纸的颜色。

图1-21　颜色色块

默认情况下，前景色和背景色分别为黑色和白色，单击如图 1-21 所示右上角的箭头，可切换前景色和背景色的位置。单击如图 1-21 所示左下角的小黑白图标，无论当前显示的是何种颜色，可将前景色和背景色切换到默认的黑色和白色。

Photoshop CC 提供了多种颜色选取和设置的方式，下面分别介绍设置前景色和背景色的方法。

一、 拾色器

单击工具箱中的前景色或背景色图标，弹出的【拾色器】对话框如图 1-22 所示。对话框左侧的正方形色块被称为色域，在色域的任意位置单击，在对话框右上角就会显示出当前选中的颜色；并且在右下角出现相对应的各种颜色模式定义的数据，包括【HSB】、【Lab】、【RGB】和【CMYK】颜色模式。用户也可直接输入所需的颜色数值。

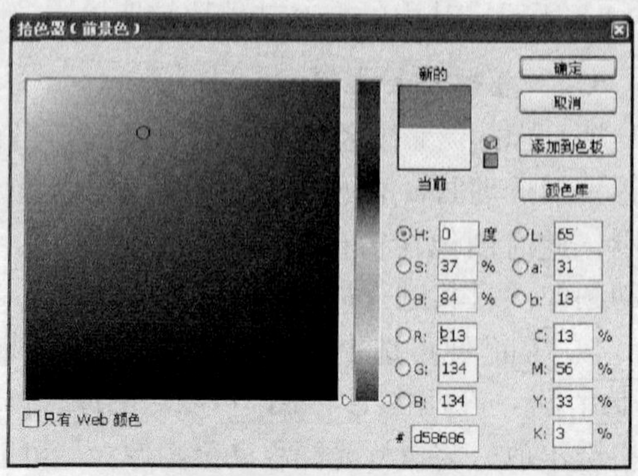

图1-22　【拾色器】对话框（1）

该对话框中间的彩色色带被称为颜色滑块，用鼠标拖曳其两侧的三角形按钮，或在颜色滑块适当的颜色上单击，可以确定颜色的范围。【颜色滑块】与颜色选择区域中显示的内容会因不同的颜色描述方式（【HSB】、【RGB】或【Lab】模式）而有所不同。

如选择【R】选项时，【颜色滑块】即为调整红色的变化，【色域】内即为调整绿色和蓝色的变化。颜色选择区域内的纵向即会表示出绿色信息的强弱变化，横向会表示出蓝色信息的强弱变化，如图 1-23 所示。

单击【拾色器】对话框中的 颜色库 按钮，弹出【颜色库】对话框，如图 1-24 所示。它允许按照标准的颜色标本来精确地选择颜色，但这需要读者对颜色和颜色模式有较深入的了解。单击 拾色器(P) 按钮，又可以重新回到标准的【拾色器】对话框中。

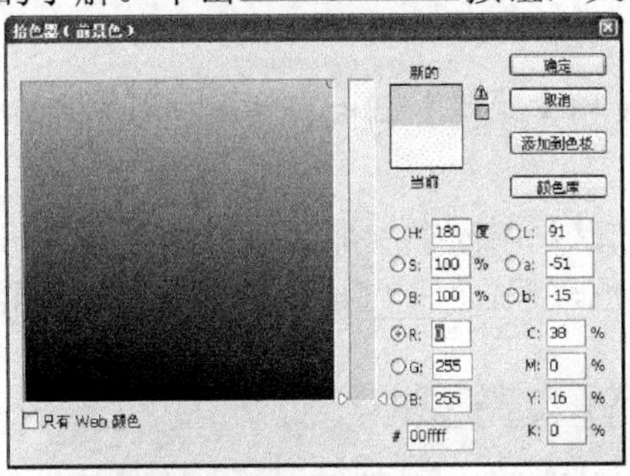

图1-23 【拾色器】对话框（2）（参见光盘）

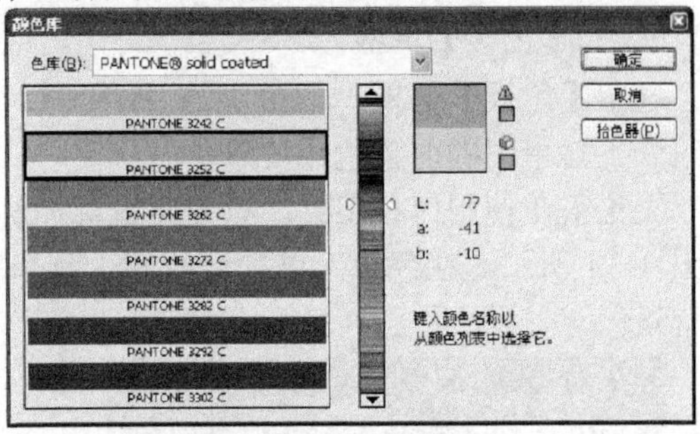

图1-24 【颜色库】对话框

二、【颜色】调板

选择菜单栏中的【窗口】/【颜色】命令，将【颜色】调板显示在工作区中，如图 1-25 所示。在【颜色】调板中的左上角有两个色块，用于表示前景色和背景色。色块上有黑框的表示被选中，所有的调节只对选中的色块有效。单击调板右上角的三角形按钮，弹出的菜单中的不同选项是用来选择不同色彩模式的，如图 1-26 所示。不同的色彩模式，调板中滑动栏的内容也不同，通过拖曳三角形滑块或输入数值可改变颜色的设置。直接单击调板中的前景色或背景色图标也可调出【拾色器】对话框。

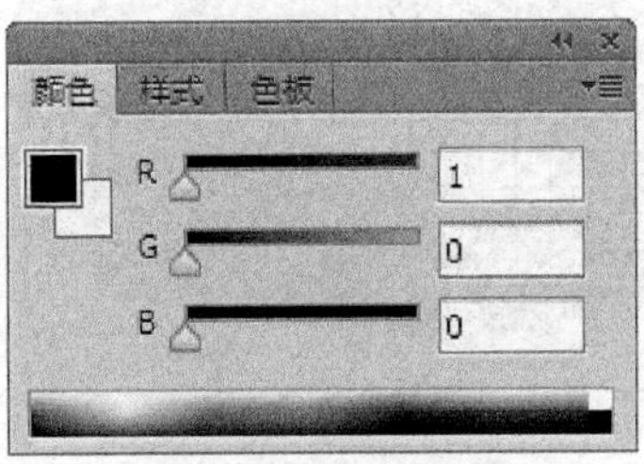

图1-25 【颜色】调板

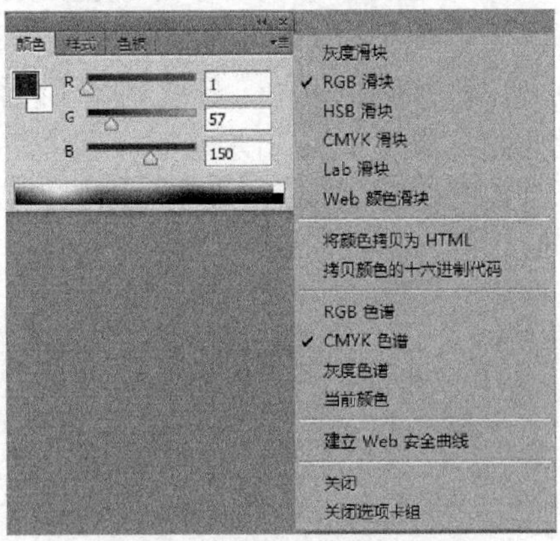

图1-26 弹出的菜单

用户可以通过弹出的菜单，改变【颜色】调板下方的颜色条所显示的内容，根据不同的需要来选择不同的颜色条形式。在【颜色】调板中，当鼠标光标移至下方的颜色条上时，会自动变成一个吸管，用户可直接在颜色条中吸取前景色或背景色，如图 1-27 所示。如果想选择黑色或白色，可在颜色条的最右端单击黑色或白色的小方块。

当选取的颜色无法在印刷中实现时，在【颜色】调板中会出现一个带叹号的三角图标⚠，如图 1-28 所示；在其右边会有一个可以替换的色块，替换的颜色一般都较暗。

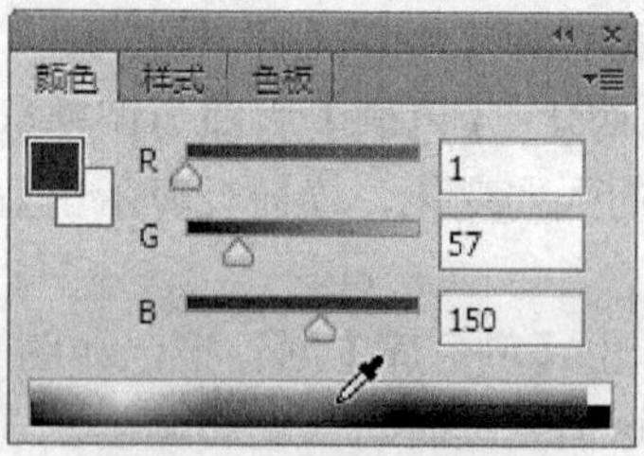

图1-27　用吸管吸取颜色

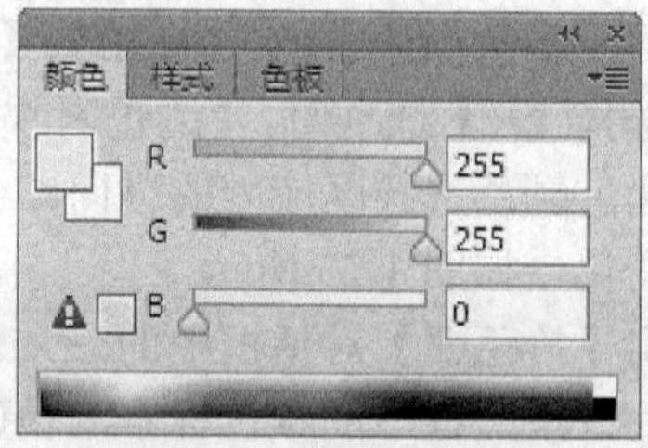

图1-28　吸号图标

三、　【色板】调板

选中【色板】调板，如图 1-29 所示。【色板】调板和【颜色】调板有共同之处，都可用来改变工具箱中的前景色或背景色。

无论正在使用何种工具，只要将鼠标光标移至【色板】调板上，都会变成吸管的形状，如图 1-30 所示。在色块上单击可改变工具箱中的前景色，按住 Ctrl 键单击可改变工具箱中的背景色。

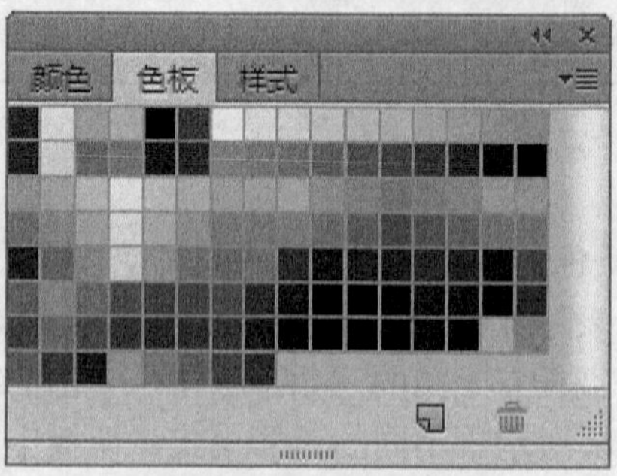

图1-29　【色板】调板

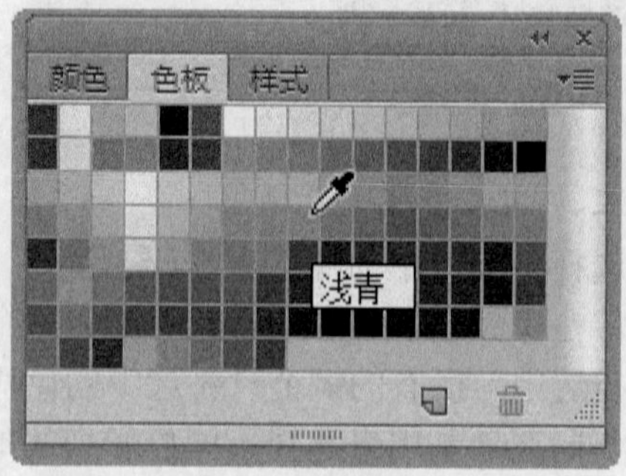

图1-30　吸管形状

若要在【色板】调板上添加颜色，可用吸管工具在图像上选取颜色，当鼠标光标移至【色板】调板的空白处时，就会变成油漆桶的形状，如图 1-31 所示，单击可将当前工具箱中的前景色添加到色板中。若要删除【色板】中的颜色，只要按住 Alt 键就可以使图标变成剪刀的形状，如图 1-32 所示，在任意色块上单击即可将此色块剪掉。

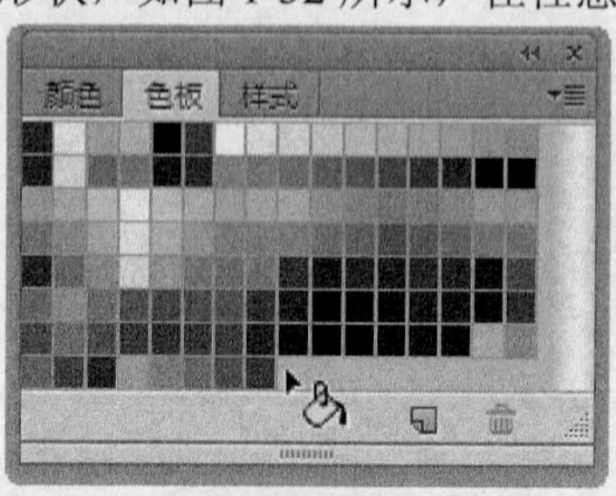

图1-31　油漆桶的形状

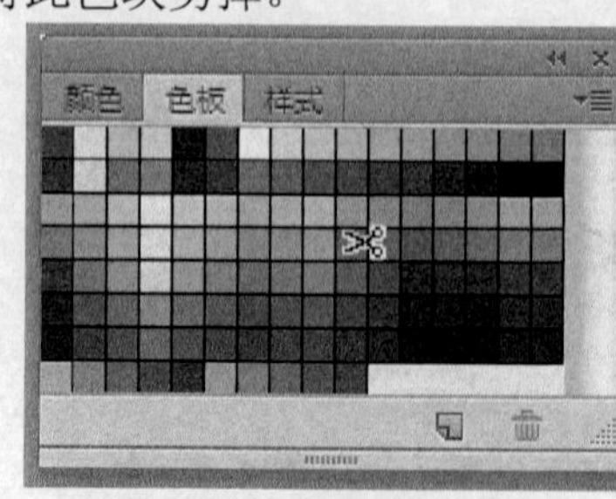

图1-32　剪刀的形状

如果要恢复软件默认的设置，可单击【色板】调板右边的黑三角形按钮，在弹出的菜单中选择【复位色板】命令，如图 1-33 所示，将弹出【Adobe Photoshop CC Extended】对话框。在弹出的对话框中有 3 个按钮，单击 确定 按钮可恢复到软件预设的状态；单击 追加(A) 按钮可使软件保留现有颜色并添加预设的颜色；单击 取消 按钮可取消此命令。

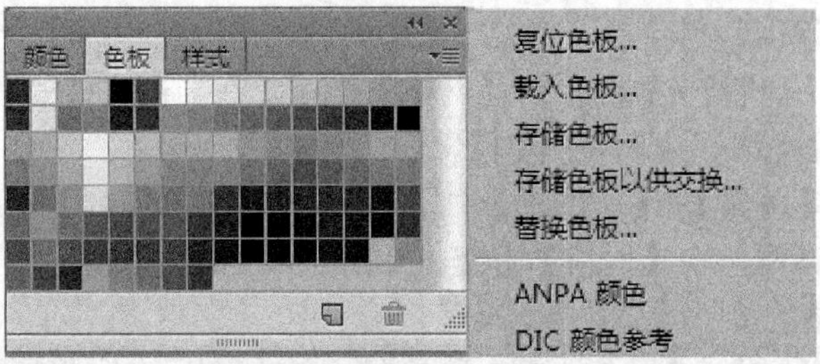

图1-33 【复位色板】命令

另外，如果要将当前的颜色信息存储起来，可在弹出的菜单中选择【存储色板】命令。如果要调用这些文件，可选择【载入色板】命令。用户也可选择【替换色板】命令，用新的颜色替换当前色板中的颜色。

1.1.8 标尺、网格和参考线设置

标尺、网格和参考线是Photoshop CC中的帮助工具，使用的频率比较高。使用这3种工具进行图形绘制和图像处理极为方便，在绘制和移动图形的过程中，可以帮助用户精确地进行定位和对齐。本小节将详细介绍标尺、网格和参考线的设置与使用方法。

一、 标尺的使用方法

选择菜单栏中的【视图】/【标尺】命令，在图像窗口的左边和上边就会弹出标尺；当再选择此命令时，可将标尺隐藏。选择菜单栏中的【编辑】/【首选项】/【单位与标尺】命令，可弹出如图 1-34 所示的【首选项】对话框。在【单位】分组框的【标尺】下拉列表中可选择不同的参数设置，来改变标尺的单位。

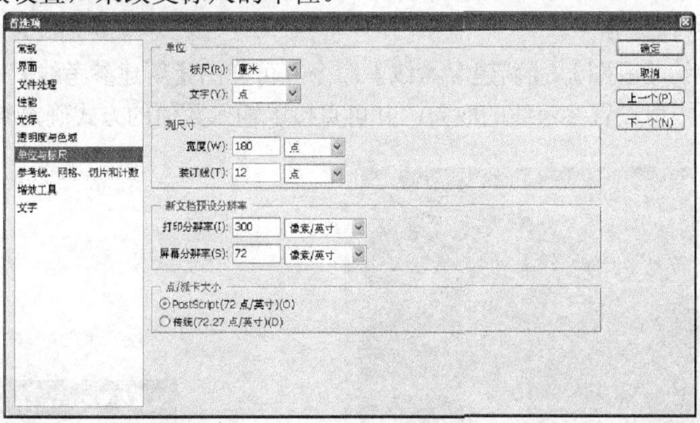

图1-34 【首选项】对话框 1

在图像窗口中，将鼠标光标移动至标尺的位置，按住鼠标左键向外拖曳，可拖曳出参考线。如果想改变参考线的位置，使用工具箱中的【移动】工具，将鼠标光标移动至参考线上，按下鼠标左键拖曳即可移动参考线；如果要使参考线和标尺上的刻度相对应，在按住 Shift 键的同时拖曳即可；如果想要改变参考线的方向，在按住 Alt 键的同时单击鼠标或拖动参考线，参考线的方向就会发生变化。将鼠标光标放在标尺左上角的水平与垂直坐标相交处，按住鼠标左键并沿对角线向外拖曳，将出现一组十字线；释放鼠标左键后会改变标尺原点的位置。如果要恢复原点的位置，只需双击标尺左上角的相交处，即可将标尺原点位置还原到默认状态。

二、 网格的使用方法

选择菜单栏中的【视图】/【显示】/【网格】命令，在当前文件的图像窗口中就会显示出网格，当再次选择该命令时，可以将网格隐藏。

选择菜单栏中的【编辑】/【首选项】/【参考线、网格、切片】命令，可弹出如图 1-35 所示的【首选项】对话框，在【网格】分组框中各选项的下拉列表中，可进行不同选项及参数的设置，来改变网格的显示效果。

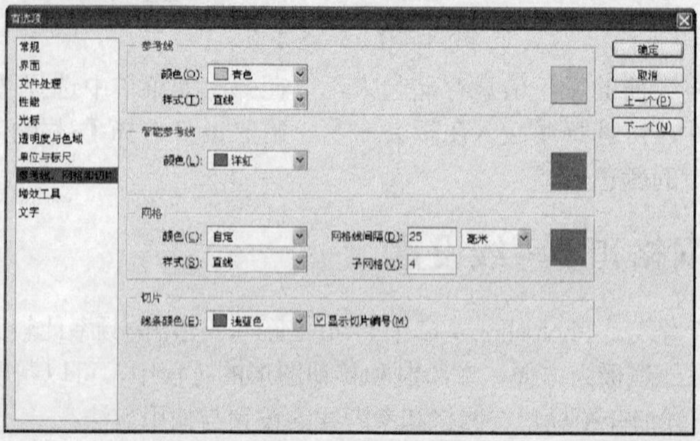

图1-35　【首选项】对话框 2

选择菜单栏中的【视图】/【对齐到】/【网格】命令，可以使绘制的选区或图形自动对齐到网格。再次选择该命令，即可将对齐网格命令关闭。

三、 参考线的使用方法

将标尺显示在视图窗口中，将鼠标光标放在标尺的位置，按住鼠标左键向外拖曳，添加的参考线形态如图 1-36 所示。

选择菜单栏中的【视图】/【新建参考线】命令，可弹出【新建参考线】对话框，如图 1-37 所示。在此对话框中可设置参考线的取向，并可直接以输入数值的方式确定参考线的位置。

图1-36　添加的参考线形态

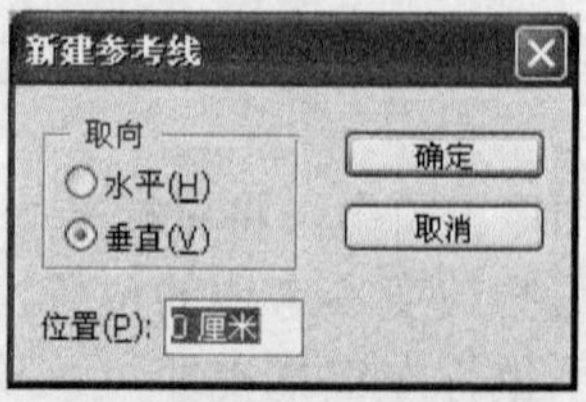

图1-37　【新建参考线】对话框

选择菜单栏中的【视图】/【锁定参考线】命令，可将所有的参考线锁定。选择【移动】工具，将鼠标光标移至参考线上，按下鼠标左键拖曳，即可移动参考线。当拖曳参考线到图像窗口之外时，释放鼠标左键即可将其删除。选择菜单栏中的【视图】/【清除参考线】命令，可以将图像窗口中的所有参考线全部删除。

1.2 课堂实训

下面通过课堂实训再来巩固一下前面所学的知识，练习如何进行一些 Photoshop CC 的基本操作。

1.2.1 修改并保存图像文件

当用户绘制完成一幅图像后，就可以将处理完的图像直接保存或重命名后保存。

1. 选择菜单栏中的【文件】/【存储】命令，将弹出如图 1-38 所示的【存储为】对话框。

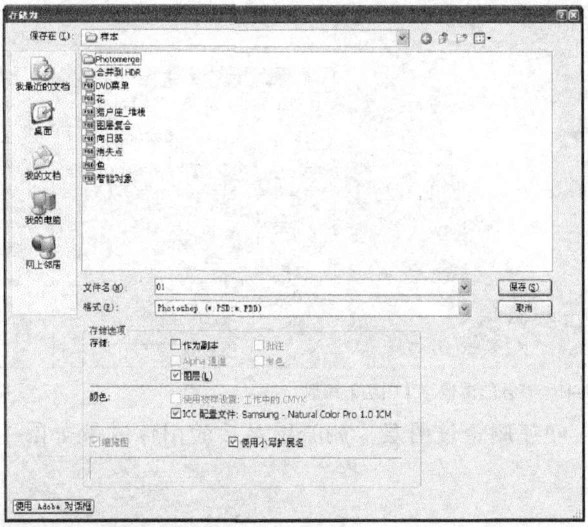

图1-38 【存储为】对话框

2. 在【保存在】下拉列表中选择“本地磁盘（D:)”，单击【创建新文件夹】按钮，创建一个新的文件夹，如图 1-39 所示。
3. 将创建的新文件夹命名为“最终效果”，双击将其打开，然后在【文件名】下拉列表中输入“个性桌面最终效果”作为文件名称，如图 1-40 所示。

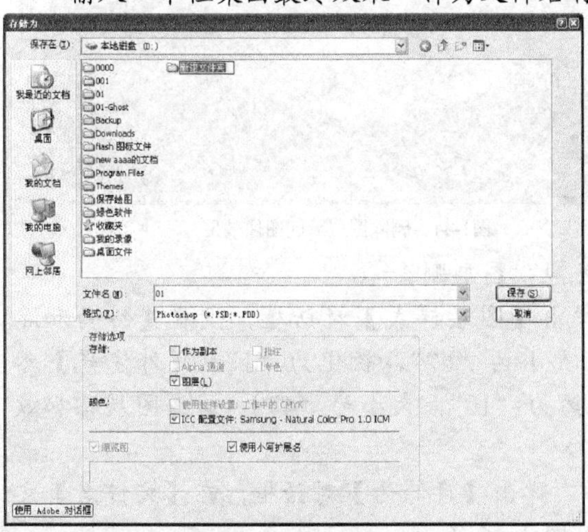

图1-39 创建新文件夹

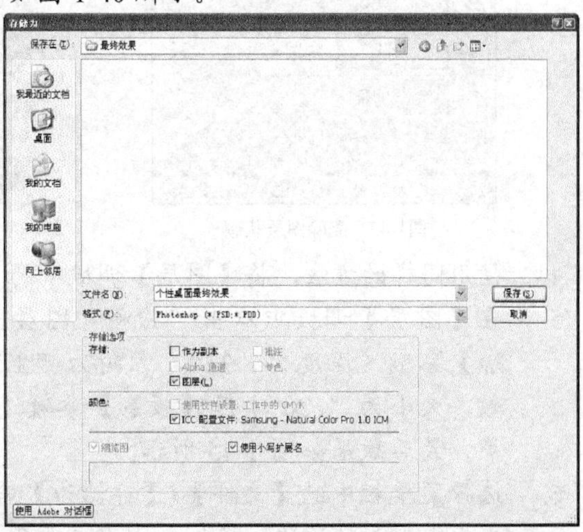

图1-40 输入文件名称

4. 单击 保存(S) 按钮，即可保存处理完成的图像文件。若有需要，按照保存的文件名称及路径就可以打开此文件。

另外一种存储图像文件的方法。

1. 选择菜单栏中的【文件】/【打开】命令，在弹出的【打开】对话框中打开本书配套光盘“Map”目录下的“狗狗.psd”图像文件，打开后的图像与其【图层】调板形态如图 1-41 所示。
2. 将鼠标光标放置在【图层】调板中如图 1-42 所示的“气泡”图层上，按下鼠标左键拖动该图层到如图 1-43 所示的删除图层按钮上。

图1-41　打开的图像与【图层】调板

图1-42　鼠标光标放置的位置

3. 释放鼠标左键后，即可删除该图层，删除图层后的图像效果如图 1-44 所示。

图1-43　删除图层状态

图1-44　删除图层后的图像效果

4. 使用同样的方法，将【图层】调板中的“气泡”图层删除。
5. 在【图层】调板中双击“狗狗”图层，弹出【图层样式】对话框，设置【斜面和浮雕】参数（深度为“32”，方向为“上”，大小为“62”，软化为“1”）、【外发光】参数（大小为“120”）及【投影】参数（距离为“10”，大小为“4”），为该图层添加效果。最后效果如图 1-45 所示。
6. 选择菜单栏中的【文件】/【存储为】命令，弹出【存储为】对话框，在【文件名】文本框中输入“狗狗—修改”作为文件名，如图 1-46 所示。

图1-45 图像最后效果

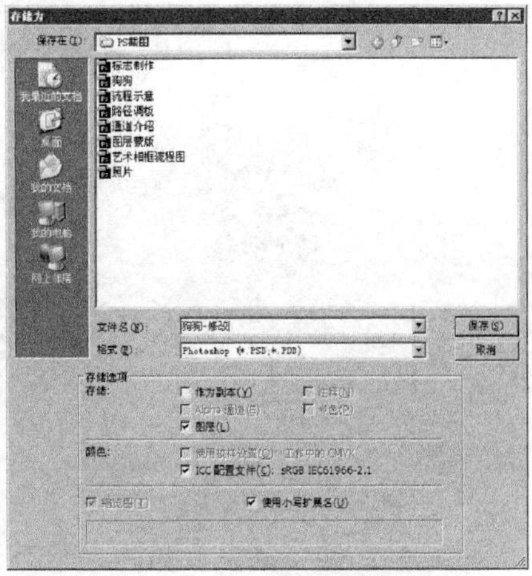

图1-46 【存储为】对话框

7. 单击 保存(S) 按钮，即可保存修改后的图像文件。

1.2.2 查看图像文件

为了方便用户查看图像的局部细节或整体效果，可对图像进行更改屏幕模式、缩放或平移等操作。本小节将利用【缩放】工具和【抓手】工具来查看图像文件。

1. 选择菜单栏中的【文件】/【打开】命令，在弹出的【打开】对话框中打开本书配套光盘“Map”目录下的“花朵.psd”图像文件，如图 1-47 所示。
2. 选择【缩放】工具，在打开的图像中单击鼠标，将图像放大显示到 100%，放大后的画面如图 1-48 所示。

图1-47 打开的图像文件

图1-48 放大后的画面

3. 选择【抓手】工具，将鼠标光标移动到画面中，按下鼠标左键进行拖曳，可以平移观察画面中其他部分的图像，其平移图像窗口的状态如图 1-49 所示。

要点提示 利用工具将图像放大后，图像在窗口中将无法完全显示，此时可以利用工具平移图像，对其进行局部观察。【缩放】工具和【抓手】工具经常配合使用。

4. 选择工具箱中的工具，在要放大的图像中按下鼠标左键向右下角拖曳，将出现一个虚线形状的矩形框，如图 1-50 所示。

图1-49　平移图像窗口状态

图1-50　拖曳鼠标状态

5. 释放鼠标左键，放大后的画面形态如图 1-51 所示。
6. 选择工具箱中的 🔍 工具，将鼠标光标移动到画面中，按住 Alt 键，在放大的图像中单击鼠标，可以将画面缩小显示，缩小后的画面形态如图 1-52 所示。

图1-51　放大后的画面形态

图1-52　缩小后的画面形态

对于初学者来说，有两个方面需要特别注意。一是在制作的过程中要养成随时存盘的习惯，避免因意外原因丢失数据；二是通过本章的学习，要注意熟练使用快捷键进行操作。

1.3 课后作业

1. 填空

(1) 按（　　）键可以同时对工具箱、选项栏和调板进行显示和隐藏。

(2) 选择菜单栏中的（　　）/（　　）/（　　）命令，可以使界面恢复到默认状态。

(3) 在软件窗口的标题栏右上角有 3 个按钮，▬ 表示（　　），🗗 表示（　　），✕ 表示（　　）。

(4) 新建文件的方法有 3 种，分别是（　　）、（　　）、（　　）。

(5) 放大图像的快捷键为（　　）+（　　）键。缩小图像的快捷键为（　　）+（　　）键。按住（　　）+（　　）键，图像窗口内的图像自动满画布显示。

(6) 想要使参考线和标尺上的刻度相对应，可在按住（　　）键的同时拖曳参考线；想要改变参考线的方向，可在按住（　　）键的同时单击或拖动参考线。

2. 简答

(1) Photoshop CC 的界面主要分为几部分？各部分的功能是什么？

(2) 点阵图和矢量图的概念是什么？它们的区别是什么？

(3) 简述【存储】与【存储为】命令的区别。

(4) 应使用什么工具放大和缩小图像的显示比例？简单说明其操作方法。

(5) 简单说明标尺、网格和参考线的设置与使用方法。

3. 操作

(6) 用鼠标拖曳图像窗口的标题栏以及拖动图像窗口边框的位置，来移动图像窗口的位置并改变图像窗口的大小。

(7) 结合第 1.1.4 小节所讲的内容，练习调板的显示与隐藏、拆分与组合操作。

第2章　选区创建工具的应用

在 Photoshop 中，对图像进行处理的最基本、最常用的工具就是选区工具。创建选区的方法有很多种，可以直接使用工具箱中的选区工具来创建，也可以通过选区命令来创建。本章将介绍 Photoshop CC 中各种选区创建工具及编辑命令的使用方法。

【学习目标】

- 掌握选框工具的使用方法。
- 掌握套索工具的使用方法。
- 掌握【魔棒】工具的使用方法。
- 学习【选择】菜单命令的使用方法。

2.1　功能讲解

在进行图像处理时，经常会遇到只对图像的局部进行处理，而不修改图像其他区域的情况。此时，可以运用选框工具来指定要编辑的图像区域。Photoshop CC 提供了多种选框工具，包括简单的矩形与椭圆选框工具，套索、多边形套索和磁性套索工具，还有根据颜色的差别来定义选区的魔棒工具。在创建选区后，可以利用【选择】菜单中的命令对图像中的选区进行编辑、调整及设置等操作。

2.1.1　选框工具

在工具箱中按住工具不放，会弹出如图 2-1 所示的工具列表。

在如图 2-1 所示的列表中选择要使用的工具，如工具，工具箱中原工具的位置上显示为工具。用相同的方法，可以在工具箱中切换列表中的 4 种工具。

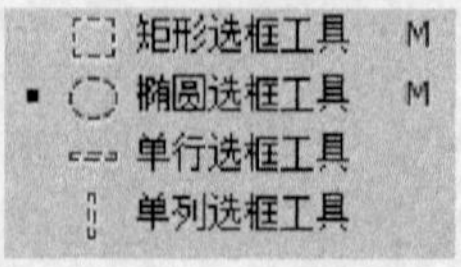

图2-1　工具列表

在图像中创建选区后，会出现一个虚线框，称之为选框。选框内的部分就是选区，后面进行的所有操作只对选区内的图像起作用。

要点提示　同一组工具通常使用同一个快捷键，但选框工具特殊。工具与工具的快捷键都是 M 键，反复按 Shift+M 键，可以在工具与工具间切换，但不能在工具和工具间切换。

一、　选框工具的选项栏

使用选框工具时，其选项栏状态如图 2-2 所示。

图2-2　选框工具选项栏

- 单击【新选区】按钮，在图像中创建选区，新的选区将代替原来的选区。

- 单击【添加到选区】按钮，在图像中创建选区，新创建的选区与原来的选区合并为新的选区，其操作过程示意图如图 2-3 所示。

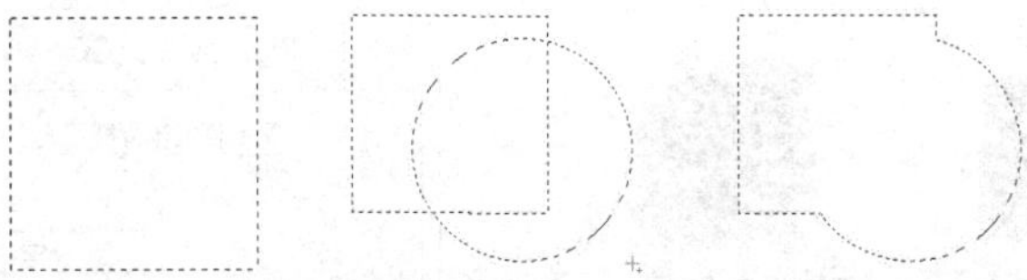

图2-3　添加到选区的过程示意图

要点提示　在激活【新选区】按钮时，若按住 Shift 键不放，鼠标光标变成形状，再在图像中创建选区时，新建立的选区将添加至原选区。相当于【添加到选区】的功能。

- 单击【从选区减去】按钮，如果新创建的选区与原来选区有相交部分，则从原选区中减去相交部分，其操作过程示意图如图 2-4 所示。

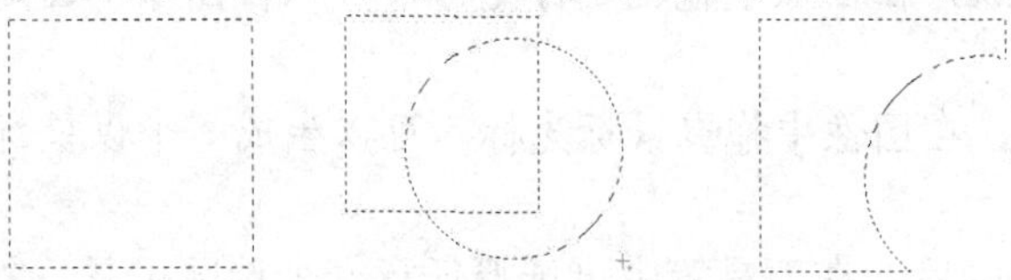

图2-4　从选区减去过程示意图

要点提示　在激活【新选区】按钮时，若按住 Alt 键不放，鼠标光标变成形状，再在图像中创建选区时，原选区中减去与新选区相交的部分。相当于【从选区减去】功能。

- 单击【与选区交叉】按钮，如果新创建的选区与原来选区有相交部分，则保留相交选区，其操作过程示意图如图 2-5 所示。

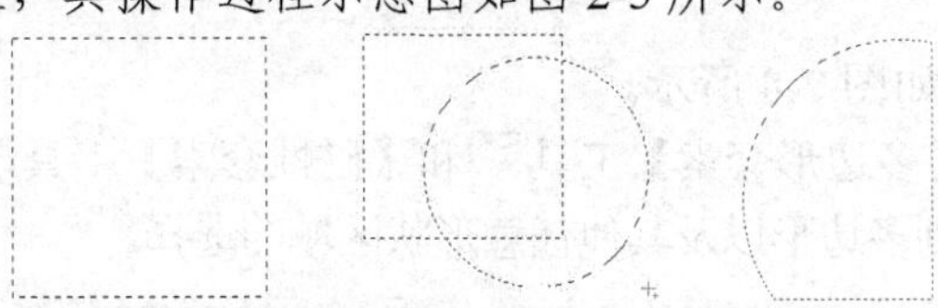

图2-5　相交选区的过程示意图

要点提示　在激活【新选区】按钮时，若按住 Shift+Alt 键不放，鼠标光标变成形状，再在图像中创建选区时，则保留相交区域。相当于【与选区交叉】功能。

- ：决定选区边缘的柔化程度，可以在数值框内输入羽化的数值，其取值范围为 0～255。图 2-6 所示为建立了 3 个大小相同但【羽化】值不同的矩形选区，其边缘效果的变化各不相同。当给选择工具设置了非“0”的【羽化】值后，新建立的选区范围必须足够大，选区的最小直径至少为【羽化】值的两倍以上，否则会弹出如图 2-7 所示的提示框。
- ：勾选此复选项，可以使边缘看起来柔和，达到抗锯齿的目的。只在选择工具时此复选项才可用。
- ：此下拉列表中有 3 个选项。选择【正常】选项，可以在图像中创建任意大小与比例的选区；选择【固定比例】选项，可以设置将要创建选区的宽度与高度的比例；选择【固定大小】选项，可以设置将要创建选区的宽度和高度值。

- 调整边缘... 按钮：单击此按钮，弹出【调整边缘】对话框，可以重新设置选区的边缘效果。

图2-6 【羽化】值对选区的影响

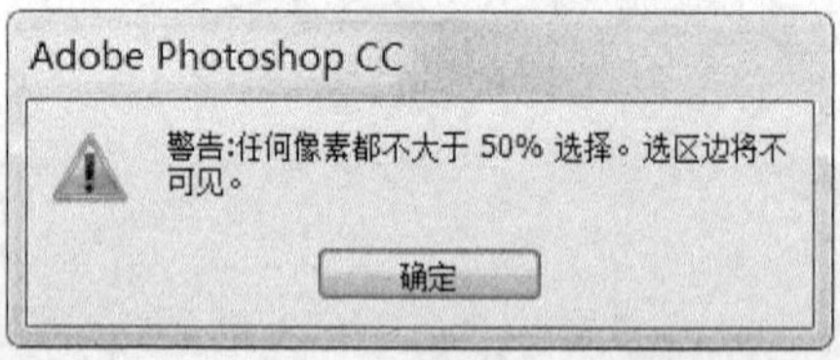

图2-7 警告提示框

二、 选区的基本操作

如果当前图像中没有选区，选择工具箱中的工具或工具，配合下列快捷键，可以建立特殊选区。

- 按住 Shift 键不放，在图像中拖曳鼠标光标，可以在图像中创建正方形或圆形选区。
- 按住 Alt 键不放，在图像中拖曳鼠标光标，可以生成一个以鼠标光标落点为中心的选区。

在图像窗口中建立选区后，在工具箱中再选择任意一个选区工具，然后将鼠标光标移动至图像窗口的选区内部，当鼠标光标显示为形状时，拖曳鼠标可以移动选区的位置。

取消选区的常用方法有两种，一种是选择菜单栏中的【选择】/【取消选择】命令，另一种是按 Ctrl+D 键。

2.1.2 套索工具

套索工具及其隐藏工具如图 2-8 所示。

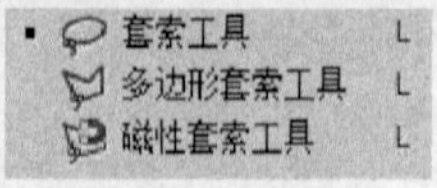

图2-8 套索工具列表

利用【套索】工具、【多边形套索】工具和【磁性套索】工具，可以在图像中进行不规则多边形以及其他任意形状区域的选择。

要点提示 工具、工具和工具的快捷键为 L 键，反复按 Shift+L 键，可以在这 3 种套索工具间切换。

一、 套索工具的使用方法和主要功能

3 种套索工具的使用方法各不相同，下面分别对其进行介绍。

(1) 工具：选择工具后，只要按住鼠标左键在图像上拖曳，鼠标光标移动的轨迹就是选区的边界。它的优点是操作简便，缺点是所创建选区的形态较难控制，所以该工具一般用于对精确度要求不高的选择操作。

(2) 工具：选择工具后，沿要选择的图像边界多次单击，新的鼠标光标落点与前一个落点间会出现一条连线，然后将鼠标光标移回起点，当鼠标光标变为形状时单击，可闭合连线，构成选区。工具的优点是选择较精确，缺点是操作比较繁琐。该工具比较适用于边界多为直线或边界曲折复杂的图案。

(3) 工具：它是一种比较特别的选择工具，它根据要选择图像边界的像素点颜色来决定进行选择时的工作方式。在要选择图像边界与背景颜色差别较大的部分，可以直接沿边界拖曳鼠标光标，工具会根据颜色的差别自动勾画出选框。在颜色差别不大的部分，可以用多次单击的方法勾选边界。这一工具主要适用于选择边界分明的图案。

二、 套索工具选项栏

在工具箱中选择工具或工具后，选项栏状态如图 2-9 所示。这些选项在前面都已经讲过，此处不再重复。

图2-9 工具和工具的选项栏

在工具箱中选择工具，选项栏中多了一些特别的参数，如图 2-10 所示。

图2-10 工具的选项栏

- 宽度：10像素：该值决定工具在探测图像边界时的范围。【磁性】套索工具只探测从鼠标光标开始指定距离以内的边缘。
- 对比度：10%：该值指定套索对图像中边缘的灵敏度。较高的值将探测与周围对比强烈的边缘，较低的值将探测低对比度的边缘。
- 频率：57：该值决定套索以什么速率设置紧固点。使用较高的数值，则捕捉紧固点的速度更快，并且紧固点的数量更多。
- 【使用绘图板压力以更改钢笔宽度】按钮：该选项只有在用户使用绘图板时才起作用。绘图板是一种外部设备，可用手绘的方式向计算机中输入图像。激活该按钮后，可以在使用绘图板时，以落笔的力度来影响笔画的粗细。

> 要点提示：在使用工具和工具时，可以多次按 Delete 键，依次取消最后一个点的定位。

在边缘较明显的图像上，可以使用较大的【宽度】值和较高的【对比度】值。在边缘较柔和的图像上，可以使用较小的【宽度】值和较低的【对比度】值。

使用较小的【宽度】值和较高的【对比度】值可以进行较精确的选择。使用较大的【宽度】值和较小的【对比度】值可进行粗略的选择。

2.1.3 【魔棒】工具

Photoshop CC 提供了【魔棒】和【快速选择】两种魔棒工具，在工具箱中按住工具不放，弹出如图 2-11 所示的魔棒工具列表。

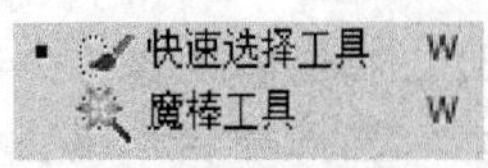

图2-11 魔棒工具列表

利用【魔棒】工具和【快速选择】工具，可以在图像中快速选择与鼠标光标落点颜色相近的区域。该工具主要适用于有大块单色区域图像的选择。

> 要点提示：选择工具和工具的快捷键为 W，反复按 Shift+W 键，可以在这两种魔棒工具间切换。与其他选择工具相同，也可以利用 Shift 键或 Alt 键来增加或减少选区的范围。

一、 【魔棒】工具选项栏

在工具箱中选择工具，选项栏如图 2-12 所示。在这里只介绍前面未讲解过的选项。

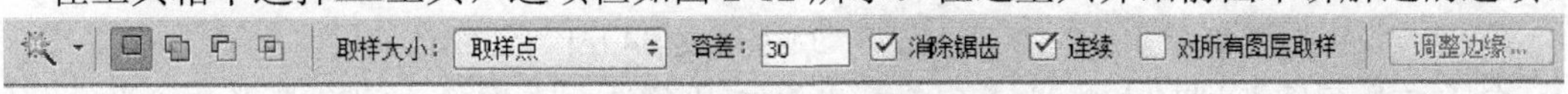

图2-12 工具的选项栏

- 容差：30：容差取值范围为 0～255。这个参数的值决定了选择的精度，此值越大，选择的精度越小；此值越小，选择的精度越大。

- ☑连续：勾选【连续】复选项，则只能选择与鼠标光标落点处像素颜色相近且相连的部分。取消勾选该复选项，则可以在图像中选择所有与鼠标光标落点处像素颜色相近的部分。
- □对所有图层取样：对于多图层的文件来讲，一般情况下，所做的操作只对当前图层起作用。使用工具时，不勾选【对所有图层取样】复选项，则只选择当前图层中颜色相近的部分；若勾选该复选项，则可以选择所有图层中可见部分的颜色相近的部分。

二、【快速选择】工具选项栏

在工具箱中选择工具，选项栏如图 2-13 所示。在这里只介绍前面未讲解过的选项。

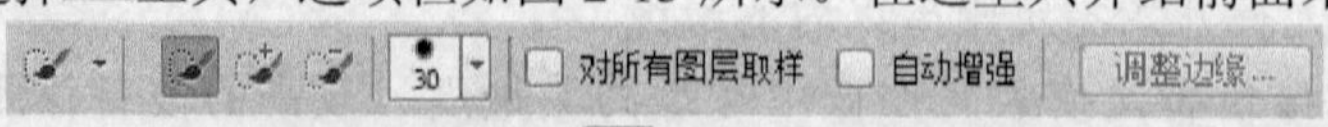

图2-13　工具的选项栏

- 选区运算按钮：单击新选区按钮，可以创建一个新的选区；单击添加到选区按钮，可以在原选区的基础上添加新绘制的选区；单击从选区减去按钮，可以在原选区的基础上减去当前绘制的选区。
- ☑自动增强：勾选【自动增强】复选项，可以减少选区边界的粗糙度和块效应，自动将选区向图像边缘进一步流动并应用一些边缘调整。
- 30：可以更改画笔的大小，也可以在绘制选区的过程中，按下]键增加画笔的大小，或按下[键减小画笔的大小。

三、练习修改图像背景

下面以工具的使用为例，简单练习使用选区工具对图像进行编辑修改的方法。

练习修改图像背景

选择图像中的白色背景。

1. 选择菜单栏中的【文件】/【打开】命令，打开本书配套光盘“Map”目录下的“兰花.jpg”文件，这是一幅白色背景的兰花图像。
2. 选择工具箱中的工具，选项栏使用默认设置。
3. 在图像边缘的白色上单击，选择外围的白色背景部分，选区效果如图 2-14 所示。
4. 在选项栏中单击【添加到选区】按钮，然后在图像中兰花内较小的白色背景部分上单击，直到将所有的白色背景选择。
5. 在工具箱中将背景色设置为黑色。按 Delete 键，弹出【填充】对话框，在【内容】选项中选择【背景色】，删除选区内的图像，露出黑的背景色，效果如图 2-15 所示。

在背景上添加星光效果，对图像进行装饰。

6. 选择工具箱中的工具，然后在【调板区】中调出【工具预设】调板，如图 2-16 所示。
7. 单击【工具预设】调板右侧的按钮，在弹出的菜单中选择【载入工具预设】命令，载入本书配套光盘“Map”目录下的“工具预设 04.tpl”文件。
8. 在【工具预设】调板中选择【白色星光】工具预设，在图像中黑色背景部分拖曳，在背景上添加如图 2-17 所示的星光效果。按 Ctrl+D 键，取消选区。

图2-14　外围背景的选区效果

图2-15　黑色背景效果

9. 选择菜单栏中的【文件】/【存储为】命令，将当前图像存储为“星光背景.jpg”文件。

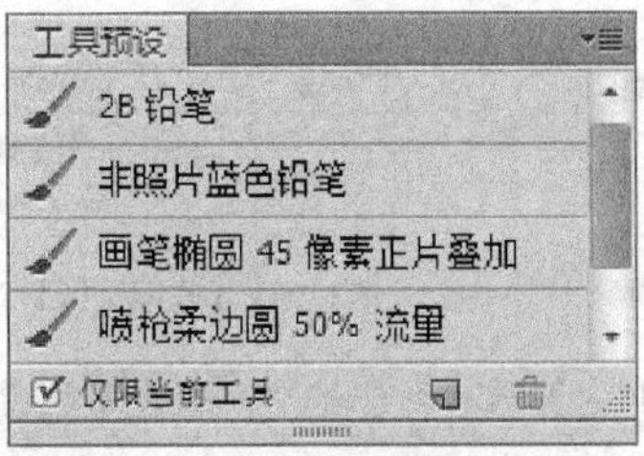

图2-16　【工具预设】调板

图2-17　背景的星光效果

2.1.4 【选择】菜单

在创建选区后，还可以利用【选择】菜单中的命令对选区的形态进行编辑。【选择】菜单中的命令主要用来对图像中的选区进行编辑、调整及设置等操作。选择菜单栏中的【选择】命令，弹出的菜单如图 2-18 所示。

在图像中存在选区的情况下，具体操作介绍如下。

- 选择菜单栏中的【选择】/【调整边缘】命令，弹出的【调整边缘】对话框如图 2-19 所示。
- 选择菜单栏中的【选择】/【修改】/【边界】命令，弹出的【边界选区】对话框如图 2-20 所示。在【宽度】文本框内输入适当的数值，单击 确定 按钮，可以沿选区的边缘创建相应宽度的边框选区。
- 选择菜单栏中的【选择】/【修改】/【平滑】命令，弹出的【平滑选区】对话框如图 2-21 所示。在【取样半径】文本框内设置适当的参数，单击 确定 按钮，可以使当前选区中小于【取样半径】值的尖角都产生圆滑的效果。
- 选择菜单栏中的【选择】/【修改】/【扩展】命令，弹出的【扩展选区】对话框如图 2-22 所示。在【扩展量】文本框内输入适当的数值，单击 确定 按钮，可以将选区向外扩展相应的像素数。

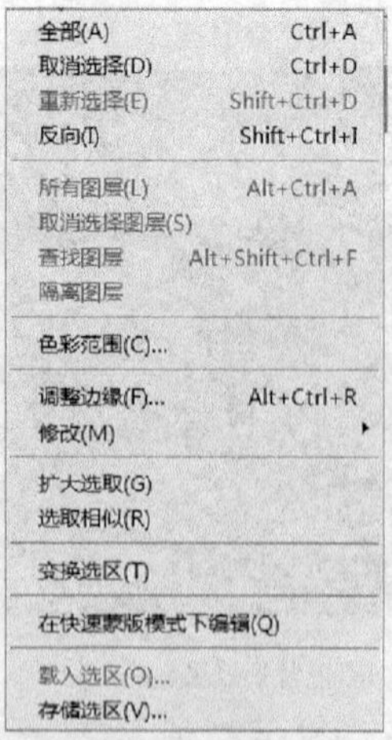

图2-18　【选择】菜单

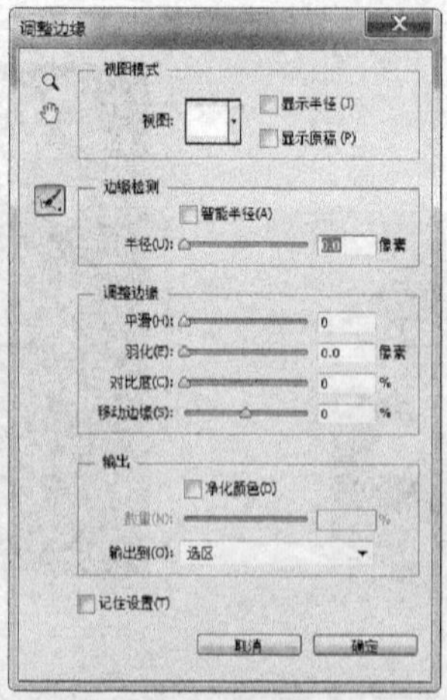

图2-19　【调整边缘】对话框

图2-20　【边界选区】对话框

- 选择菜单栏中的【选择】/【修改】/【收缩】命令，弹出的【收缩选区】对话框如图 2-23 所示。在【收缩量】文本框内输入适当的数值，单击 确定 按钮，可以将选区向内收缩相应的像素数。

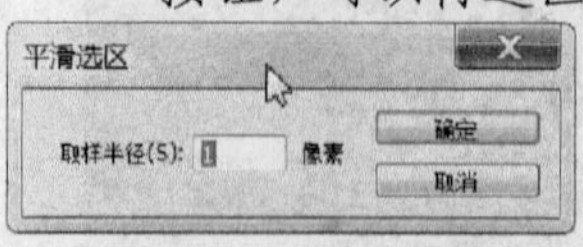

图2-21　【平滑选区】对话框

图2-22　【扩展选区】对话框

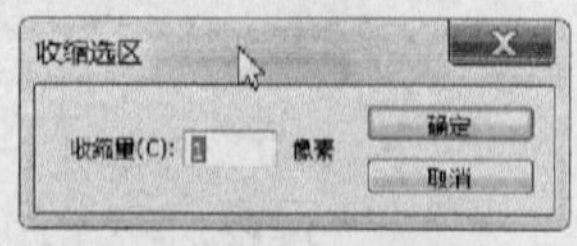

图2-23　【收缩选区】对话框

要点提示 其中的【羽化】命令和前面介绍【矩形】选框时的【羽化】选项功能相同，这里不再赘述。

- 选择菜单栏中的【选择】/【扩大选取】命令，可以将选区在图像上延伸，将与当前选区内像素相连且颜色相近的像素点一起扩充到选区中。
- 选择菜单栏中的【选择】/【选取相似】命令，可以使选区在图像上延伸，将图像中所有与选区内像素颜色相近的像素都扩充到选区内，包括相连和不相连的所有相近像素。
- 选择菜单栏中的【选择】/【变换选区】命令，选区四周会出现一个带有调节手柄的矩形。通过拖动调节手柄，可以对选区进行缩放、拉伸以及旋转等变形操作。

要点提示 如果对选区直接使用【编辑】/【自由变换】命令或【编辑】/【变换】命令，缩小、拉伸或旋转变形的不仅仅是选区，还包括选区范围内的图像。

- 选择菜单栏中的【选择】/【载入选区】命令，可以调用存放在通道中的选区。
- 选择菜单栏中的【选择】/【存储选区】命令，可以将图像的选区存放到通道中。

2.2　范例解析——CD 封面制作

本节将要学习用 Photoshop CC 来制作一个自己喜欢的 CD 封面。制作封面的过程中，不仅会用到选区的选取与编辑、图层的基本操作等命令，还会涉及一些调整图像尺寸等方面的知识。CD 封面的最终应用效果如图 2-24 所示。

图2-24　CD 封面最终应用效果

1. 选择菜单栏中的【文件】/【新建】命令，在弹出的【新建】对话框中设置图像高度和宽度均为“20cm”，分辨率为“200dpi”，其他参数设置保持默认。
2. 选择菜单中的【文件】/【存储为】命令，在弹出的【存储为】对话框中将该文件命名为“CD 封面”，并以“.psd”格式保存。
3. 选择菜单栏中的【文件】/【打开】命令，打开本书配套光盘“Map”目录下的“CD 封面素材 1.jpg”文件，选择工具箱中的工具或按 V 键，然后将素材图像拖动至之前新建的 CD 封面文件中，并关闭素材文件，如图 2-25 所示。
4. 将图层 1 重命名为“CD 封面底图”，选择菜单栏中的【编辑】/【自由变换】命令或按下 Ctrl+T 键，然后按下 Alt+Shift 键，将图像变换至合适大小，如图 2-26 所示。

图2-25　拖动素材图片至文件中

图2-26　变换图像至合适大小

5. 按 Ctrl+R 键打开标尺，并设置合适的参考线，以便于定位圆心，如图 2-27 所示。
6. 选择工具，按住 Alt+Shift 键，以参考线交点为圆心，建立如图 2-28 所示的圆形选区。

图2-27　建立参考线

图2-28　绘制圆形选区

7. 选择菜单栏中的【选择】/【反向】命令或按下 Ctrl+Shift+I 键，反选选区，按 Delete

键删除图像中的多余部分，如图 2-29 所示。

8. 再次执行【选择】/【反向】命令，将选区反选，单击图层调板下方的【新建图层】按钮，新建一个图层并命名为“基板”，将其拖动至“CD 封面底图”图层下方，如图 2-30 所示。

图2-29 反选选区并删除图像

图2-30 新建并调整图层

9. 选择菜单栏中的【选择】/【修改】/【扩展】命令，在弹出的【扩展选区】对话框中输入扩展量为“12”，如图 2-31 所示。

10. 选择工具，在选项栏中单击按钮的颜色条部分，弹出【渐变编辑器】对话框，单击按钮，如图 2-32 所示，在弹出的菜单中选择【色谱】命令，再在弹出的【渐变编辑器】对话框中单击 追加(A) 按钮，如图 2-33 所示。

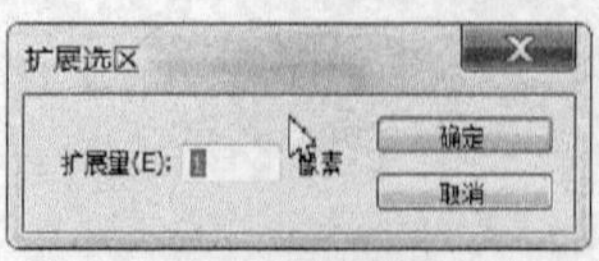

图2-31 扩展选区

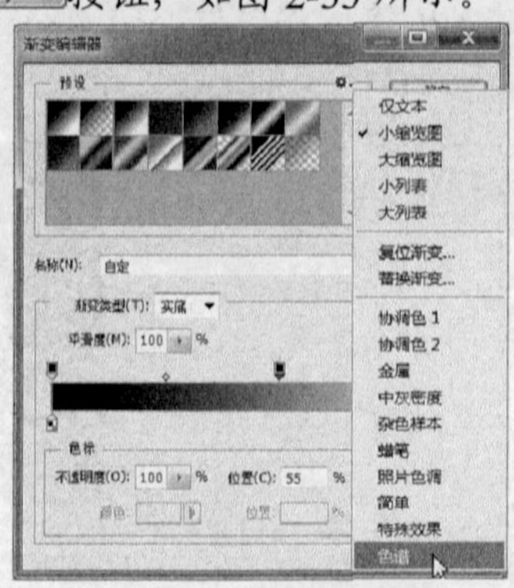

图2-32 载入【色谱】预设

图2-33 单击 追加(A) 按钮

11. 在【预设】栏中选择【浅色普】选项，如图 2-34 所示，单击 确定 按钮。在选区中，从左至右拖动鼠标光标，使用【浅色普】渐变制作出光盘的反光效果，如图 2-35 所示。

图2-34 选择【浅色谱】选项

图2-35 制作反光效果

12. 在【图层】调板中双击“基板”图层，在弹出的【图层样式】对话框中设置【投影】

参数，如图 2-36 所示，最后得到如图 2-37 所示的投影效果。

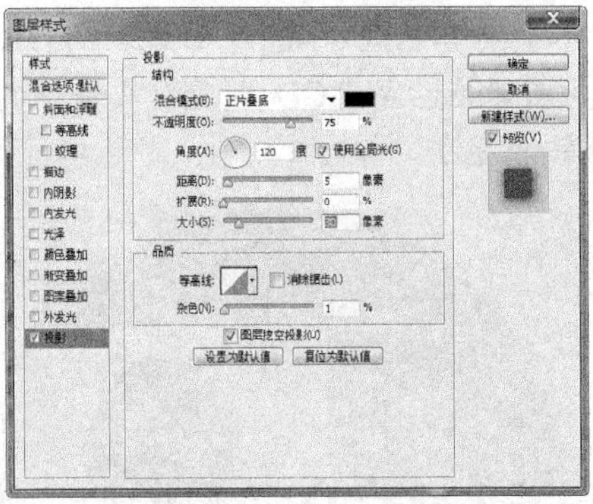

图2-36　【投影】参数设置

图2-37　完成投影效果

13. 选择工具，按住 Alt+Shift 键，以参考线交点为圆心，建立如图 2-38 所示的圆形选区。
14. 单击图层调板中的“CD 封面底图”图层，按 Delete 键，再单击“基板”图层，按 Delete 键，删除选中的图像部分，然后按 Ctrl+D 键取消选区，制作出中空效果，如图 2-39 所示。

图2-38　绘制圆形选区

图2-39　删除选取部分

15. 选择工具，按住 Alt+Shift 键，以参考线交点为圆心，再次建立如图 2-40 所示的圆形选区。
16. 选择菜单栏中的【选择】/【修改】/【边界】命令，在弹出的【边界选区】对话框中输入边界为“12 ”，得到如图 2-41 所示的选区。

图2-40　绘制圆形选区

图2-41　选择边界

17. 单击图层调板中的“CD 封面底图”图层，按 Delete 键，再按 Ctrl+D 键取消选区，制作出 CD 镂空效果，如图 2-42 所示。

18. 选择菜单中的【文件】/【打开】命令，打开本书配套光盘“Map”目录下的“CD 封面素材 2.jpg”文件。选择工具，然后将素材图像拖动至“CD 封面”文件中的合适位置，如图 2-43 所示，并将素材文件所在的图层命名为“人物”。

图2-42　制作镂空效果

图2-43　导入“人物”素材文件

19. 选择工具箱中的工具，并在选项栏中取消勾选【连续】复选项，使用工具单击“人物”图层中的空白区域，按 Delete 键，将素材图片的背景删除，再按 Ctrl+D 键取消选区，效果如图 2-44 所示。
20. 选择【编辑】/【自由变换】命令，然后按住 Shift 键，将图像变换至合适大小，并移动至如图 2-45 所示的位置。

图2-44　清除图像背景

图2-45　缩放变换并移动图像

21. 按住 Ctrl 键，单击“CD 封面底图”图层的缩略图，将其载入选区。确保当前图层为“人物”图层，按 Ctrl+Shift+I 键，将选区反选，按 Delete 键删除选择部分，并按 Ctrl+D 键取消选区，如图 2-46 所示。

到这一步，整个 CD 封面的效果就差不多做完了，下一步将使用【文字】工具为封面添加一些文字说明。

22. 选择工具箱中的工具，在文件的任意位置单击，输入文字“圣诞歌曲合辑”。选中文字，将字体设置为“方正综艺简体”，字号为“36 点”，颜色为“白色”，按 Ctrl+Enter

键确认输入。

23. 选择工具箱中的 工具，将文字图层移动至合适位置。

至此，一个精美的 CD 封面便制作完成了，最终效果如图 2-47 所示。读者还可以把每首歌的名字用【文字】工具制作在封面的合适位置。

图2-46 修剪图层

图2-47 最终效果

2.3 课堂实训——制作海边栈桥效果

下面通过课堂实训再来巩固一下本次课程所学的知识，加强练习如何利用选区创建工具及编辑命令来绘制并处理图像，创作出更多具有创意的图案效果。

本次实训将学习利用选区工具与【图层】调板将多幅图片中的元素重新组合，在大海边制作出神奇的栈桥效果。最终效果如图 2-48 所示。

图2-48 最终效果

本次实训首先练习利用选区抠图的方式去除图像中不需要的部分，再利用自由变换工具对图片进行处理，达到我们想要的效果，最后发挥读者的想象力，将各图层通过调整顺序组合出一幅意境悠远的海边栈桥图片。制作流程如图 2-49 所示。

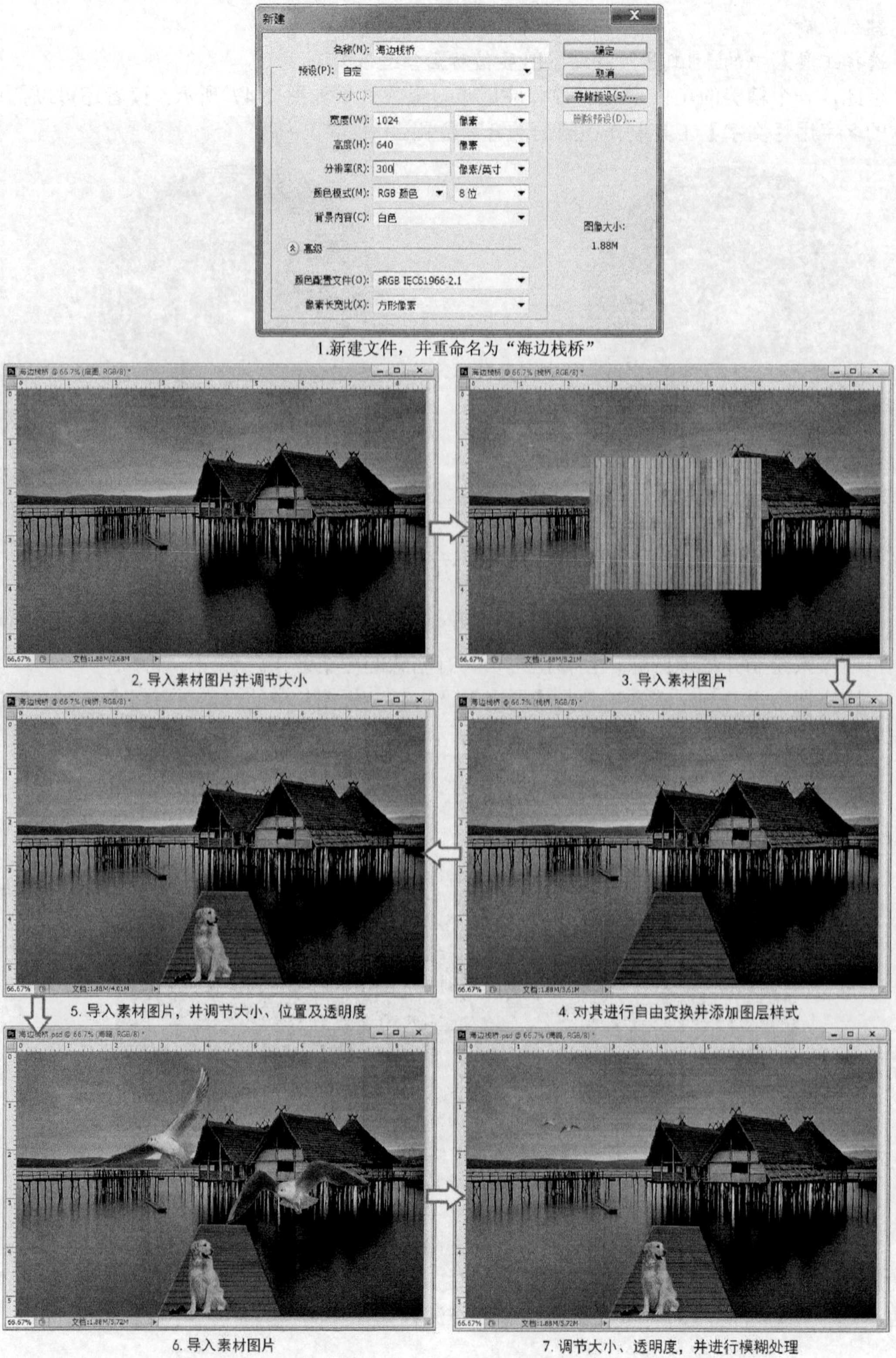

图2-49　制作流程示意图

【操作步骤提示】

1. 新建一个文件，设置参数如图 2-49 左上角所示，并将其命名为“海边栈桥.psd”保存。
2. 打开本书配套光盘“Map”目录下的“海边栈桥制作素材 01.jpg”文件，按 Ctrl+A 键对其进行全选，使用工具将其拖入新建的文件中，并使用【自由变换】命令（Ctrl+T 键）将其缩放至合适大小，将该图层命名为“底图”。
3. 打开本书配套光盘“Map”目录下的“海边栈桥制作素材 02.jpg”文件，将其移入新建文件中（同步骤 2）。按下 Ctrl+T 键，单击鼠标右键，选择“旋转 90°”；再继续单击鼠标右键，选择“扭曲”（见图 2-50），拖移该图片 4 个角的角点，按照人的透视原理将其调整为如图 2-49 所示的大小及位置，重命名该图层为“栈桥”。

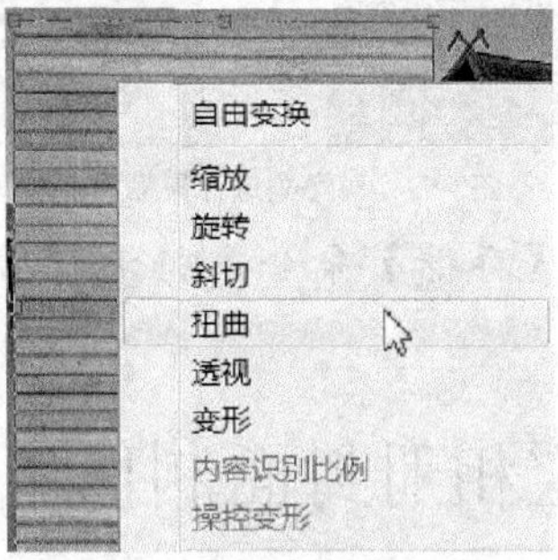

图2-50　利用扭曲命令进行变形

4. 为“栈桥”图层添加图层样式，参数设置如图 2-51 所示，并将其不透明度调为 80%，使其更好地与背景图片融为一体。

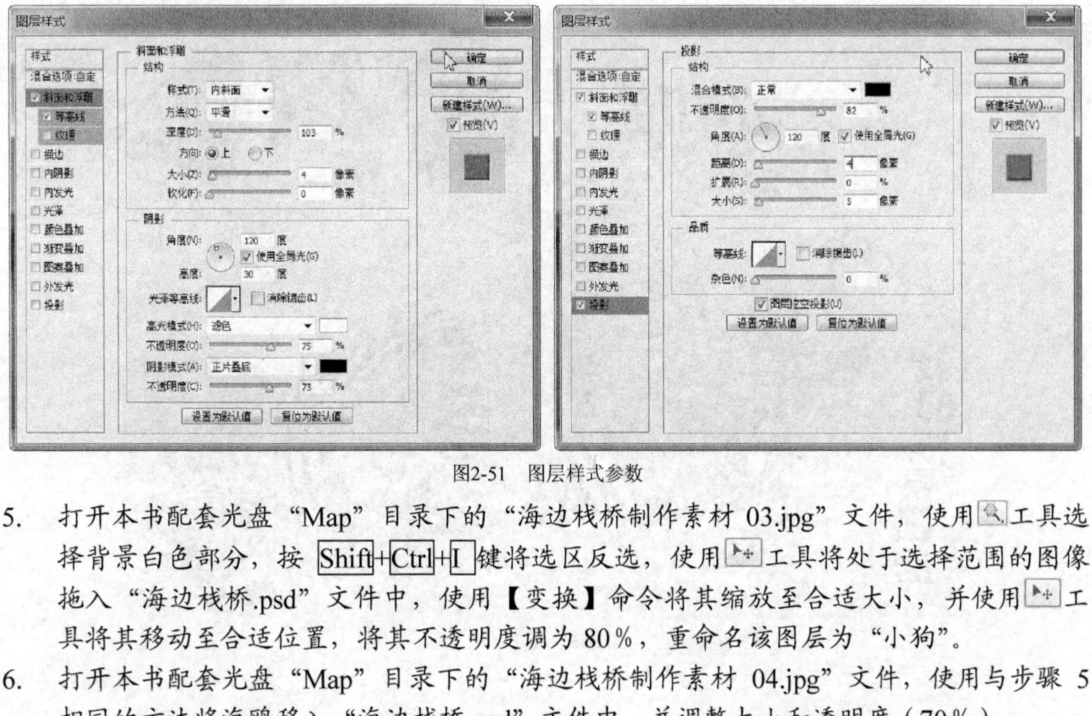

图2-51　图层样式参数

5. 打开本书配套光盘“Map”目录下的“海边栈桥制作素材 03.jpg”文件，使用工具选择背景白色部分，按 Shift+Ctrl+I 键将选区反选，使用工具将处于选择范围的图像拖入“海边栈桥.psd”文件中，使用【变换】命令将其缩放至合适大小，并使用工具将其移动至合适位置，将其不透明度调为 80%，重命名该图层为“小狗”。
6. 打开本书配套光盘“Map”目录下的“海边栈桥制作素材 04.jpg”文件，使用与步骤 5 相同的方法将海鸥移入“海边栈桥.psd”文件中，并调整大小和透明度（70%）。
7. 选择“滤镜—模糊—高斯模糊”命令，对海鸥进行模糊处理，具体操作及参数如图 2-52 所示。

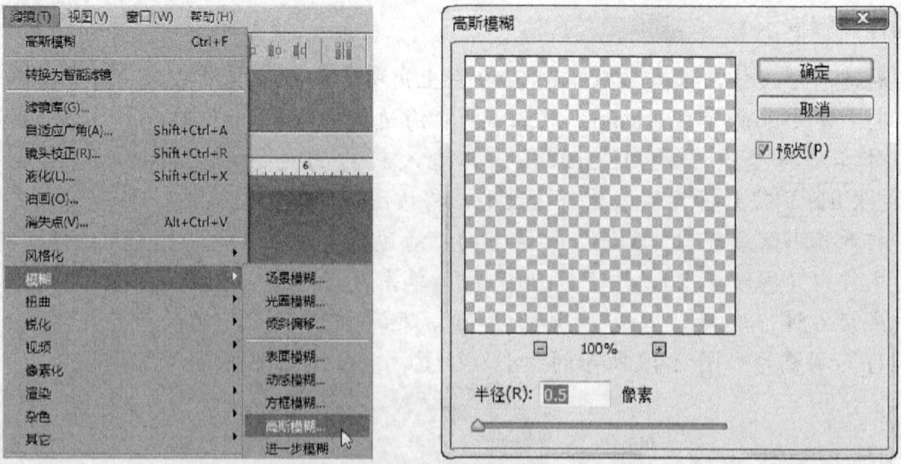

图2-52　对海鸥进行模糊处理

8. 选择菜单栏中的【文件】/【存储】命令，将调整后的文件保存在本书配套光盘的“课堂实训\CH02”目录中。

2.4　综合案例——宝宝相册封面制作

本节主要使用选框、套索和【图层】调板等工具制作一个宝宝相册封面，通过练习使读者重点掌握选区的创建与编辑。本例中制作的相册活泼可爱，色彩鲜明，错落有致，最终效果如图 2-53 所示。该练习的制作流程如图 2-54 所示。

图2-53　最终效果

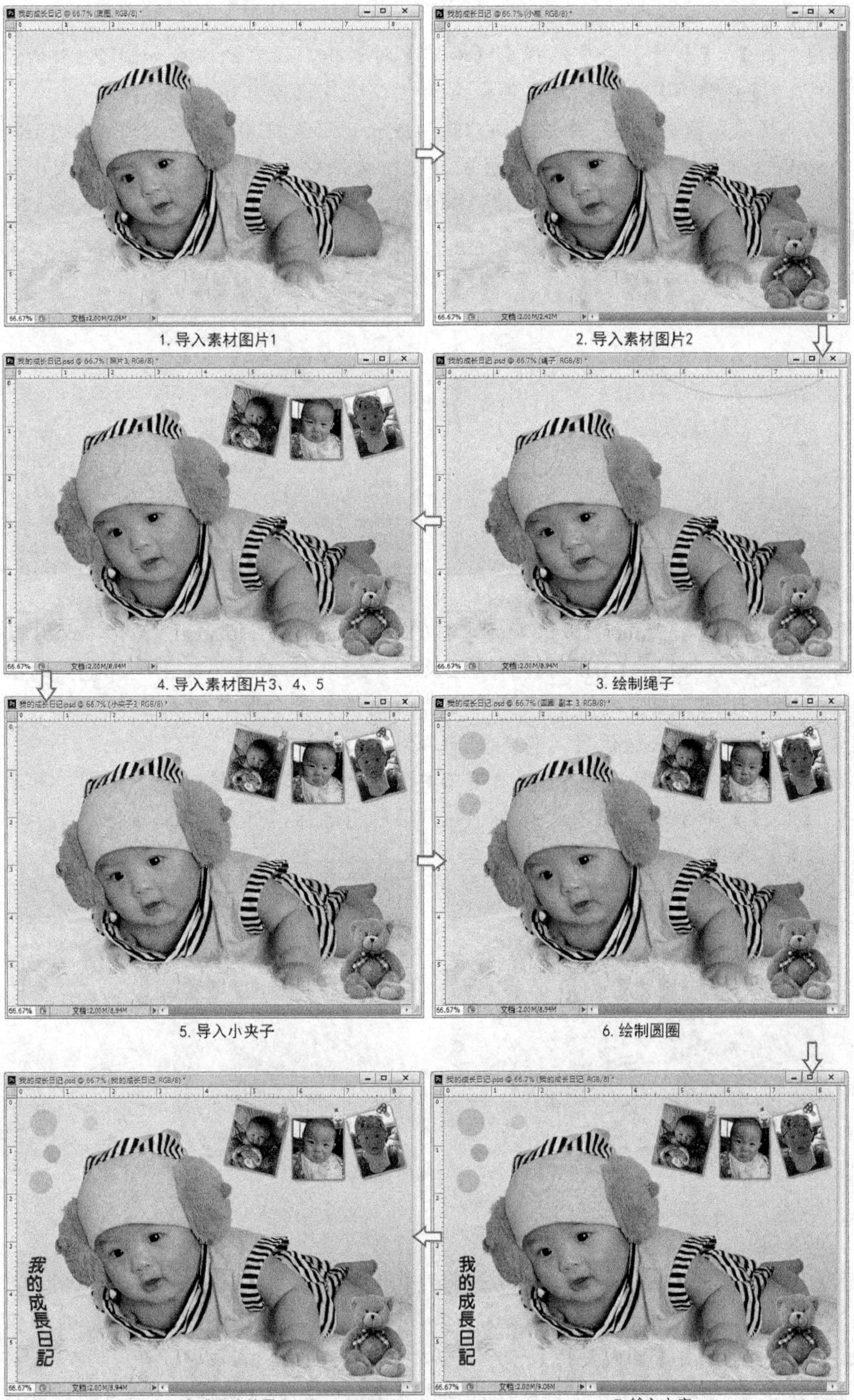

图2-54　制作流程示意图

【操作步骤提示】

1. 选择【文件】/【新建】命令，弹出【新建】对话框，设置的参数如图 2-55 所示。选择【文件】/【存储为】命令，将文件命名为“我的成长日记.psd”保存。
2. 打开本书配套光盘“Map”目录下的“我的成长日记素材 01.jpg”文件，按 Ctrl+A 键全选，利用工具将图片拖入“我的成长日记”文件中，按 Ctrl+T 键调整大小使其布满画布，并将该图层重命名为“底图”，如图 2-56 所示。

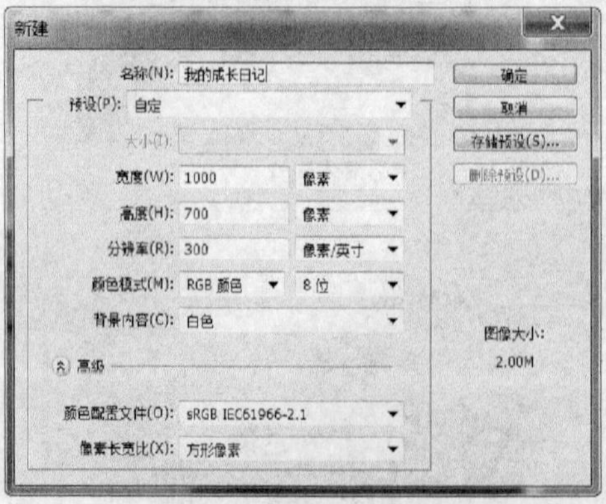

图2-55　【新建】对话框

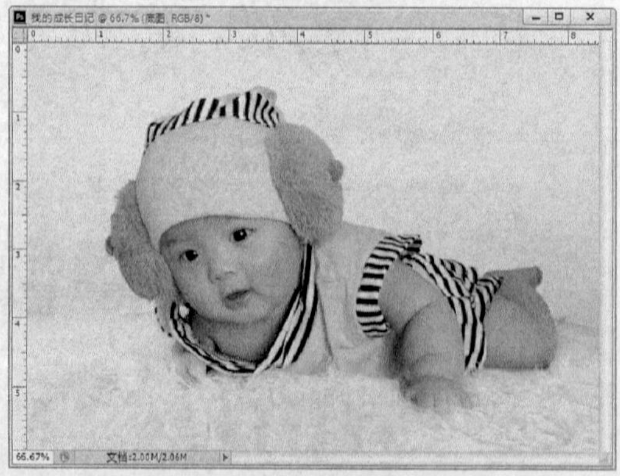

图2-56　导入素材图片 01

3. 打开本书配套光盘“Map”目录下的“我的成长日记素材 02.jpg”文件，使用工具选择白色区域，按 Shift+Ctrl+I 键将选区反选，使用工具将处于选择范围的图像拖入“我的成长日记 psd”文件中，使用【自由变换】命令将其缩放至合适大小，并使用工具将其移动至合适位置，将其重命名为“小熊”，如图 2-57 所示。
4. 新建一个图层，命名为“绳子”，使用工具箱中的工具，绘制一个椭圆，并选择【编辑】/【描边】命令对其描边，按 Ctrl+D 键取消选区，使用工具将“绳子”移动至合适位置，如图 2-58 所示。

图2-57　导入素材图片 02

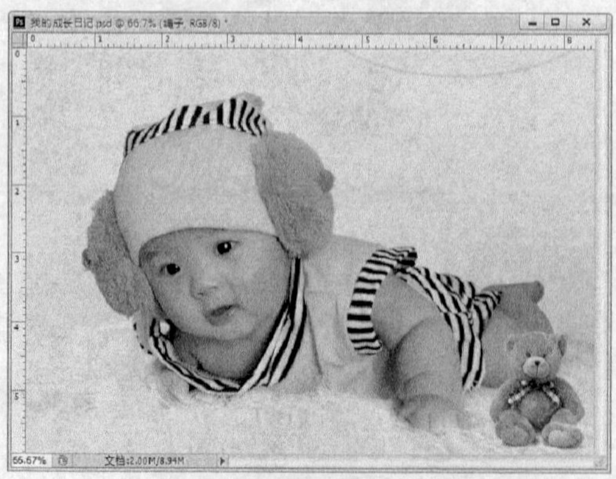

图2-58　绳子绘制

5. 打开本书配套光盘“Map”目录下的“我的成长日记素材 03.jpg”文件，使用工具箱中的工具，绘制一个矩形选区，使用工具将处于选择范围的图像拖入“我的成长日记 psd”文件中，应用【自由变换】命令将其缩放并旋转至合适大小，并使用工具将其移动至合适位置，双击该图层的缩略图，弹出【图层样式】对话框，设置参数，此过程如图 2-59 所示，图层样式参数设置如图 2-60 所示，将该图层重命名为“照片 1”。

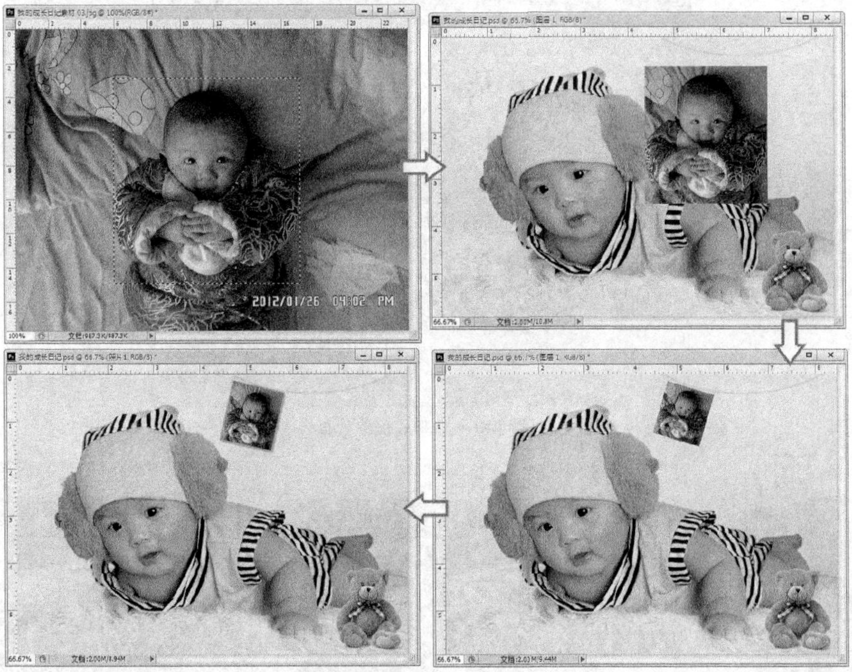

图2-59　图片处理过程

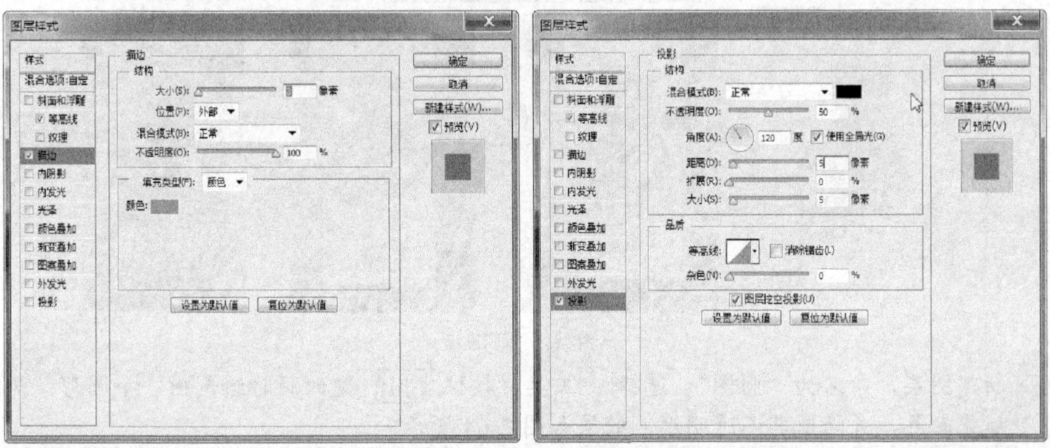

图2-60　图层样式参数设置

6. 按照步骤 5 的操作流程，将本书配套光盘“Map”目录下的“我的成长日记素材 04.jpg”和“我的成长日记素材 05.jpg”文件导入“我的成长日记 psd”文件中，调整大小及位置，并为其添加图层样式，效果如图 2-61 所示，并将其重命名为“照片 2”和“照片 3”。
7. 打开本书配套光盘“Map”目录下的“我的成长日记素材 06.jpg”文件。利用工具将喜欢的小夹子套选并拖入“我的成长日记”文件中，也可以利用工具框选小夹子并拖入“我的成长日记”文件中，然后利用工具将白色背景删除，具体步骤如图 2-62 所示。如此反复拖入 3 个小夹子，应用【自由变换】命令将其缩放并旋转至合适大小，并使用工具将其移动至合适位置，将其不透明度均改为“80%”，分别重命名为“小夹子 1、2、3”，最终效果如图 2-63 所示。

图2-61　步骤 6 最终效果

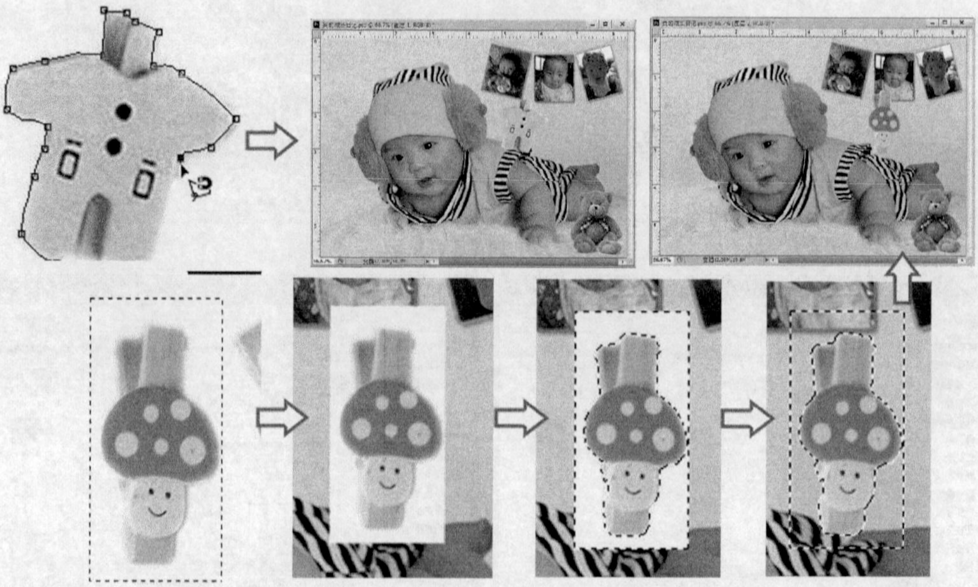

图2-62　抠图过程

8.　新建图层，命名为“圆圈”。选择工具，按住 Shift 键的同时绘制出一个圆形，为其填充颜色，并降低其不透明度，效果如图 2-64 所示。

图2-63　小夹子最终效果

图2-64　绘制圆圈

9.　使用工具选择上一步刚绘制的圆圈，按住 Alt 键的同时移动该圆圈，将其进行复制，按照个人喜好摆放其位置，调节大小，填充颜色并调节不透明度，本书制作的效果如图 2-65 所示。

10. 选择工具箱中的T工具，输入一排文字，单击切换文本取向按钮，则可以输入竖排文字，如图 2-66 所示。

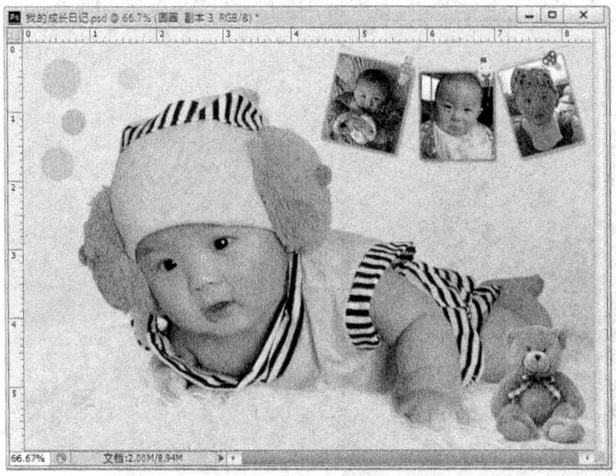

图2-65　复制其他圆圈

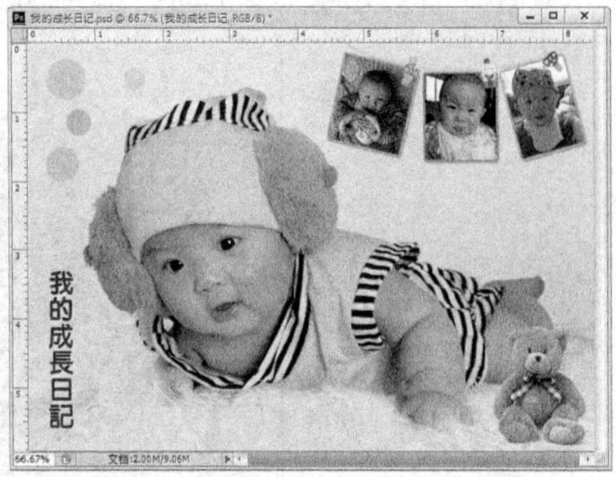

图2-66　输入文字

11. 双击“我的成长日记”文字图层前的图标T，在上方工具栏中单击创建文字变形按钮，弹出【变形文字】对话框，设置参数如图 2-67 所示。单击 确定 按钮后，效果如图 2-68 所示。

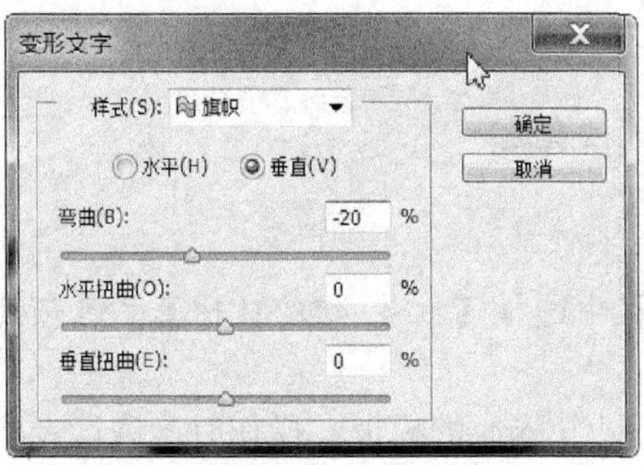

图2-67　【变形文字】参数设置

图2-68　变形文字后的效果

12. 双击“我的成长日记”文字图层缩略图，弹出【图层样式】对话框，设置【描边】的参数，如图 2-69 所示。单击 确定 按钮后，该案例最终效果如图 2-70 所示。

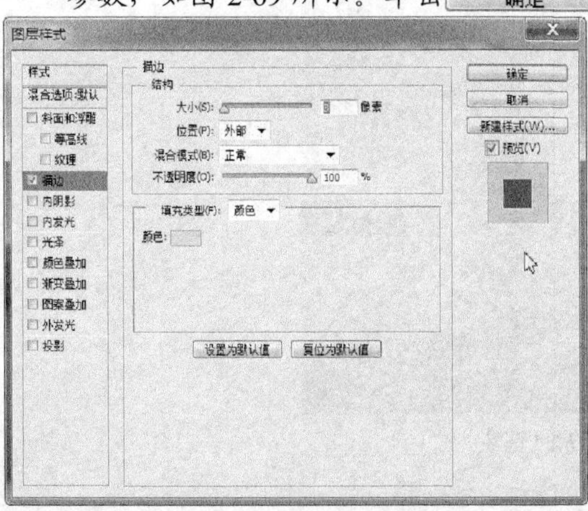

图2-69　【描边】参数设置

图2-70　最终效果

2.5　课后作业

1. 打开本书配套光盘“Map”目录下的“浪漫.jpg”文件，将其修改为如图 2-71 所示的效果。操作时，请读者参照本书配套光盘“课后作业”目录下的“浪漫.psd”文件。

图2-71　修改“浪漫.jpg”文件的效果

【操作步骤提示】

(1) 选择工具箱中的◯工具，在选项栏中将其【羽化】值设置为“20”。
(2) 在图像中创建一个大椭圆选区，选择人物图像。
(3) 在选区右下角减去一个小椭圆选区。
(4) 选择菜单栏中的【选择】/【反向】命令，将选区反选。
(5) 将背景色设置为白色，然后按 Delete 键删除。
(6) 按 Ctrl+D 键取消选区。
(7) 选择工具箱中的🖌工具，在【工具预设】调板中选择【红黄 缤纷玫瑰】工具预设，在图像下方添加玫瑰效果。

2. 创建一幅效果如图 2-72 所示的新图像，作为制作 ppt 的模板。操作时，请读者参照本书配套光盘“课后作业”目录下的“ppt 模板制作.psd”文件。

图2-72　绘制完成的 ppt 模板

该练习的制作流程示意图如图 2-73 所示。

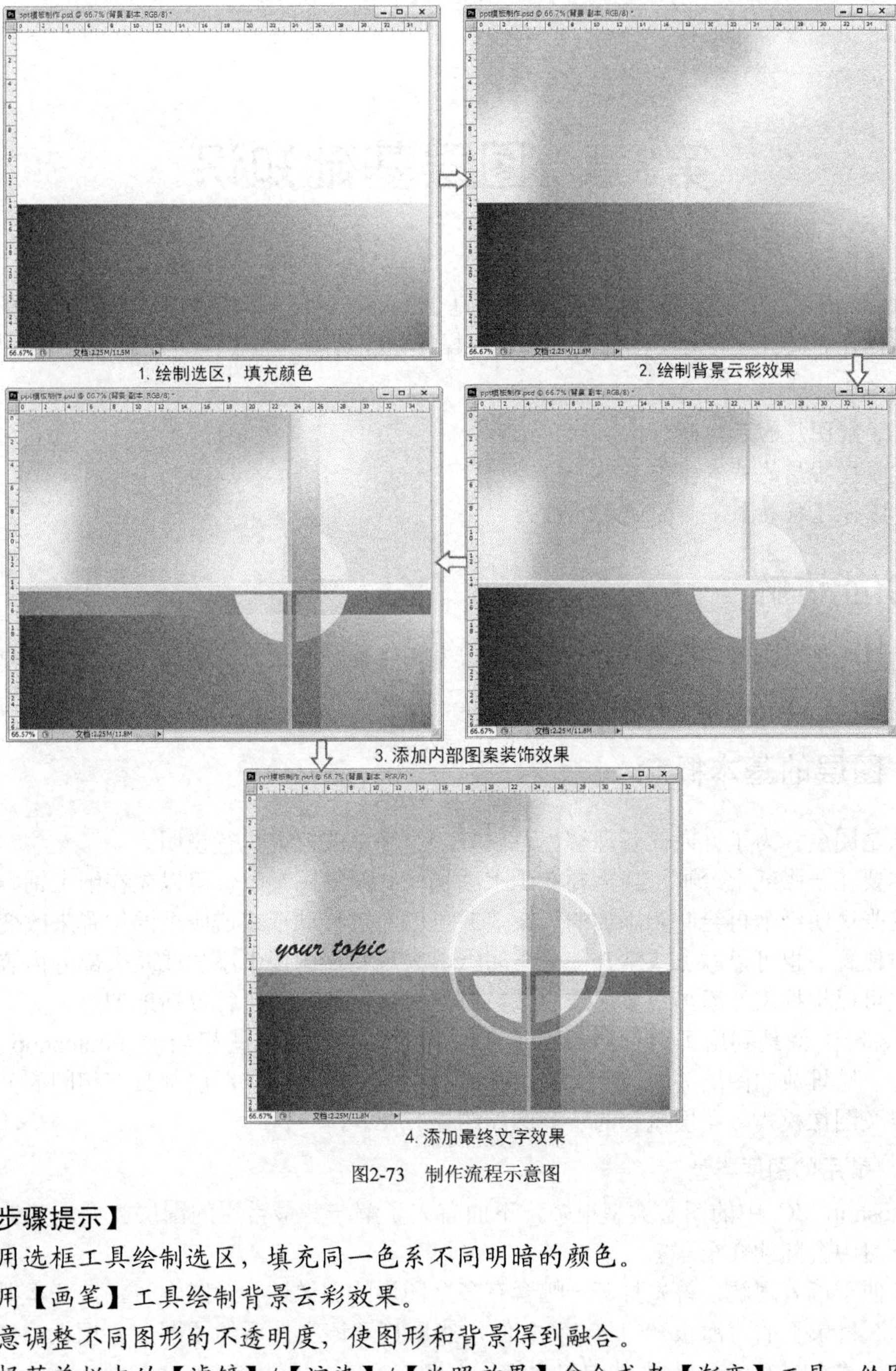

图2-73　制作流程示意图

【操作步骤提示】

(1) 利用选框工具绘制选区，填充同一色系不同明暗的颜色。

(2) 使用【画笔】工具绘制背景云彩效果。

(3) 注意调整不同图形的不透明度，使图形和背景得到融合。

(4) 选择菜单栏中的【滤镜】/【渲染】/【光照效果】命令或者【渐变】工具，给图形添加明暗效果。

第3章 图层基础知识

Photoshop CC 中的很多功能和效果都是基于图层产生的，本章将重点介绍图层的基本概念与基本操作。此外还将介绍图像处理和图层操作中经常用到的【移动】工具的相关内容。

【学习目标】

- 了解图层的基本概念。
- 掌握图层的基本操作。
- 掌握【移动】工具的使用方法.

3.1 功能讲解

在进行图像处理和图层操作时，读者可以利用【移动】工具对图像进行移动、复制或变换等基本操作，还可以方便地对链接图层进行对齐和分布。

3.1.1 图层的基本概念

什么是图层？为了方便读者理解，可以打一个简单的比方进行说明。

例如要在一张纸上绘画，当需要在画上添加一些新的图案时，可以先在纸上铺一张透明纸，在这张透明纸上再绘制要添加的图案，并可以通过移动纸或透明纸的位置来改变两层图案的相对位置。也可以添加或拿开部分透明纸，来观察在图像中添加或减去部分内容后的效果。用户可以根据需要添加很多层透明纸，以便对图像的效果进行灵活地调整。

Photoshop 就是利用了这种原理，这些绘制图像的透明纸就相当于 Photoshop 中的图层。这种层层堆放的图层关系，称之为堆叠。一个文件中的所有图层都具有相同的分辨率、通道数以及图像模式。图层概念的示意图如图 3-1 所示。

一、 常用的图层类型

Photoshop CC 中的图层类型很多，下面首先了解一些最常用的图层类型。其他类型在后面的学习中会陆续介绍。

为了便于读者理解，首先打开一幅含有多个图层的图像进行对照学习。打开本书配套光盘“Map”目录下的“海报 001.psd”文件，然后打开该文件后的【图层】调板，如图 3-2 所示，显示“海报 001.psd”文件中包含的所有图层。

(1) 普通层。

普通层是最基本的图层类型，它在图像中的作用相当于前面所说的一张透明纸。

(2) 背景层。

在 Photoshop CC 中，背景层相当于绘画时最下层的不透明纸。背景层无法与其他层交换堆叠次序，但背景层可以与普通层相互转换。

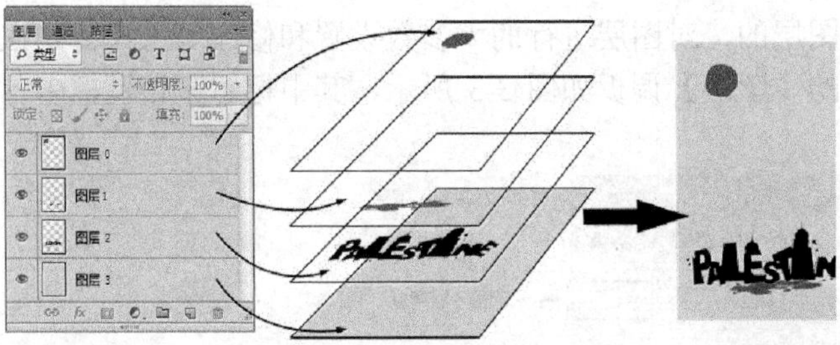

图3-1 图层概念的示意图

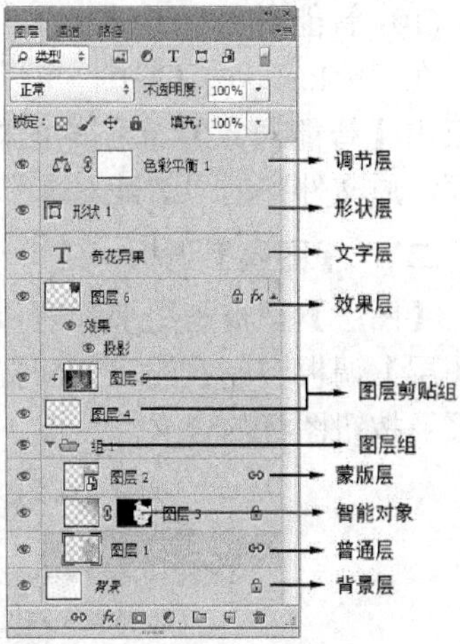

图3-2 【图层】调板（1）

要点提示 选择菜单栏中的【图层】/【新建】/【背景图层】命令，或者在【图层】调板的背景层上双击，在弹出的【新建图层】中单击 确定 按钮，即可将背景层转换为普通层。

(3) 文字层。

使用【文字】工具在图像中创建文字后，系统将自动新建一个图层。在【图层】调板中，如果某层的缩览图为 T 图标，则该层为文字层。文字层主要用于编辑文字的内容、属性和方向。文字层可以进行移动、调整堆叠顺序或复制等操作，但大多数编辑工具和命令不能在文字层中使用。如要使用，首先要将文字层转换为普通层。

(4) 调节层。

调节层可以调节其下方所有图层中图像的色调、亮度及饱和度等。在【图层】调板中，调节层的图层缩略图会根据调节层的具体类型发生变化。

(5) 效果层。

用户可以对图层使用图层样式，也就是使该层产生立体、发光及填充等效果。当为一个图层应用图层样式时，该层右侧将出现图标 fx，表示该图层就是带有图层样式的效果层。

(6) 形状层。

形状层是利用工具箱中的图形工具创建的图层，它主要是用于在图像中创建各种矢量形状，如矩形、花朵等。该类图层主要包含 3 部分内容：填充内容、形状和矢量蒙版。

(7) 图层组。

图层组是图层的组合，它的作用相当于 Windows 系统资源管理器中的文件夹，主要用于组织和管理连续图层。

(8) 蒙版层。

图层蒙版的作用是根据蒙版中颜色的变化使其所在图层图像的相应位置产生透明效果。蒙版层的内容比较复杂，而且一般需要与其他命令和工具结合起来使用。具体应用将在后面的学习中详细介绍。

(9) 图层剪贴组。

在图层剪贴组中，用基底层（基底层是指图层剪贴组中最下方的图层）充当整个组的蒙版。也就是说，一个图层剪贴组的不透明度是由基底层的不透明度来决定的。

(10) 智能对象。

在 Photoshop CC 中，可以通过转换一个或多个图层来创建智能对象。在【图层】调板中双击【智能对象】符号的图层缩略图，就能创建一个新的文件图像。对新图像编辑后保存，原文件中的“智能对象”也会自动更新。

二、　【图层】调板

【图层】调板是用来管理和操作图层的，对图层进行的大多数设置和修改等操作都是在【图层】调板中完成的。打开文件后的【图层】调板如图 3-3 所示，其中标示了该调板中各选项及按钮图标的含义。

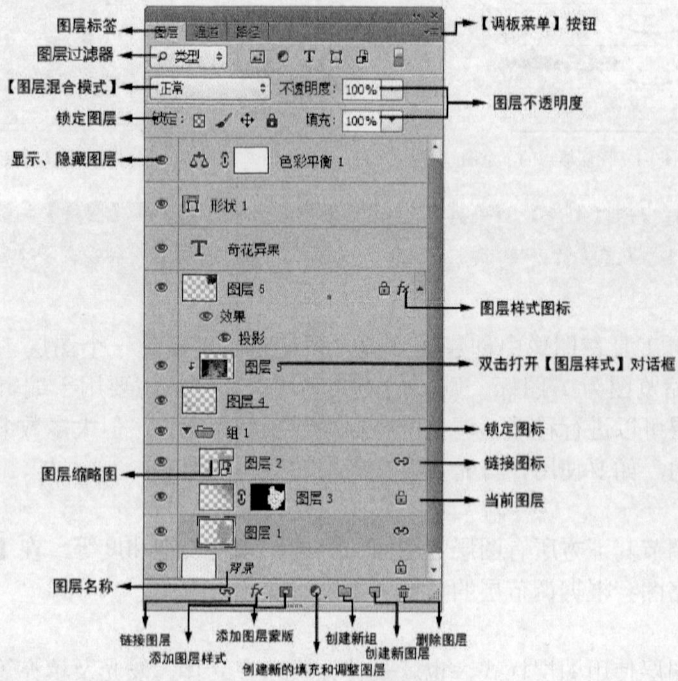

图3-3　【图层】调板（2）

3.1.2 图层的基本操作

图层的灵活性是其重要的优势之一，用户可以方便地对图层进行选择、创建、移动堆叠位置、复制及删除等操作，下面就来学习有关图层的基本操作。

一、　选择图层

- 选择单个图层：在需要操作的图层上单击，当图层显示为蓝色时，表示该图层是当前编辑图层。
- 选择多个图层：按住 Ctrl 键或 Shift 键的同时，依次单击要选择的图层，可选择多个图层。按住 Ctrl 键，可以间隔选择多个图层；按住 Shift 键，则选择两个图层之间所有的图层。

要点提示　当按住 Ctrl 键单击图层的缩略图时，鼠标光标变为形状，表示将图层作为选区载入。只有按住 Ctrl 键或 Shift 键单击图层的名称或右侧空白区域，鼠标光标变为形状时才表示选择图层。

二、 修改图层名称

修改图层的名称有以下两种方法。

- 在图层的名称上双击，即可直接修改图层的名称。
- 在图层上单击鼠标右键，在弹出的快捷菜单中选择【图层属性】命令，即可在弹出的【图层属性】对话框中修改图层的名称。

三、 新建图层

新建图层有以下两种方法。

(1) 利用【图层】调板的工具按钮创建新图层。

单击【创建新图层】按钮，可以在当前层的上方添加一个新图层，新添加的图层为普通层。如果要在当前图层的下方新建图层，可以按住 Ctrl 键单击按钮，但背景图层下面不能创建新图层。

(2) 利用菜单命令创建新图层。

选择菜单栏中的【图层】/【新建】命令，弹出如图 3-4 所示的【新建】子菜单。当选择【图层】命令时，将弹出如图 3-5 所示的【新建图层】对话框。在此对话框中，可以对新建图层的名称、颜色、模式和不透明度进行设置。

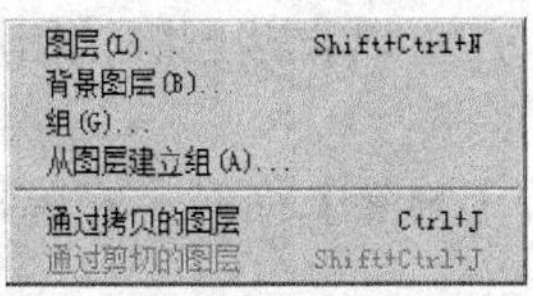

图3-4 【新建】子菜单

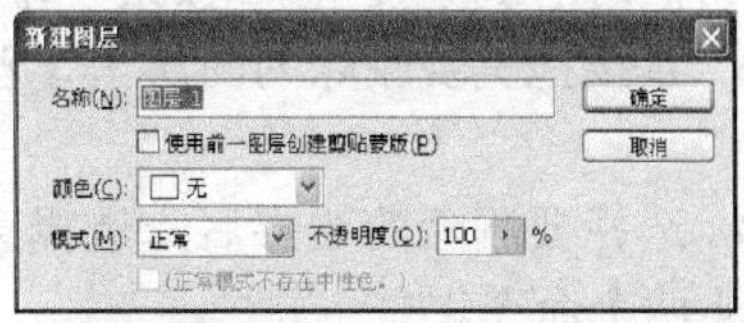

图3-5 【新建图层】对话框

要点提示 如果在【新建图层】对话框中勾选了【使用前一图层创建剪贴蒙版】复选项，则会将新创建的图层与其下的图层组成一个图层剪贴组。

四、 调整图层堆叠位置

常用的调整图层堆叠位置的方法有以下两种。

(1) 在【图层】调板中，在要移动的图层上按住鼠标左键不放，当鼠标光标显示为形状时，拖曳至目的位置释放鼠标左键即可。

要点提示 拖曳图层时，要将被调整的图层拖曳至图层的边线上，而不要与其他图层重叠，否则不能成功完成位置的调整。另外，背景层是不可移动的，所以无法将其他图层调整至背景层之下。

(2) 选中要移动的图层后，选择【图层】/【排列】命令，再在弹出的子菜单中选择适当的命令，即可将被选择的图层移动至相应的位置，如图 3-6 所示。如果当前图像中包含背景层，那么选择【置为底层】命令实际上是将当前图层移动至背景层的上一层，而不是真正的最低层。当选择多个图层后，【反向】命令才可用，该命令将所选图层次序反向。

五、 复制图层

常用的复制图层的方法有以下 4 种。

(1) 拖曳要复制的图层至【创建新图层】按钮上，然后释放鼠标左键，即可在被复制的图层上方复制一个新图层。

(2) 在要复制的图层上单击鼠标右键（不要在缩略图上单击鼠标右键，否则弹出的快捷菜单不相同），然后在弹出的快捷菜单中选择【复制图层】命令，弹出如图 3-7 所示的【复制图层】对话框。

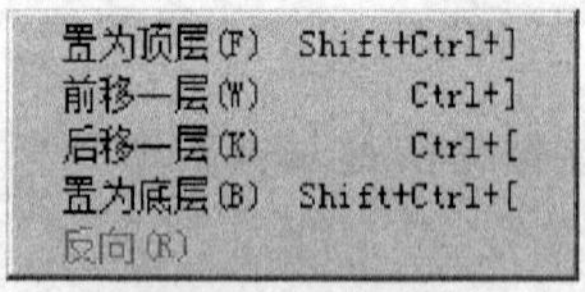

图3-6　【排列】子菜单

图3-7　【复制图层】对话框

(3)　选中要复制的图层后，选择【图层】/【复制图层】命令，弹出的【复制图层】对话框与图 3-7 所示的对话框相同，功能也完全相同。

(4)　图层可以在当前文件中复制，也可以将当前文件的图层复制到其他打开的文件或新建文件中。将鼠标光标放置在要复制的图层上，按下鼠标左键向要复制的文件中拖曳，释放鼠标左键后，选择图层中的图像即被复制到另一个文件中。

六、　删除图层

常用的删除图层的方法有以下 3 种。

(1)　选择要删除的图层后，单击【图层】调板下方的【删除图层】按钮，在弹出的提示对话框内单击 是(Y) 按钮，即可将该图层删除。

(2)　直接拖曳要删除的图层至【删除图层】按钮上，可以直接删除该图层而不弹出提示框。

(3)　选择要删除的图层后，选择菜单栏中的【图层】/【删除】命令，在弹出的子菜单中有以下两个命令。

- 【图层】命令：将当前选择的图层删除。
- 【隐藏图层】命令：将当前图像文件中的所有隐藏图层全部删除。这一命令一般用于当图像制作完毕后，将一些不需要的图层删除。

七、　合并图层

在制作复杂的实例时，可以将不需要再进行调整的多个图层合并，使文件结构更清晰以方便后面的操作。常用的合并图层的方法有以下两种。

(1)　合并图层的菜单命令包括【合并图层】、【合并可见图层】和【拼合图像】。在【图层】菜单中选择相应的命令，即可在不同情况下合并图层。

(2)　在【图层】调板中要合并的图层上单击鼠标右键，在弹出的右键菜单中也有合并图层的命令，用法和菜单命令相同，这里不再赘述。

八、　对齐图层

在制作图像的过程中，经常需要将几个图层向左、向右、向上、向下或居中对齐。Photoshop CC 中提供了方便的对齐图层功能。

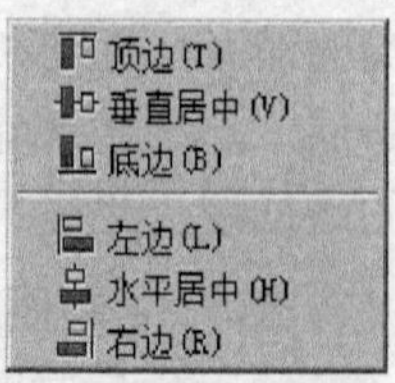

图3-8　【对齐】子菜单

(1)　对齐多个图层。

同时选中了多个图层后，选择【图层】/【对齐】命令，弹出如图 3-8 所示的子菜单。选择相应的命令，即可快速对齐所选择的图层。这些对齐方式十分明确，且每个命令左侧都有小图标注明，这里就不再详细介绍。

(2)　对齐链接图层。

当【图层】调板中有链接图层时，选择链接图层中的某个图层后，利用【图层】/【对齐】命令，也可以对齐图层。

要点提示 对齐链接图层时，当前选择的图层会作为基准，即该图层中的图像不动，其他图层与该图层对齐。

(3) 将图层与选区对齐。

当图像中存在选区时，可以将当前图层与选区对齐。在【图层】调板中选中要向选区对齐的图层后，选择【图层】/【将图层与选区对齐】命令，再在弹出的子菜单中选择所需的命令，即可将当前图层与选区按要求对齐。

九、 分布图层

在制作图像的过程中，经常需要将几个图层进行平均分布，例如制作一排间距相等的栅栏等。Photoshop CC 提供了平均分布图层的命令。

要使用平均分布图层的命令，有两个必要条件，一是必须有两个以上的图层；二是这些图层必须全部是链接图层。在进行分布前，先选择两个图层，将它们移动到分布的起点和终点位置，然后将所有要平均分布的图层链接，最后选择【图层】/【分布】命令，将各层平均分布。

3.1.3 【移动】工具

要想调整各图层图像间的相对位置，必须用到工具箱中的【移动】工具。工具主要用来将某些特定的图像进行移动、复制，这一操作可以在同一幅图像中进行，也可以在不同的图像间进行。利用工具还可以方便地对链接图层进行对齐、平均分布以及对图像进行变形操作。

在工具箱中选中工具（快捷键为V键）后，选项栏如图 3-9 所示。

图3-9 工具选项栏

工具选项栏中选项的功能大致可以分为 3 部分，即自动选择要移动的图层或组、自由变形、对齐和分布图层。本小节将分别对其进行介绍。

一、 自动选择图层

自动选择：组 下拉列表中有两个选项。

勾选该复选项，并在下拉列表中选择【图层】选项，则可以利用工具在图像中通过单击，自动选择鼠标光标所在位置上第一个有可见像素的图层，并进行变换。

勾选该复选项，并在下拉列表中选择【组】选项，可以通过单击选择成组图层中的某一个图层中的像素来选择成组图层。在变换时，会对该成组图层中的所有图层产生作用。

二、 利用【移动】工具对图像进行变形修改

在使用 Photoshop CC 时，经常需要对一些图像的大小和角度进行调整，即对图像进行变形修改。利用工具就可以对图像进行变形修改。

要点提示 Ctrl+T键是自由变换命令的快捷键。选择【编辑】/【自由变换】命令，也可以对图像进行自由变换。选择【编辑】/【变换】/【再次】命令，可以重复上一次的变形操作。这里指的上一次变形，可以利用工具进行，也可以利用菜单命令进行。

1. 利用工具对图像进行自由变形。

在图像窗口中选择要进行变形的图像，或者当前图层不是背景层时，选择工具箱中的工具，在选项栏中勾选复选项，图像中会出现一个如图 3-10 所示的【变换控件】框。【变换控件】框内的范围就是当前可以利用工具进行操作的部分。

【变换控件】框 4 条边上的小矩形称为调节点，虚连线称为边线，中间的图标为参考点。将鼠标光标移动到【变换控件】框的调节点或边线上单击，当【变换控件】框显示为实线框时，可对框内的图像进行变形修改。

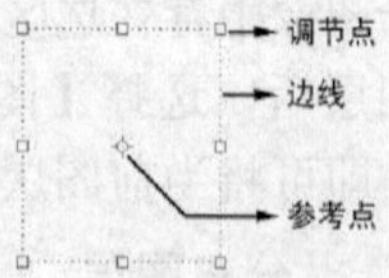

图3-10　变换控件

(1) 设置参考点的位置。

- 参考点是变形的基准，在图像窗口中直接拖曳【变换控件】框内的图标，可以调整参考点至需要的位置。
- 按住 Shift 键的同时拖曳鼠标光标，可以在水平或垂直方向上移动参考点。

(2) 缩放。

- 将鼠标光标移动至【变换控件】框的调节点上，鼠标光标变为或形状时，可以通过拖曳鼠标光标对图像进行任意缩放变形。
- 将鼠标光标移动至【变换控件】框的边线上，鼠标光标变为或形状时，可以通过拖曳鼠标光标对图像进行水平或垂直缩放变形。
- 按住 Alt 键，将鼠标光标移动至【变换控件】框的调节点上拖曳，图像以参考点为基准对称缩放。
- 按住 Shift 键，将鼠标光标移动至【变换控件】框 4 个角的调节点上拖曳，可以对图像进行等比例缩放。

(3) 旋转。

- 将鼠标光标移动至【变换控件】框的调节点或边线上，当鼠标光标显示为或形状时拖曳，图像以参考点为中心进行旋转。
- 按住 Shift 键，将鼠标光标移动至【变换控件】框的边线上，当鼠标光标显示为或形状时拖曳。此时图像将以参考点为中心，按 15° 的增量进行旋转。

(4) 斜切（调节点只能在水平或垂直方向上移动）。

按住 Ctrl+Shift 键，将鼠标光标移动至【变换控件】框中的调节点上，鼠标光标显示为形状时，可以对图像进行拉伸。将鼠标光标移动至【变换控件】框中的边线上，鼠标光标显示为或形状时，可以对图像进行倾斜变形。

(5) 扭曲（调节点可以任意移动位置）。

按住 Ctrl 键调整【变换控件】框中的调节点，可以对图像进行扭曲变形。

(6) 透视（调节点的位置对称变化）。

按住 Ctrl+Alt+Shift 键调整【变换控件】框中的调节点，可以使图像产生透视效果。

2. 利用工具对图像进行精确变形。

选择工具箱中的工具，并勾选属性栏中的复选项，在图像中显示【变换控件】框。将鼠标光标移动至【变换控件】框的调节点或边线上单击，当【变换控件】框显示为实线框时，选项栏中的内容如图 3-11 所示。

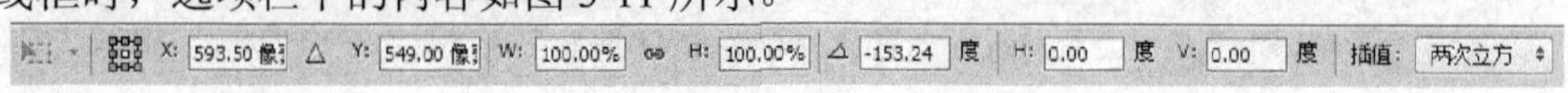

图3-11　变形选项栏

该选项栏中各选项的功能如下。

- 【参考点位置】：此图标中的黑点表示当前图像中参考点的位置。
- 【设置参考点的水平和垂直位置】：修改其【X】、【Y】的数值，可以精确定位调节中心的坐标，其单位是像素。
- 【设置水平和垂直缩放比例】：修改【W】、【H】的数值，可以精确地对图像在水平和垂直方向上进行缩放。
- 【保持长宽比】按钮：激活该按钮，锁定水平缩放和垂直缩放使用相同的缩放比例，即使图像为等比缩放。
- 【旋转】：在此文本框中输入数值，控制图像旋转的角度。
- 【设置水平和垂直斜切】：修改【H】、【V】的数值，可以控制图像在水平和垂直方向上倾斜的角度。
- 【在自由变换和变形模式之间切换】按钮：激活此按钮，工具选项栏将变成如图 3-12 所示的状态。

图3-12　工具选项栏状态

- ：默认为【自定】选项，此时变换控件将切换显示为自由变换控件，如图 3-13 左图所示。拖曳自由变换控件的节点、手柄或连线，可以对图像进行自由变换。在下拉列表中，各选项及其相应的效果如图 3-14 所示。

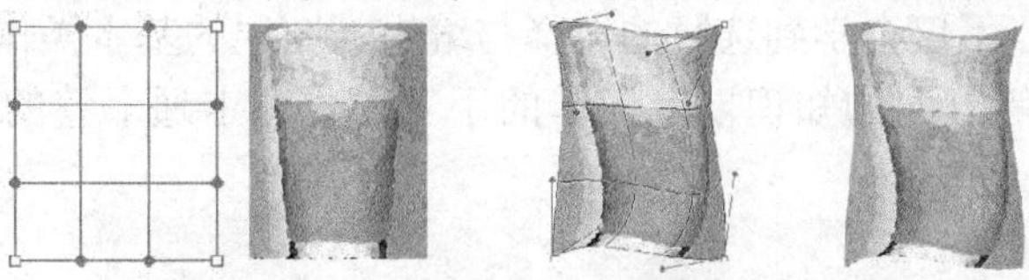

图3-13　自由变换控件

图3-14　各种变形效果

- 【取消变换】按钮：单击该按钮，取消对图像的变形操作。也可以按 Esc 键取消。

- 【进行变换】按钮：单击该按钮，确认对图像进行变换操作。

三、　利用【移动】工具对图层进行对齐或分布

除了前面介绍的利用菜单命令对图层进行对齐和分布外，在工具的工具选项栏中利用按钮组也可以对齐和分布图层。

(1)　对齐图层。

选择多个图层，或者选择链接图层中的某个图层后，可以利用按钮组对齐图层。这 6 个对齐图层的按钮功能与菜单栏中的【图层】/【对齐】命令中的子菜单命令功能相同，分别为【顶对齐】、【垂直居中对齐】、【底对齐】、【左对齐】、【水平居中对齐】和【右对齐】。

(2)　分布图层。

选择两个以上的图层或者选择链接图层中的某个图层后，可以利用按钮组分布图层。这 6 个平均分布图层的按钮功能与菜单栏中的【图层】/【分布】命令中的子菜单命令功能相同，分别为【按顶分布】、【垂直居中分布】、【按底分布】、【按左分布】、【水平居中分布】和【按右分布】。

3.2　范例解析——卡通书签制作

在本节的案例中，将要学习制作一个独特的卡通书签，读者可以制作自己喜爱的卡通角色。制作书签的过程中，不仅会学到选区的选择与编辑、图层的基本操作等命令，而且还会涉及一些调整图像尺寸等方面的知识以及简单的手工操作。卡通书签的最终应用效果如图 3-15 所示。

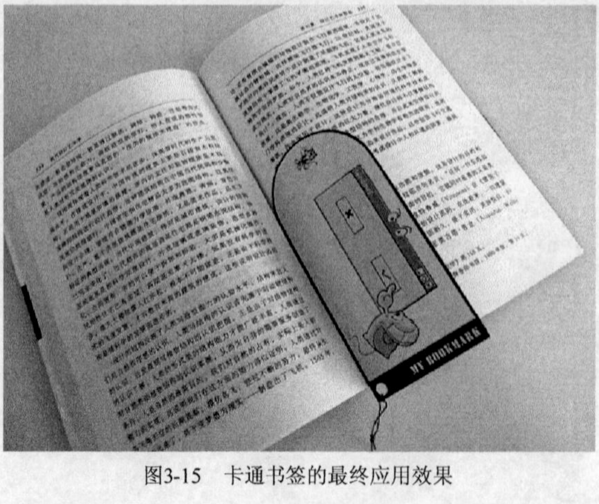

图3-15　卡通书签的最终应用效果

首先选择合适的图片素材。

1. 打开本书配套光盘中“Map”目录下的“卡通书签制作素材.jpg”文件，这是一幅作者自己绘制的壁纸，图片大小为 1600 像素 × 1200 像素。
2. 选择【文件】/【存储为】命令，在弹出的【存储为】对话框中将该文件命名为“卡通书签.psd”保存，如图 3-16 所示。

下面借助【选区】工具构建书签的外轮廓。

3. 选择工具，建立如图 3-17 所示的圆形选区。选择【选择】/【变换选区】命令，可以改变选区的大小与位置。

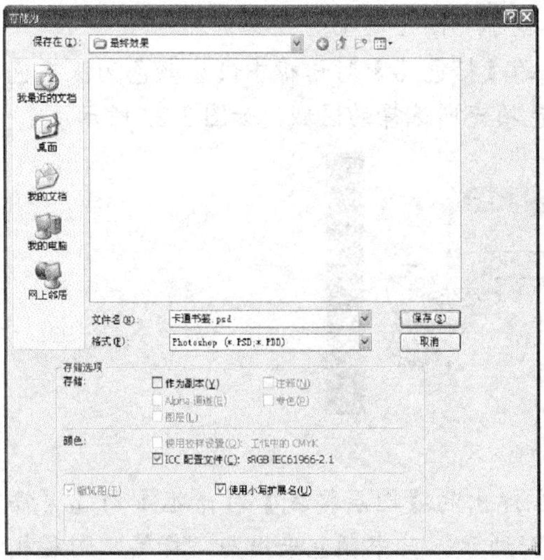

图3-16 【存储为】对话框

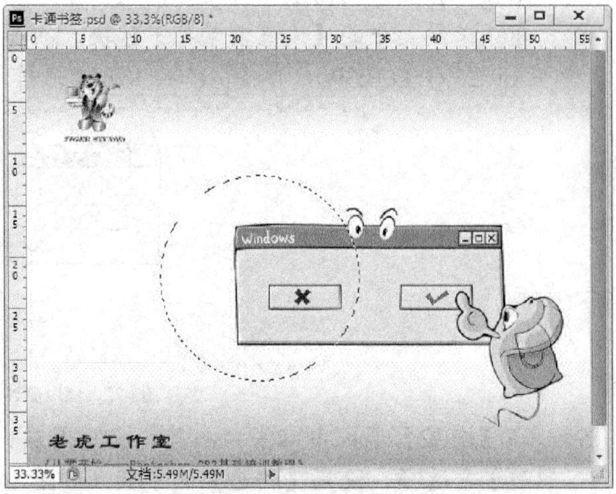

图3-17 建立圆形选区

4. 选择⬚工具，然后按下 Shift 键，此时鼠标十字光标右下角将出现一个+图标，表示此时创建的矩形选区将与圆形选区合并，完成的选区效果如图 3-18 所示。如果建立有误，可按 Ctrl+Z 键取消操作，也可多重复几次，直至满意为止。
5. 将选区内所选择的图像部分作为单独的图层复制出来，图层调板里将出现一个新图层，可以将该图层命名为“书签轮廓”以示区别。单击“背景”图层左边的👁图标，通过取消背景图层的可见性，可以得到如图 3-19 所示的效果。

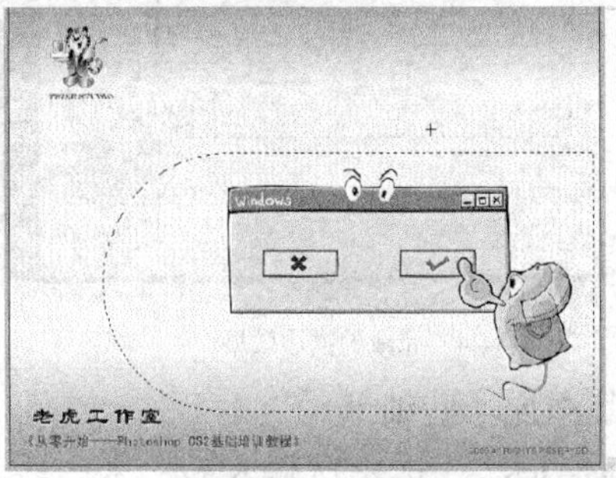

图3-18 合并选区

图3-19 得到的图层效果

6. 确保“书签轮廓”图层处于被选择状态，使用⬚工具建立如图 3-20 所示的矩形选区，选择【编辑】/【自由变换】命令，通过调节长度方向上的控制点将书签的后部适当拉长一些，如图 3-21 所示。

图3-20 矩形选区

图3-21 应用【自由变换】命令变换选区

7. 完成变换后，在变换区域内双击确认。先不要取消选区，在【图层】调板中新建一个名为“标签”的图层，并使该图层位于“书签轮廓”图层之上。
8. 单击工具箱中的【设置前景色】色块，在弹出的【拾色器】对话框中设置颜色为深灰色（R:29,G:39,B:39），再按 Alt+Delete 键用前景色填充所选择的区域，如图 3-22 所示。

图3-22　使用前景色填充选区

9. 在【图层】调板中双击“书签轮廓”图层，在弹出的【图层样式】对话框中勾选【描边】复选项，设置【描边】的参数，如图 3-23 所示，其中颜色采用与“标签”图层相同的深灰色。最后可以得到如图 3-24 所示的描边效果。

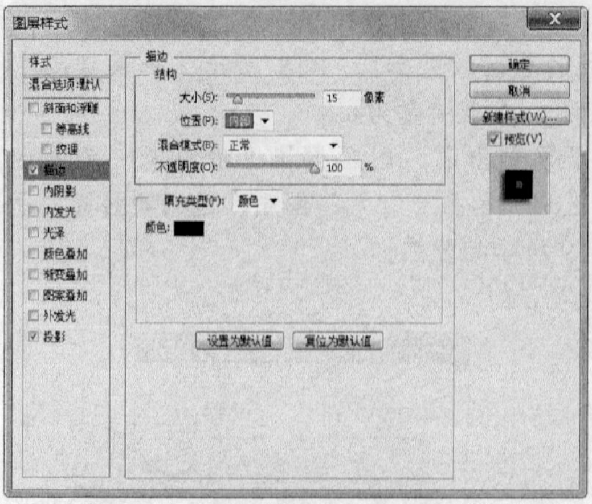

图3-23　【描边】参数设置

图3-24　完成的描边效果

至此，卡通书签的雏形已经展现出来，下面再来为其添加一些细节。

10. 选择 T 工具，输入如图 3-25 所示的“MY BOOKMARK”。选中所输入的文本，再按 Ctrl+T 键调出【字符】调板，将字号设置为 53.4 点，字体为 Stencil Std 加粗。
11. 借助【自由变换】命令或选择【编辑】/【变换】/【旋转 90°（逆时针）】命令，将文本内容变换到如图 3-26 所示的位置。

图3-25　添加文本内容

图3-26　改变文本的方向与位置

12. 为了便于在主题书签上穿绳，新建一个名为“孔”的图层，并确保该图层位于所有图层的最上端。选择 ◯ 工具，建立如图 3-27 所示的圆形选区，并将其填充为白色。

13. 按下 Shift 键，在【图层】调板中选择“孔”图层和“MY BOOKMARK”文本图层，如图 3-28 所示。

图3-27 建立的圆形选区

图3-28 选中图层

14. 选择工具，并选择选项栏中如图 3-29 所示的【对齐】选项，使两图层的内容在竖直方向上居中对齐。
15. 在素材图像上还有一个“老虎工作室”的标志颇具特色，先借助工具箱中的工具将标志周围的白背景选择出来，如图 3-30 所示。注意要将【魔棒】工具选项栏中的【容差】值设为“32”。

图3-29 【对齐】选项

图3-30 应用【魔棒】工具选择白色背景区域

16. 选择【选择】/【反选】命令，将标志部分的图像轮廓转化为选区。
17. 选择【图层】/【新建】/【通过拷贝的图层】命令或按 Ctrl+J 键，将所选择的图像作为图层单独提取出来，然后将其命名为“标志”，如图 3-31 所示。
18. 通过【自由变换】命令、工具及【对齐】选项，将标志调整至如图 3-32 所示的状态，至此便完成了卡通书签的图像编辑工作。

图3-31 通过复制得到的“标志”图层

图3-32 调整“标志”的形态与位置

下面进行简单的印前编辑。这里主要是根据输出幅面的大小来确定卡通书签的尺寸，避免因尺寸不明而引起不必要的麻烦。

19. 利用【图层】调板上的按钮，将与卡通标签不相关的图层删除。然后在所有图层的最下面新建一个名为“背景”的新图层，选择【编辑】/【填充】命令，弹出【填充】对话框，设置的参数如图 3-33 所示，最终效果如图 3-34 所示。

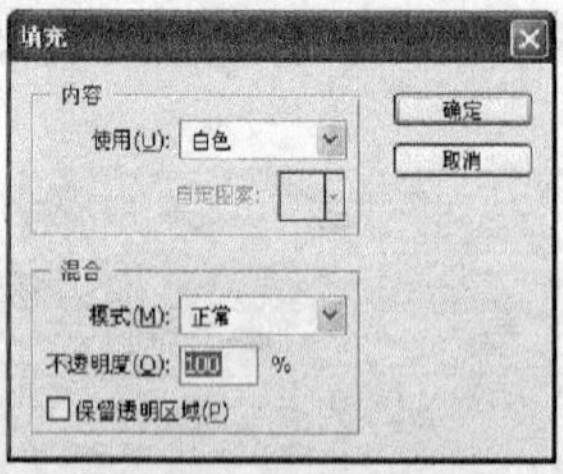

图3-33　【填充】对话框

图3-34　填充之后的效果

20. 将完成的“卡通书签”文件存储，再选择【文件】/【存储为】命令，将其另存为“卡通书签初稿.jpg”，参数采用默认值。
21. 选择【文件】/【新建】命令，新建一个名为“卡通书签输出稿”的文件，其他参数的设置如图 3-35 所示。
22. 利用工具箱中的工具、工具和【选择】/【反选】命令，将卡通书签复制到新建的图像文件当中，如图 3-36 所示。

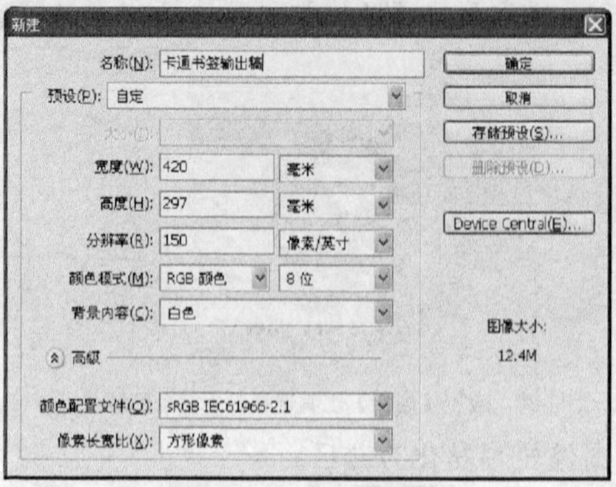

图3-35　【新建】对话框

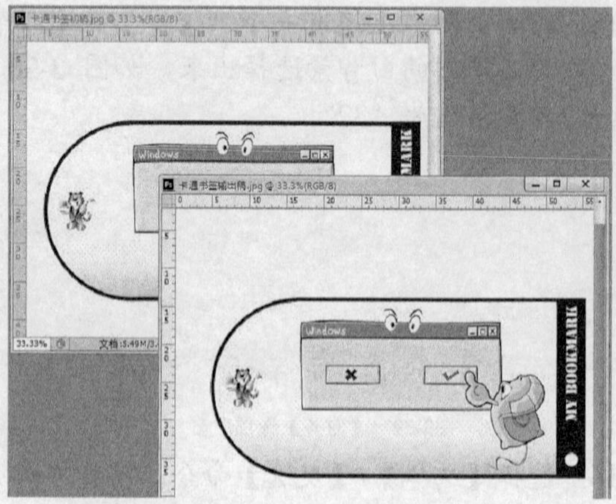

图3-36　复制“卡通书签”部分的图像

本例要求在 A4 纸上输出的卡通书签的长度为 14cm，因此有必要提前调整好尺寸。

23. 选择【视图】/【标尺】命令，打开标尺，同时确保【视图】/【锁定参考线】命令没有被勾选，最后选择【视图】/【打印尺寸】命令，此时工作区域所显示的视图大小便是实际输出的图像大小，在下面的步骤中不要再进行任何改变视图大小的操作。
24. 读者从视图左上方的标尺中可以拖曳出参考线，以帮助度量，如图 3-37 所示。
25. 读者也可以选择【度量】工具，通过选择定点和拖曳鼠标光标进行度量工作，如图 3-38 所示。

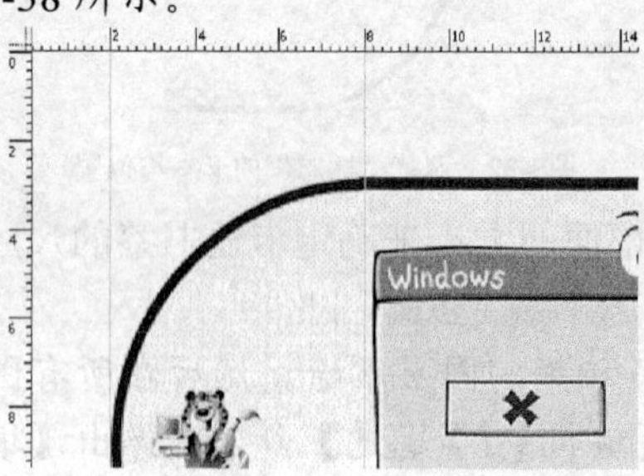

图3-37　使用参考线配合标尺进行测量（参见光盘）

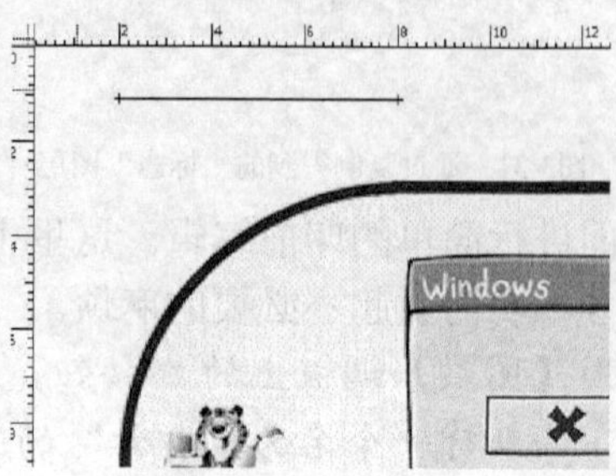

图3-38　使用【度量】工具进行测量（参见光盘）

26. 在横向标尺上 2cm 处放置第一根参考线，然后在 16cm 处放置第二根参考线，这样便确定好了宽度为 14cm 的区域，如图 3-39 所示。

27. 确保【视图】/【对齐到】/【参考线】命令处于勾选状态，将卡通书签的一端与 2cm 处的标尺对齐，【视图】/【对齐到】命令会自动将其吸附到参考线上。然后借助【自由变换】命令将卡通书签以 14cm 长度为基准等比缩放，如图 3-40 所示。这样便得到了所需要的结果。

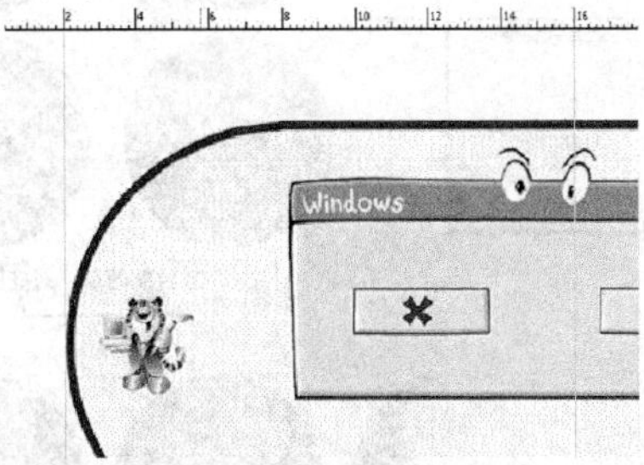

图3-39 确定输出长度

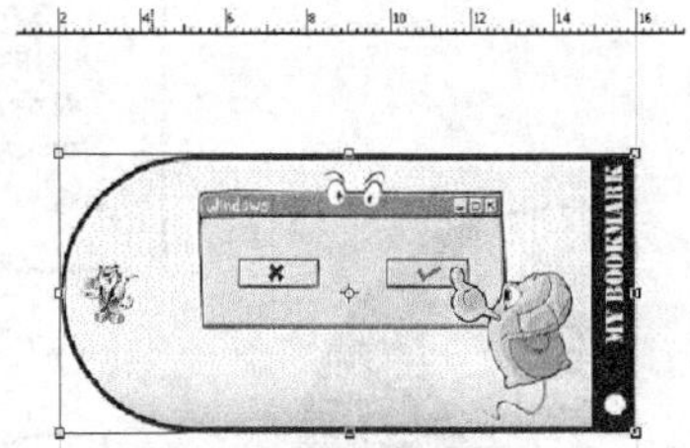

图3-40 使用【自由变换】命令依据尺寸等比缩放

要点提示 上文所介绍的图像尺寸界定的方法看似繁琐，其实还是比较简单的。读者要熟练掌握其操作方法，在实际工作中这一命令使用频率非常高。

28. 用于输出的书签图像效果如图 3-41 所示。将该图像存储为 JPEG 格式就可以输出了。下面进行裁剪卡通书签的操作。

29. 输出后的稿件如图 3-42 所示。将卡通书签沿着轮廓线裁剪下来，如图 3-43 所示。

图3-41 用于输出的主题书签图像效果

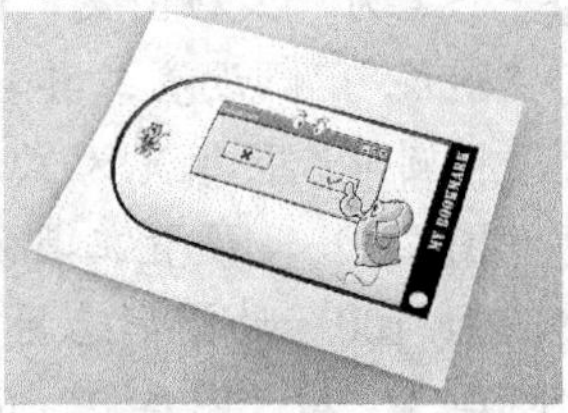
图3-42 输出后的稿件

30. 倘若纸张厚度不足的话，可以将其粘贴至同样形状的厚卡纸上，然后穿上绳子，如图 3-44 所示。至此，一个精美的卡通书签便制作完成了。

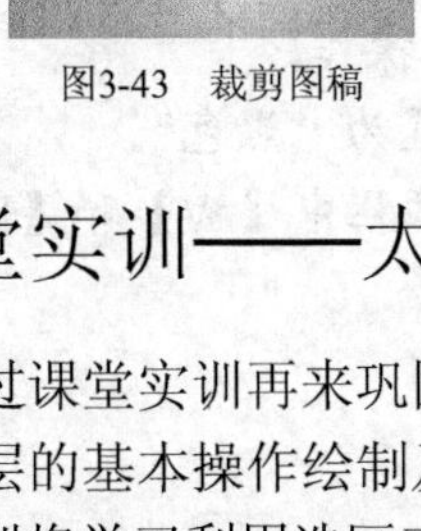
图3-43 裁剪图稿

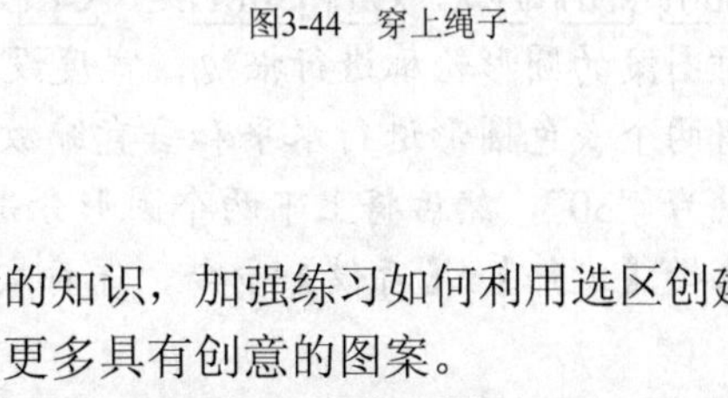

图3-44 穿上绳子

3.3 课堂实训——太极图案制作

下面通过课堂实训再来巩固一下本次课程所学的知识，加强练习如何利用选区创建及编辑工具和图层的基本操作绘制及处理图像，创作出更多具有创意的图案。

本次实训将学习利用选区工具与【图层】调板绘制太极图案，最终效果如图 3-45 所示。

本次实训首先要求读者灵活运用前面所学的选区创建工具和颜色填充命令来绘制图案，

并结合运用图层的基本操作和【移动】工具来对图案进行对齐、缩放和变形等操作。制作流程示意图如图 3-46 所示。

图3-45　绘制完成的太极图案

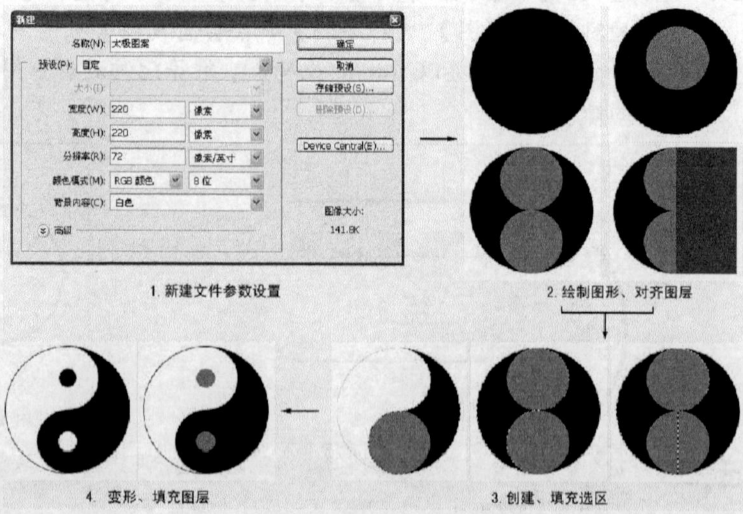

图3-46　制作流程示意图

【操作步骤提示】

1. 新建一个名为“太极图案”的图像文件，设置参数如图 3-46 左上角所示。
2. 新建“图层 1”，设置工具箱中的前景色为黑色，绘制一个大小为“200 × 200”的圆形选区，将圆形选区填充为黑色。
3. 新建“图层 2”，设置工具箱中的前景色为灰色（R:130,G:130,B:130），绘制一个大小为“100 × 100”的圆形选区，将圆形选区填充为灰色。
4. 将“图层 1”和“图层 2”顶端对齐并居中，再将“图层 2”复制为“图层 3”，将“图层 1”和“图层 3”底对齐。
5. 新建“图层 4”，设置工具箱中的前景色为深灰色（R:75,G:75,B:75），绘制一个大小为“100 × 200”的矩形选区，将矩形选区填充为灰色。同时选择“图层 1”和“图层 4”，将二者链接，并单击工具选项栏中的和按钮，将二者对齐。

要点提示　将两图层链接，目的是要保证以“图层 1”为基准，将“图层 4”与“图层 1”对齐。若不链接图层，直接对齐，两个图层均会移动并调整到以这两个图层为整体的中心与最右点处。

6. 利用复制、新建、删除图层和载入选区、添加选区、减小选区等命令，创建并填充出太极图案的黑白两个主体部分。在此制作过程中要熟练结合 Ctrl+D 键、Delete 键、Shift+Ctrl+I 键、Ctrl+Shift 键、Ctrl+Alt 键等对选区进行操作。
7. 对图案的圆形轮廓进行描边，宽度设为“2 px”，颜色设置为“黑色”。
8. 将两个灰色圆形进行水平和垂直缩放变形操作，工具选项栏中【W】和【H】的数值均设为“30”，然后将上下两个圆形分别填充为黑色和白色。
9. 选择【文件】/【存储】命令，保存文件。

3.4 综合案例——立体书效果制作

本节将结合选区创建、图层操作等知识制作一本书籍的立体效果，通过此综合案例，使读者重点掌握图层操作及变换工具的使用。最终效果如图 3-47 所示。

图3-47　立体书制作最终效果

该练习制作流程示意图如图 3-48 所示。

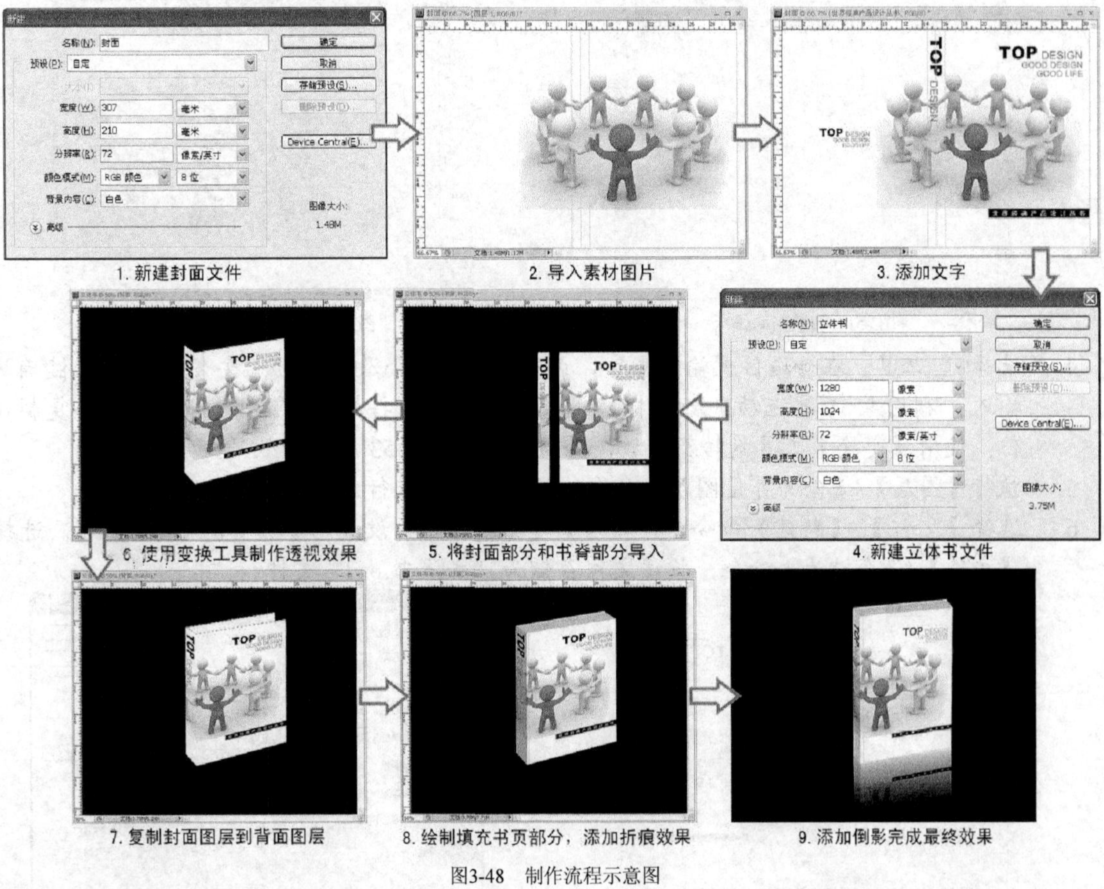

图3-48　制作流程示意图

【操作步骤提示】

首先来制作书的平面效果，如图 3-49 所示。

1. 选择【文件】/【新建】命令，弹出【新建】对话框，设置的参数如图 3-50 所示。选择【文件】/【存储为】命令，将该文件存储为“封面.psd”文件。

图3-49　立体书平面图

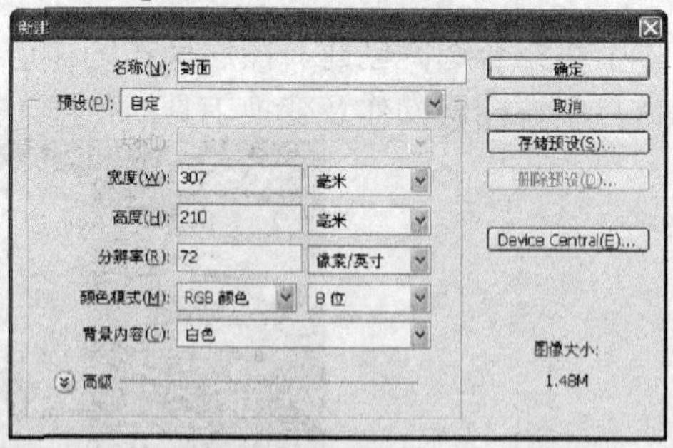

图3-50　【新建】对话框

2. 按 Ctrl+R 键打开标尺，从竖直标尺拖出参考线到合适位置，用来分割封面、书脊和封底，如图 3-51 所示。
3. 打开本书配套光盘“Map”目录下的“立体书制作素材 1.jpg”文件，选择工具或按 V 键，然后将素材图像拖动至“封面.psd”文件中，并调整其大小及位置，如图 3-52 所示。

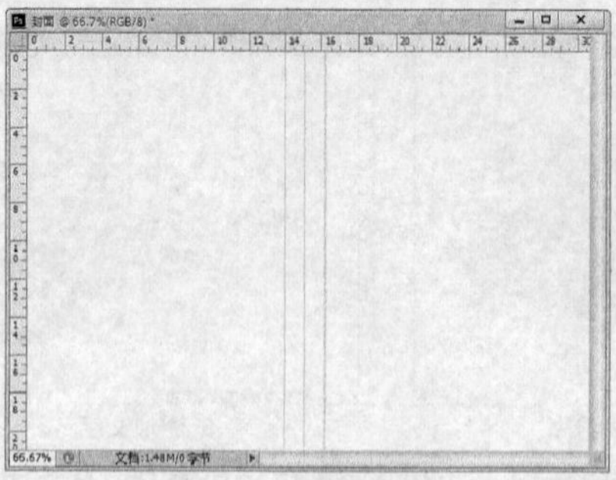

图3-51　调整辅助线

图3-52　拖动素材图片至文件

4. 选择 T 工具，在合适位置输入文字，调整好文字大小及颜色后，按 Ctrl+Enter 键确认输入。利用工具拖动鼠标光标，调整文字位置，再按住 Alt 键将文字图层复制几份，使用【变换】工具旋转及缩放，并调整至如图 3-53 所示的效果。
5. 执行【图层】/【合并可见图层】命令，将所有图层进行拼合。
6. 选择【文件】/【新建】命令，弹出【新建】对话框，设置的参数如图 3-54 所示。选择【文件】/【存储为】命令，将该文件存储为“立体书.psd”文件。

图3-53　输入文字效果

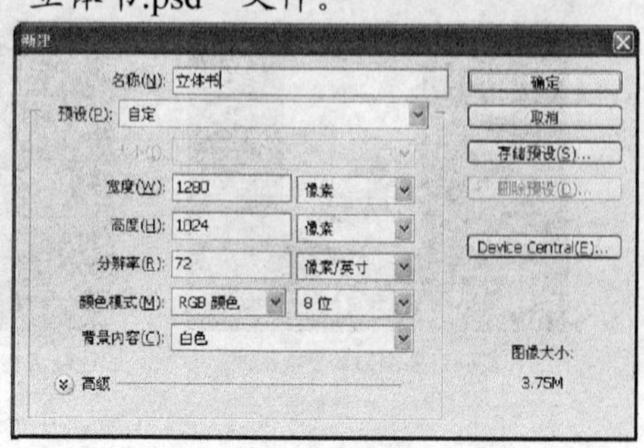

图3-54　新建文件

7. 将前景色设置为黑色，按 Alt+Delete 键，将背景图层填充为黑色。

8. 切换至刚才保存的“封面.psd”文件，利用工具选择右侧区域，如图 3-55 所示。
9. 利用工具将选中区域拖动至“立体书.psd”文件中，并将图层命名为“封面”，使用同样方法将书脊部分也拖动至该文件中，将图层命名为“书脊”。效果如图 3-56 所示。

图3-55 选择图像右侧区域

图3-56 拖动至文件

10. 选中“封面”图层，按 Ctrl+T 键对此图层进行变换，单击鼠标右键，在弹出的快捷菜单中选择【扭曲】命令，用鼠标拖动控点调整图层形状，做出书的透视效果。调整完毕后的效果如图 3-57 所示。

这一步很重要，如果透视不对的话，最后作出的立体书会非常不自然。读者可以打开本书配套光盘中的最终效果图进行对比调整。

11. 同样使用【变换】命令将“书脊”图层进行变换，变换过程中可单击鼠标右键，在弹出的快捷菜单中选择不同的变换方式配合使用，效果如图 3-58 所示。

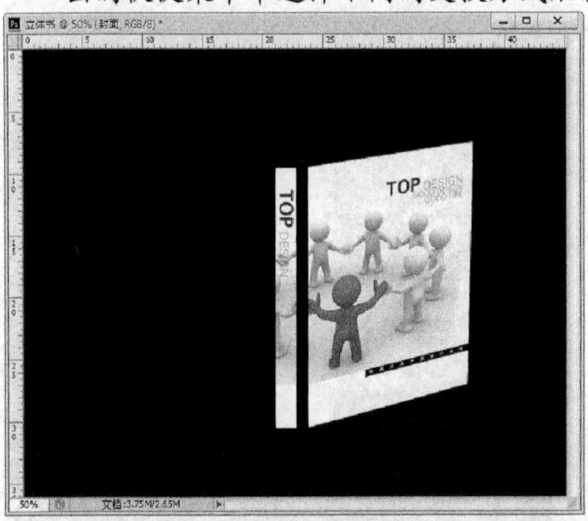

图3-57 封面图层变换效果

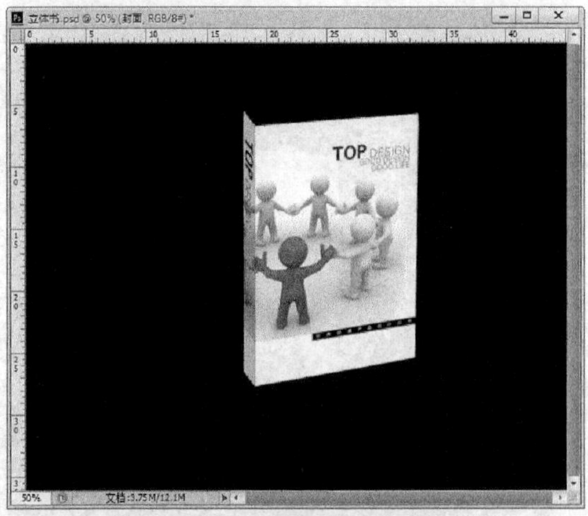

图3-58 书脊图层变换效果

要点提示 在使用【变换】命令时，一定要注意最好一次变换完成，因为【变换】工具在对非竖直长方形图像变换时，总会以最外点重新生成矩形变换界定框，不好参考原图的效果。

12. 在【图层】调板中选择“封面”图层，按 Ctrl+J 键将其复制为副本图层，将副本图层命名为“背面”，并拖动至“背景”图层上方。
13. 按住 Ctrl 键并单击“背面”图层缩略图，将其载入选区。按住 Alt+Ctrl 键分别单击“封面”和“书脊”图层的缩略图，剪掉选区，得到如图 3-59 所示的选区。
14. 选择工具，按住 Shift 键添加选区，得到立体书的内页形状。使用键盘上的方向键将选区下移两个像素。在“背面”图层上方新建一个“内页”图层，并将其填充为灰蓝色（R:194,G:203,B:208），效果如图 3-60 所示。

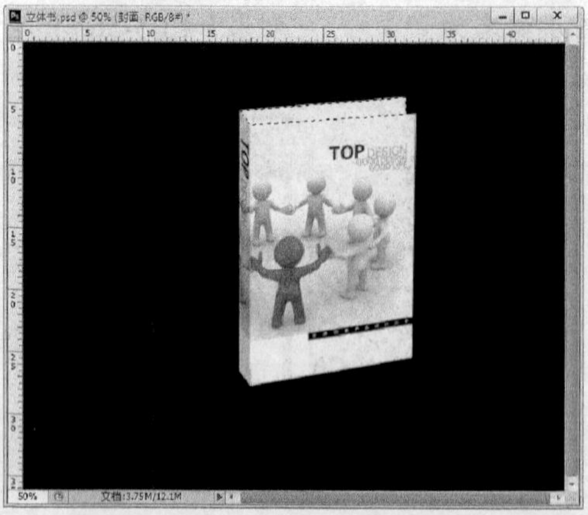

图3-59　剪裁选区

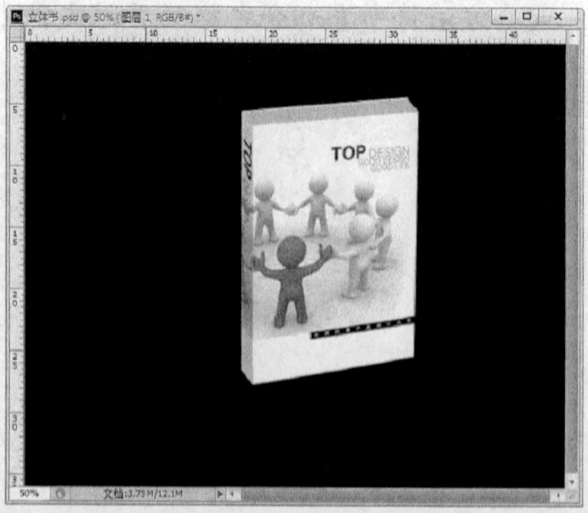

图3-60　绘制内页并填充颜色

15. 在【图层】调板中选择“书脊”图层，按 Ctrl+U 键打开【色相/饱和度】对话框，降低图层的明度，以表现较强的光感。

    下面来制作书的折痕。

16. 使用选框工具做出宽度约为“2 px”的竖直选区，按 Ctrl+Shift+Alt 键，并单击“封面”图层缩略图，与选区交叉，得到如图 3-61 所示的选区。
17. 新建一个图层并在选区内填充灰色，给图层添加“斜面”和“浮雕”样式，参数保持默认。这样，一本立体书就制作完成了，效果如图 3-62 所示。

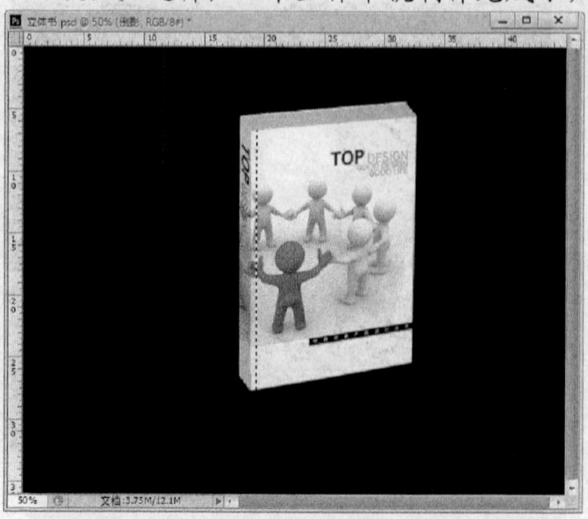

图3-61　绘制选区

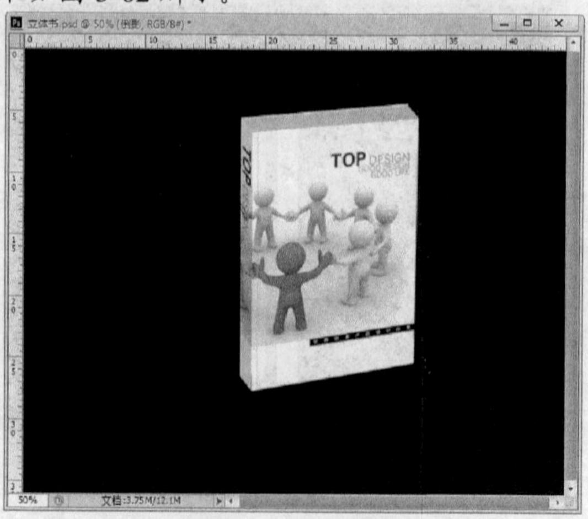

图3-62　制作折痕效果

18. 为了使立体书的效果更加真实，读者还可以为立体书添加倒影效果。

3.5 课后作业

使用本书配套光盘中提供的素材，创建一幅效果如图 3-63 所示的拼贴图像，操作时请参照本书配套光盘“课后作业\CH03”目录下的“创意拼图.psd”文件。

该练习制作流程示意图如图 3-64 所示。

图3-63　拼贴图像最终效果

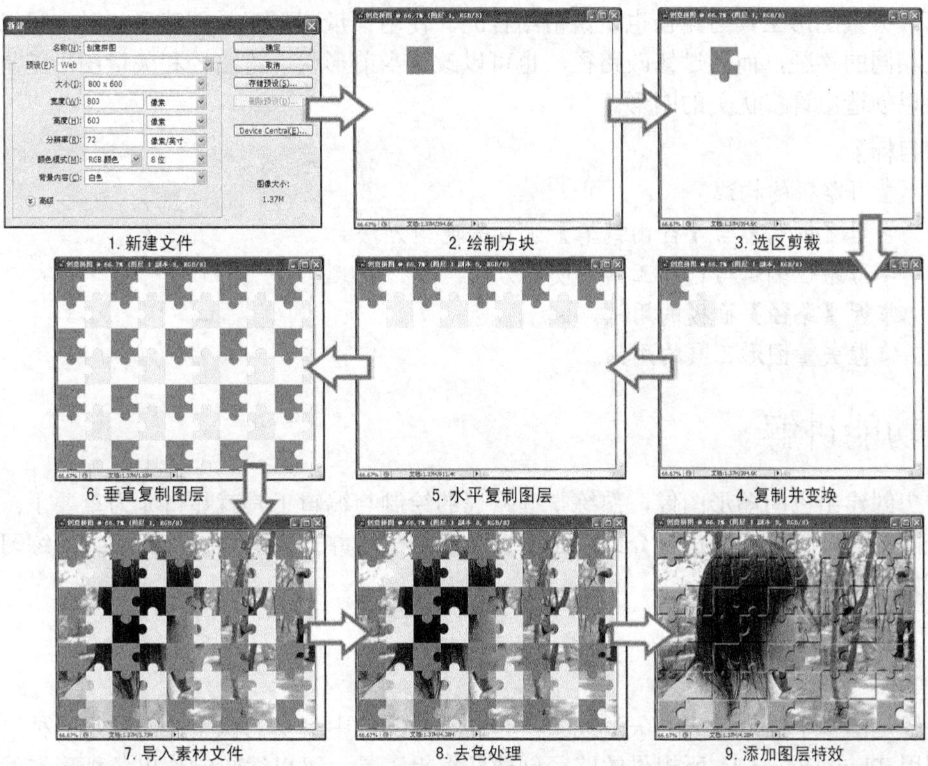

图3-64　制作流程示意图

【操作步骤提示】

(1) 新建一个名为“创意拼图.psd”的图像文件，设置的参数如图 3-64 左上角所示。

(2) 绘制一个正方形选区，填充颜色。

(3) 配合使用选区工具剪裁出拼图块图形。将图形复制并变换到左上角位置，合并图层。

(4) 打开智能辅助线，将图层复制、移动铺满画布，合并图层。

(5) 打开本书配套光盘“Map”目录下的“创意拼图素材.jpg”文件，导入素材图像，并调整图层顺序。

(6) 将“拼图块”图层去色处理，并调整该图层的亮度、对比度。

(7) 选择图层混合模式为【变暗】模式。

(8) 选择【文件】/【存储】命令，保存文件。

第4章 路径和矢量图形工具的应用

本章将学习 Photoshop CC 中路径和矢量图形工具的应用。使用路径工具可以精确、轻松地控制图像的形状，创建指定的图形效果，因此在制作各种标志或手绘图像时被广泛应用，也常用于制作一些有规则的图像。矢量图形工具可以使用户直接在图像中创建各种预存的图形。矢量图形工具与路径也是紧密结合的，使用矢量图形工具创建形状时，可以同时创建与之相同的路径，而通过修改路径，也可以改变当前形状。将路径和矢量图形工具结合使用，可以创造出许多优美的图形。

【学习目标】

- 学习路径的构成。
- 学习【钢笔】与【自由钢笔】工具的使用方法。
- 学习路径编辑与选择工具的使用方法。
- 掌握【路径】面板的用法。
- 掌握矢量图形工具的用法。

4.1 功能讲解

要想创建出色的图形图像，熟练掌握路径的绘制与编辑工具就显得尤为重要了。本章将对路径的构成及相关工具进行介绍，希望读者认真学习并且熟练掌握，为后续的练习及实际应用打好基础。

4.1.1 路径构成

路径是由多个锚点组成的矢量线条，它并不是图像中真实的像素，而只是一种绘图的依据。利用 Photoshop CC 所提供的路径创建及编辑工具，可以编辑制作出各种形态的路径。路径一般用于对图案的描边、填充及与选区的转换等，其精确度高，便于调整，常使用路径功能来创建一些特殊形状的图像效果。图 4-1 所示为路径构成说明图，其中平滑点和角点都属于路径的锚点。

(1) 锚点。

路径上有一些矩形的小点，称之为锚点。锚点标记路径上线段的端点，通过调整锚点的位置和形态可以对路径进行各种变形调整。

(2) 平滑点和角点。

路径中的锚点有两种，一种是平滑点，另一种是角点，如图 4-1 所示。平滑点两侧的调节柄在一条直线上，而角点两侧的调节柄不在一条直线上。直线组成的路径没有调节柄，但也属于角点。

(3) 调节柄和控制点。

当平滑点被选择时，其两侧各有一条调节柄，调节柄两边的端点为控制点，移动控制点的位置可以调整平滑点两侧曲线的形态。

(4) 工作路径和子路径。

路径的全称是工作路径，一个工作路径可以由一个或多个子路径构成。在图像中每一次使用【钢笔】工具或【自由钢笔】工具创建的路径都是一个子路径。在完成所有子路径的创建后，可以再利用选项栏中的选项将创建的子路径组成新的工作路径。图 4-2 所示的就是一个工作路径，其中四边形路径、三角形路径和曲线路径都是子路径，它们共同构成了一个工作路径。同一个工作路径的子路径间可以进行计算、对齐、分布等操作。

Photoshop CC 提供的创建及编辑路径的工具有两组。

- 一组是钢笔工具，包括【钢笔】工具、【自由钢笔】工具、【添加锚点】工具、【删除锚点】工具和【转换点】工具，这组工具主要用于对路径进行创建和编辑修改。
- 另一组是路径选择工具，包括【路径选择】工具和【直接选择】工具，这组工具主要用于对路径和路径上的控制点进行选择，并进行编辑。

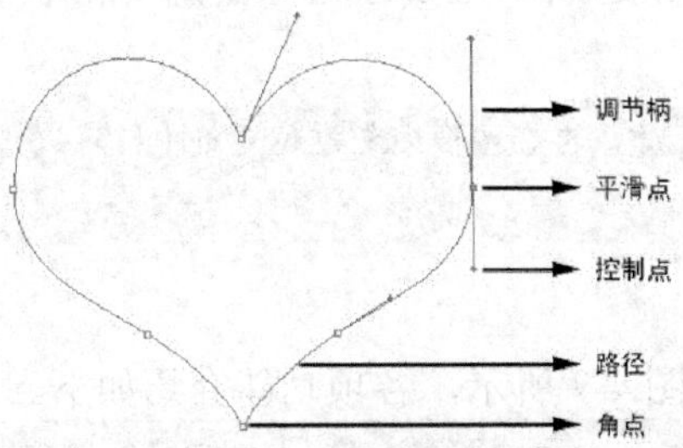

图4-1 路径构成说明

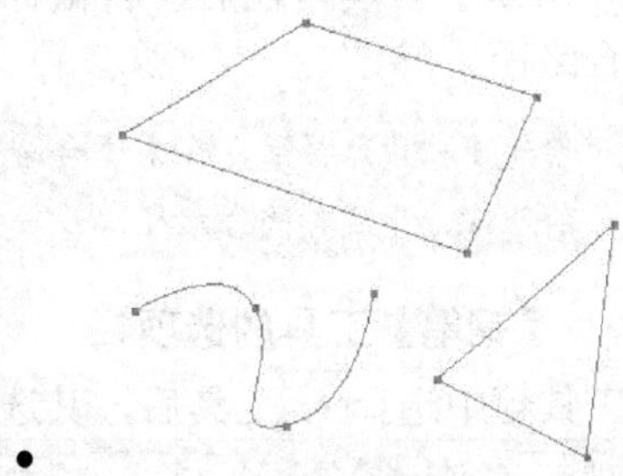
图4-2 子路径

要点提示 【钢笔】工具和【自由钢笔】工具的快捷键为 P 键。【路径选择】工具和【直接选择】工具的快捷键为 A 键。

4.1.2 【钢笔】工具

【钢笔】工具主要用于在图像中创建工作路径或形状，本小节先来学习【钢笔】工具的使用方法和功能。

一、【钢笔】工具的基本操作

首先在工具箱中选择工具，创建路径的基本操作有如下几种。

(1) 选择工具，鼠标光标显示为形状，在图像中移动鼠标光标至需要的位置连续单击，即可创建由线段构成的路径，如图 4-3 所示。

要点提示 按住 Shift 键，可以将创建路径线段的角度限制为 45° 的倍数。

(2) 在图像中移动鼠标光标至需要的位置单击鼠标左键并拖曳，调整路径形态到需要的状态后释放鼠标左键，即可创建锚点为平滑点的曲线路径，如图 4-4 所示。

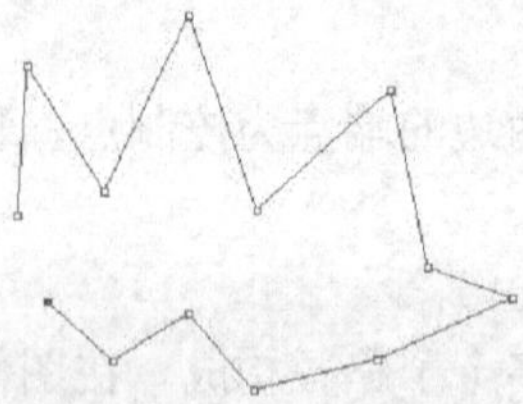

图4-3　创建由线段构成的路径

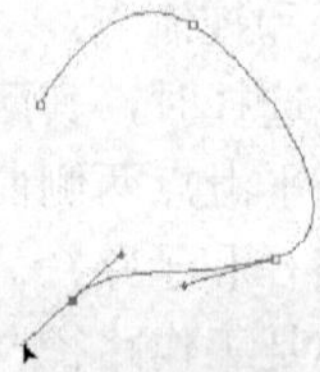

图4-4　创建曲线路径

(3)　当拖曳出调节柄后，按住 Alt 键再进行拖曳，即可创建锚点为角点的曲线路径，如图 4-5 所示。继续绘制曲线，如图 4-6 所示。

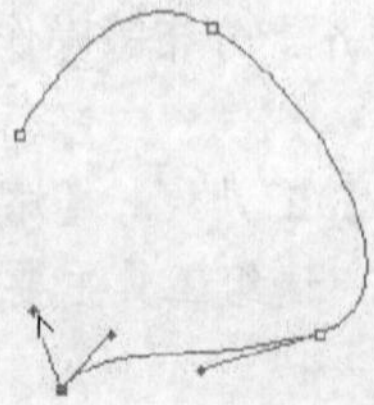

图4-5　有角点的路径

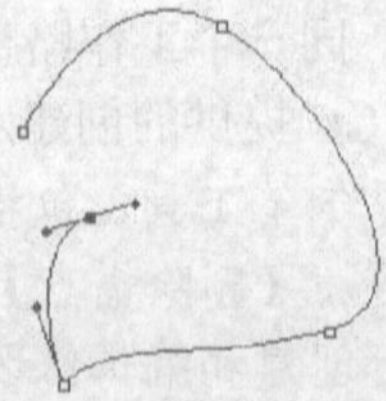

图4-6　继续绘制的曲线路径

(4)　创建了一段路径后，将鼠标光标移至创建起点，当鼠标光标变为形状时，单击即可闭合路径。

要点提示 创建了一段路径后，在未闭合路径前按住 Ctrl 键，再在图像中任意位置单击，可以终止路径的创建，生成不闭合路径。

二、　【钢笔】工具的选项栏

在工具箱中选择工具后，其选项栏状态如图 4-7 所示，各项功能介绍如下。

图4-7　工具选项栏

- 【形状】按钮：在图像中可同时创建形状与路径，创建的图形和【图层】调板如图 4-8 所示。

  【路径】按钮：单击该按钮，在图像中只创建新的工作路径，并将路径保存在【路径】调板中。创建的路径和【路径】调板如图 4-9 所示。

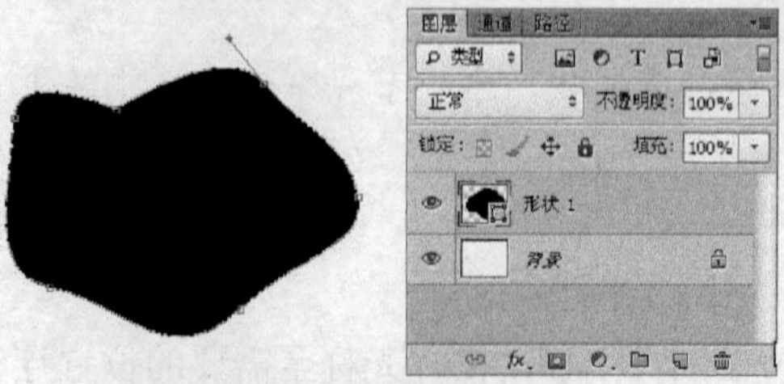

图4-8　同时创建形状与路径

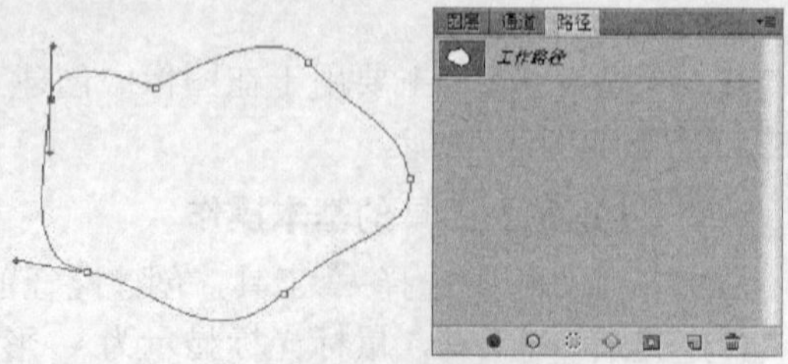

图4-9　创建普通路径

  【像素】按钮：在使用钢笔工具时，该按钮处于不可用状态。该选项栏是钢笔工具与形状工具共用的，只有在使用形状工具时该按钮才可用。

- 勾选自动添加/删除复选项，则可以直接利用工具在路径上单击线添加锚点或单击锚点将其删除。
- 只有在选择路径按钮时，按钮组才处于可用状态，但按钮被隐藏，此时可以对同一个工作路径中的子路径进行计算。

4.1.3 【自由钢笔】工具

使用【自由钢笔】工具可以创建形态较随意的不规则曲线路径。它的优点是操作较简便；缺点是不够精确，而且经常会产生过多的锚点。

一、【自由钢笔】工具的基本操作

(1) 在工具箱中选择工具，在图像中拖曳鼠标光标，沿鼠标光标拖过的轨迹自动生成路径。如果将鼠标光标移至起点，当鼠标光标显示为形状时，单击可以闭合路径。

(2) 选择工具，在图像中拖曳鼠标光标，在未闭合路径前，按住 Ctrl 键后再释放鼠标左键，可以直接在当前位置至路径起点生成直线闭合路径。

二、【自由钢笔】工具的选项栏

工具和工具的选项栏基本相似，这里不再详细介绍。

选择工具箱中的工具，再选择【路径】按钮，选项栏如图 4-10 所示。此时只显示【钢笔】工具的选项，而不显示形状工具的选项。

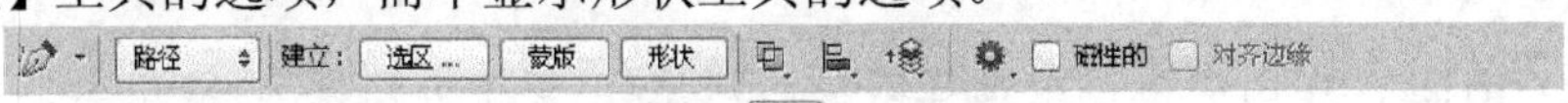

图4-10 工具选项栏

4.1.4 【添加锚点】工具与【删除锚点】工具

如果没有在工具的选项栏中勾选【自动添加/删除】复选项，用户则可以选择【添加锚点】工具，在路径上单击添加锚点。选择【删除锚点】工具，在锚点上单击可以将其删除。

4.1.5 【转换点】工具

路径上的锚点有两种类型，即角点和平滑点，二者可以相互转换。选择【转换点】工具，单击路径上的平滑点可将其转换为角点；拖曳路径上的角点，可将其转换为平滑点。

4.1.6 【路径选择】工具与【直接选择】工具

一、【路径选择】工具的选项栏与功能

利用【路径选择】工具，可以对路径和子路径进行选择、移动、对齐和复制等操作。当子路径上的锚点全部显示为黑色时，表示该子路径被选择。

选择工具后，其选项栏如图 4-11 所示，各项功能介绍如下。

图4-11 工具选项栏

要点提示 如果当前选择了某一路径或子路径，按 Ctrl+T 键可以对被选择的路径或子路径进行自由变形。

- 按钮：这个按钮下的 4 个选项可以设置子路径间的计算方式，即可以对路径进行添加、减去、相交和反交（保留不相交的路径）的计算。

- 按钮：这个按钮下的前 6 个按钮只有在同时选择两个以上的子路径时才可用，它们可以将被选择的子路径在水平方向上进行顶部对齐、垂直居中对齐和底对齐，在垂直方向上进行左对齐、水平居中对齐和右对齐。第 7、第 8 个按钮只有在同时选择了 3 个以上的子路径时才可用，它们可以将被选择的子路径在垂直方向上依路径的顶部、垂直居中、底部，以及在水平方向上依路径的左边、水平居中、右边进行等距离分布。

利用工具可以对路径和子路径进行选择、移动和复制等操作。

- 选择工具，单击子路径可以将其选择。
- 在图像窗口中拖曳鼠标光标，鼠标光标拖曳范围内的子路径可同时被选择。
- 按住 Shift 键，依次单击子路径，可以选择多个子路径。
- 在图像窗口中拖曳被选择的子路径，可以进行移动。
- 按住 Alt 键拖曳被选择的子路径可以将被选择的子路径进行复制。
- 拖曳被选择的子路径至另一个图像窗口中，可以将子路径复制到另一个图像文件中。
- 按住 Ctrl 键，在图像窗口中选择路径，则工具将被切换为工具。

二、【直接选择】工具的功能

【直接选择】工具没有选项栏，使用工具可以选择和移动路径、锚点以及平滑点两侧的控制点。使用工具可以对路径和锚点进行的操作有以下几种。

- 单击子路径上的锚点可以将其选择，被选择的锚点将显示为黑色。
- 在子路径上拖曳鼠标光标，鼠标光标拖曳范围内的锚点可以同时被选择。
- 按住 Shift 键，可以选择多个锚点。
- 按住 Alt 键单击子路径，可以选择整个子路径。
- 在图像中拖曳两个锚点间的一段路径可以直接调整这一段路径的形态和位置。
- 在图像窗口中拖曳被选择的锚点可以移动该锚点的位置。
- 拖曳平滑点两侧的控制点，可以改变其两侧曲线的形态。
- 按住 Ctrl 键，在图像窗口中选择路径，则工具将被切换为工具。

4.1.7 【路径】调板

前面讲过路径不是图像中的真实像素，而只是一种绘图的依据。对路径描边和填充是在【路径】调板中进行的，【路径】调板的构成及其下方按钮的功能介绍如图 4-12 所示。

在【路径】调板中除了可以描边和填充路径外，还可以对路径进行新建、复制、删除以及与选区转换等操作，这些功能都大大提高了制作路径的灵活性。由于使用路径制作图像和建立选区的精确度较高且便于调整，因此在图像处理中的应用非常广泛。

一、【路径】调板中的基本操作

【路径】调板的结构与【图层】调板有些相似，其部分操作方法也相近，如新建移动堆叠位置、复制及删除等操作。

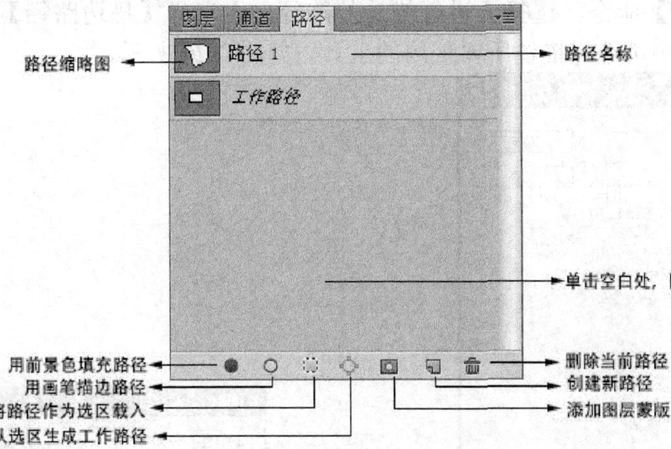

图4-12 【路径】调板

二、【路径】调板菜单

单击【路径】调板右上角的▾☰按钮，弹出的调板菜单如图 4-13 所示。

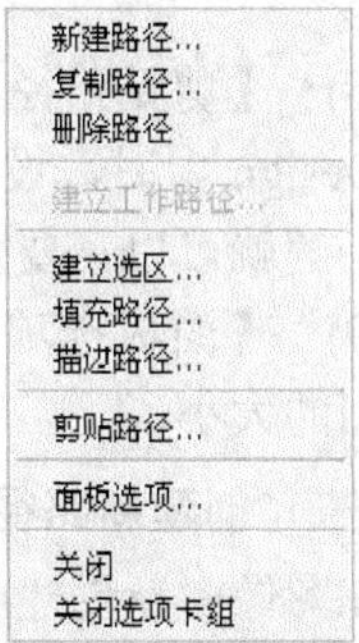

图4-13 【路径】调板菜单

(1) 【新建路径】和【存储路径】命令。对话框如图 4-14 和图 4-15 所示。

(2) 【复制路径】命令。只有在【路径】调板中选择的是已保存的路径时，【复制路径】命令才可用。选择该命令，在弹出对话框的【名称】文本框中设置新复制路径的名称，如图 4-16 所示，单击 确定 按钮可以将当前路径复制。

图4-14 【新建路径】对话框

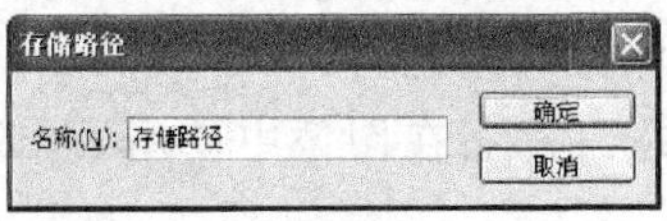

图4-15 【存储路径】对话框

图4-16 【复制路径】对话框

(3) 【删除路径】命令。选择该命令，可以将当前被选择的路径删除。

(4) 【建立工作路径】命令。只有当图像中存在选区时，【建立工作路径】命令才可用。选择该命令，弹出的对话框如图 4-17 所示，其中【容差】值用来设置将选区转换为路径的精确程度。

(5) 【建立选区】命令。在图像中选择路径并选择【建立选区】命令，弹出【建立选区】对话框，如图 4-18 所示。

(6) 【填充路径】命令。选择要进行填充的路径并选择【填充路径】命令，弹出的对话框如图 4-19 所示。

图4-17 【建立工作路径】对话框

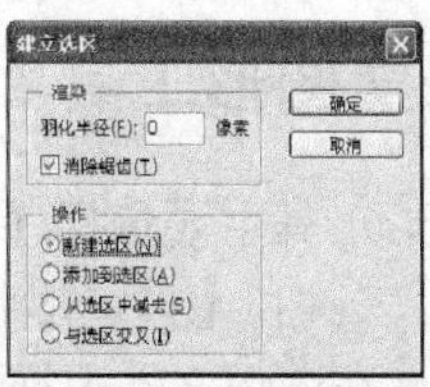

图4-18 【建立选区】对话框

(7)　【描边路径】命令。选择要进行描边的路径，再选择【描边路径】命令，在弹出的对话框的下拉列表中可选择描边所要使用的工具，如图 4-20 所示。

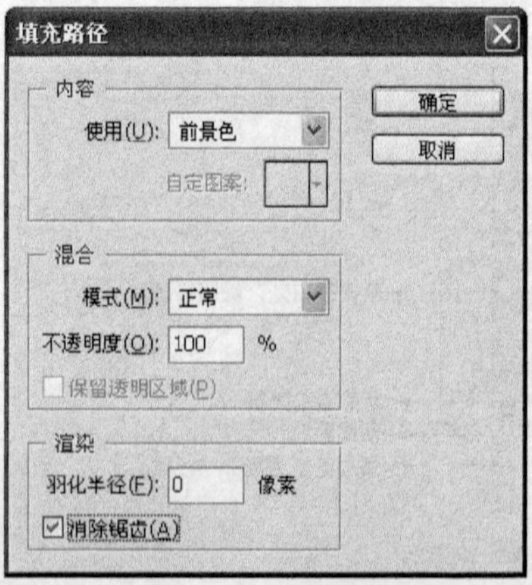

图4-19　【填充路径】对话框

图4-20　【描边路径】对话框

(8)　【剪贴路径】命令。【剪贴路径】的主要功能是在图像进行打印和输出到 Illustrator 或 InDesign 中时，设置图像的透明区域，这一功能在 Photoshop 中不起作用，所以读者只要大概了解就可以。要作为剪贴路径的路径必须是已经保存的路径。

(9)　【面板选项】命令。选择该命令，可以在弹出的【路径面板选项】对话框中设置缩略图的大小。

三、　创建新路径和创建子路径

在图像中新创建的路径实际上是一个未保存的路径，读者可以在【路径】调板中将其保存。一个工作路径可以由一个子路径或多个子路径组成，那么在使用工具创建路径时，所创建的到底是一个新的工作路径，还是当前路径的一个子路径呢？

(1)　当图像中只存在一个未保存的路径时。

- 如果该路径处于隐藏状态，那么在图像中使用工具可以创建一个新路径，并将原有的路径删除。
- 如果该路径不处于隐藏状态，此时在图像中使用工具创建路径，相当于继续编辑当前的工作路径，也就是说相当于创建子路径。

(2)　当图像中存在一个已保存的路径时。

- 如果该路径处于隐藏状态，那么在图像中使用工具创建路径，会创建一个新的工作路径，但原路径依然存在。
- 如果该路径不处于隐藏状态，此时在图像中使用工具创建路径，相当于继续编辑当前的工作路径，也就是说相当于创建子路径。

另外，利用【路径】调板可以直接在【路径】调板中创建新的子路径。

4.1.8　矢量图形工具

矢量图形工具主要包括【矩形】工具、【圆角矩形】工具、【椭圆】工具、【多边形】工具、【直线】工具和【自定形状】工具，它们的使用方法非常简单，在工具箱中选择相应的形状工具后，在图像文件中拖曳鼠标光标，即可绘制出需要的矢量图形。

一、 形状工具的基本选项

工具箱中的形状工具如图 4-21 所示。各个形状工具的选项大致相同，下面以【矩形】工具为例来介绍形状工具中相同的选项。

在工具箱中选择【矩形】工具，选项栏如图 4-22 所示。

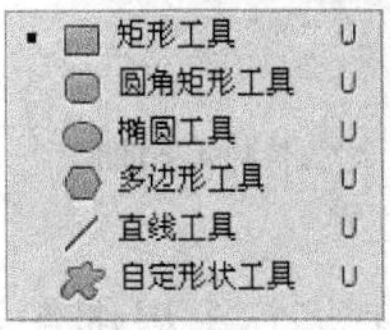

图4-21 形状工具

图4-22 【矩形】工具选项栏

【矩形】工具选项栏中的内容与【钢笔】工具相似，重复的内容这里不再详细介绍。

> 要点提示 Photoshop CC 取消了前几版中的样式工具，可以选择【窗口】/【样式】命令，即可显示【样式】调板。【样式】调板如图 4-23 所示，单击右上角的下拉菜单可显示如图 4-24 所示的【样式】调板菜单。

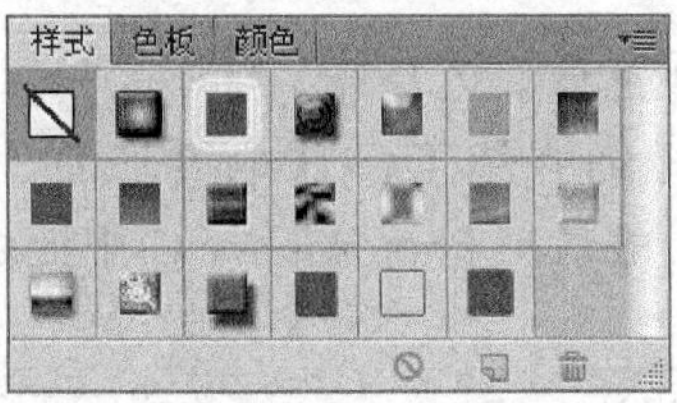

图4-23 【样式】调板

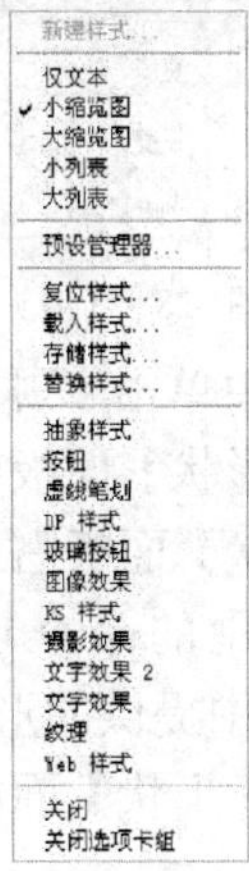

图4-24 【样式】调板菜单

二、 形状工具的其他选项

每一种形状工具除了它们共同的基本选项外，还有一些个性选项。下面分别介绍每一种形状工具的个性选项。

(1) 【矩形】工具选项。

单击按钮，可以在图像中创建矩形效果，此时单击选项栏中的按钮，弹出的【矩形】选项面板如图 4-25 所示。各选项功能非常明确，这里就不再详细介绍。

(2) 【圆角矩形】工具选项。

单击按钮，可以在图像中创建圆角矩形效果。创建圆角矩形的方法和创建矩形的方法基本相同，但选择按钮时选项栏中会多出一个【半径】值，用于设置圆角半径。

(3) 【椭圆】工具选项。

单击按钮，可以在图像中创建椭圆效果。单击选项栏中的按钮，弹出的【椭圆】选项面板如图 4-26 所示。

(4) 【多边形】工具选项。

单击按钮，选项栏中多出一个【边】选项，可以设置要创建多边形的边数。单击选项栏中的按钮，弹出的【多边形】选项面板如图 4-27 所示。

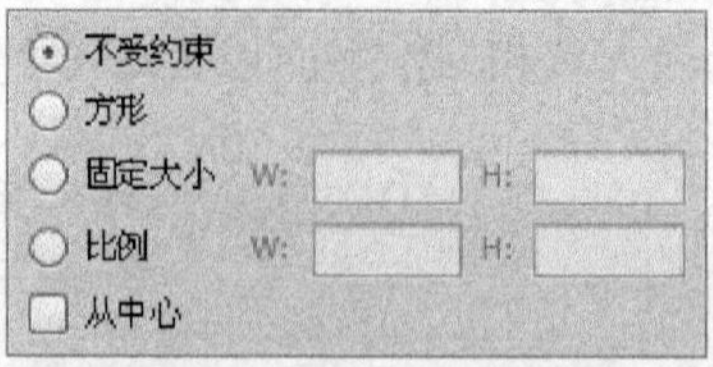

图4-25　【矩形】选项面板

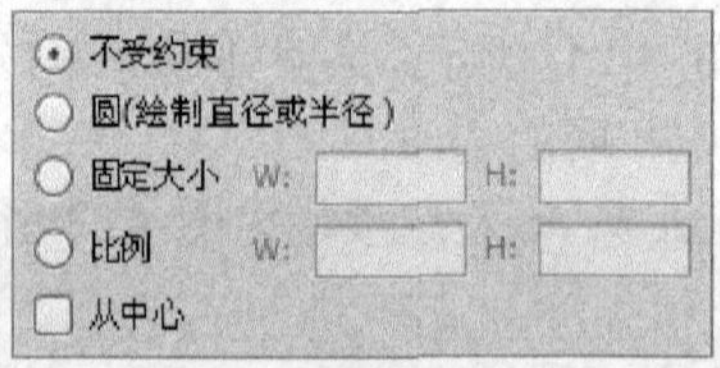

图4-26　【椭圆】选项面板

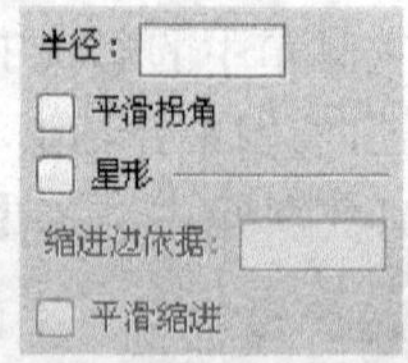

图4-27　【多边形】选项面板

(5)　【直线】工具选项。

选择按钮，可以在图像中创建直线和箭头效果。此时选项栏中有一个【粗细】值，可以设置直线宽度。单击选项栏中的按钮，弹出的【箭头】面板如图 4-28 所示。

(6)　【自定形状】工具选项。

选择按钮，可以在图像中创建自定义的形状效果。单击选项栏中的按钮，弹出的【自定形状】选项面板如图 4-29 所示。

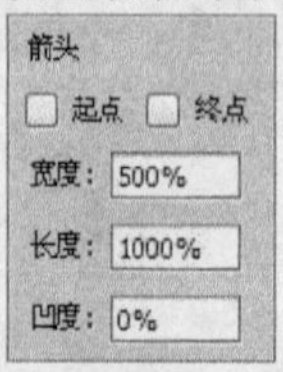

图4-28　【箭头】面板

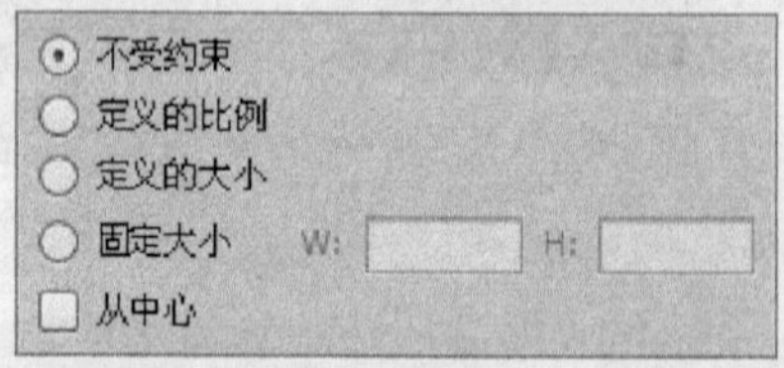

图4-29　【自定形状】选项面板

在选项栏中单击按钮后，选项栏中多出一个【形状】按钮，单击【形状】按钮，可以在弹出的【形状】面板中选择需要的自定义形状效果。

单击【形状】面板右上角的按钮，弹出的菜单如图 4-30 所示。

这一菜单中的命令功能非常明确，这里不再详细介绍了，其中最下面一组命令是 Photoshop CC 中提供的形状库，选择【全部】命令，可以将 Photoshop CC 中提供的所有形状调入当前的【形状】面板中，如图 4-31 所示。

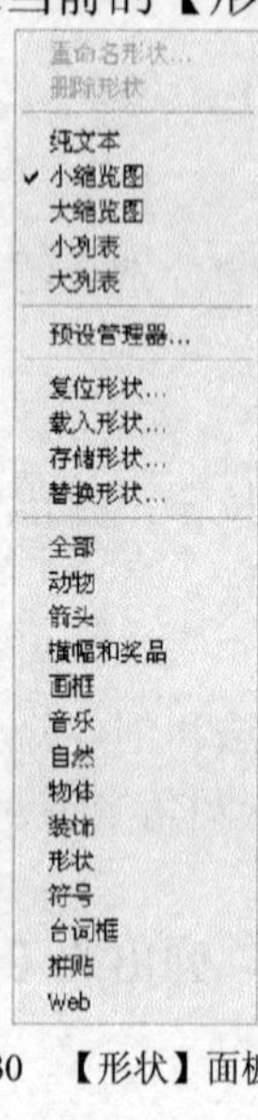

图4-30　【形状】面板菜单

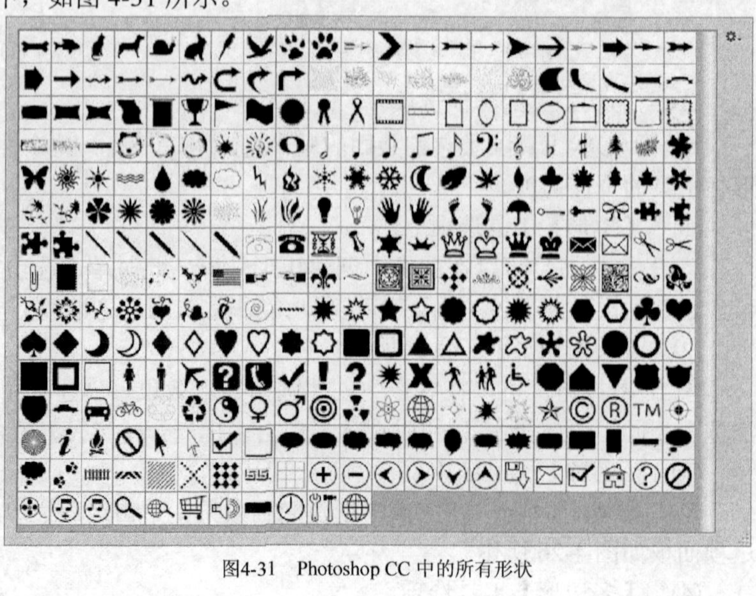

图4-31　Photoshop CC 中的所有形状

4.2 范例解析——运用路径和矢量图形工具制作图案

为了巩固所学的知识，下面来讲解如何利用路径和形状工具绘制如图 4-32 所示的图案。该范例比较典型，读者可以举一反三，创作出更多更有趣的图案。

无论所要绘制的对象有多么复杂，都是由圆形、矩形或线段等基本图形元素构成，因此在进行创作之前，先要对对象进行结构分析。本例中的基本要素是椭圆形，在此基础上进行打断路径及重构路径等操作，并根据其对称性进行操作上的简化，最后借助镜像变换完成图形的创建。

1. 选择【文件】/【新建】命令，新建一个文件。选择【椭圆】工具或按 U 键，绘制如图 4-33 所示的路径。
2. 选择【路径选择】工具，再选中绘制好的椭圆路径，按 Ctrl+C 键复制路径，再按 Ctrl+V 键粘贴路径。
3. 选择复制后的路径，按 Ctrl+T 键对路径进行变形，再按住 Alt 键，将复制后的椭圆水平放大一些，变形后的效果如图 4-34 所示。
4. 选择【添加锚点】工具，移动鼠标光标到如图 4-35 所示的位置，在椭圆路径上添加一个锚点。

图4-32　最终效果

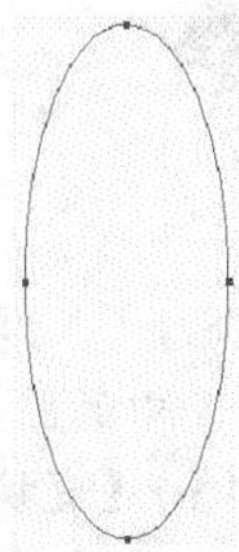

图4-33　绘制椭圆形路径

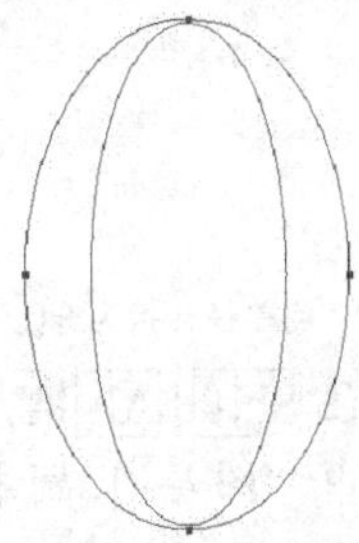

图4-34　调整复制后的椭圆

5. 以相同的方式在椭圆路径上添加第二个锚点，如图 4-36 所示。
6. 选择【直接选择】工具，选择如图 4-37 所示的锚点。

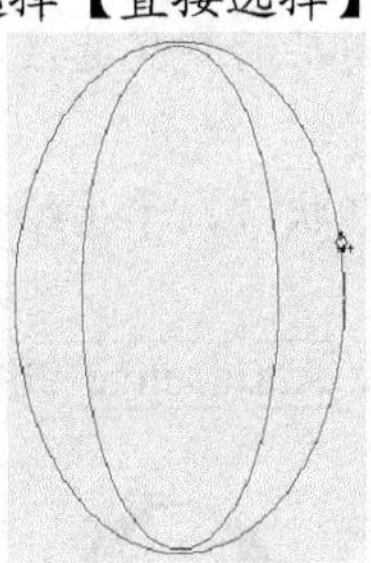

图4-35　添加锚点

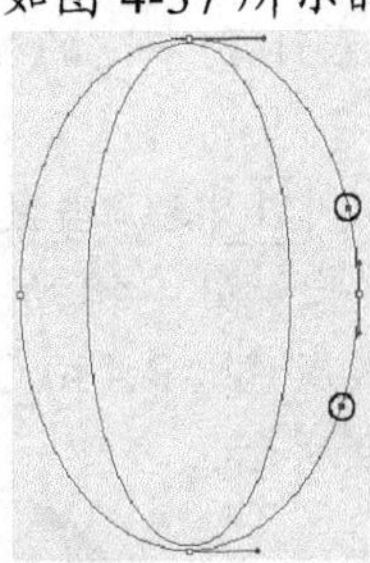

图4-36　添加第二个锚点

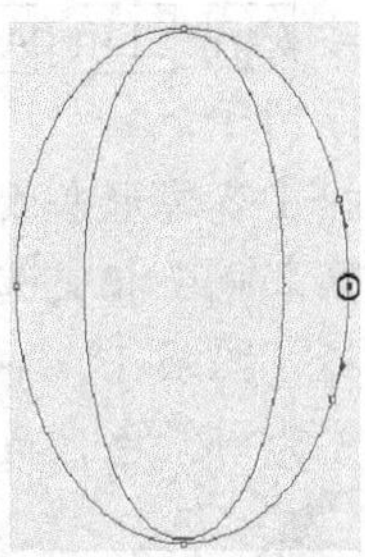

图4-37　选择的锚点

7. 按 Delete 键删除选择的锚点，删除后的效果如图 4-38 所示。
8. 选择【钢笔】工具，移动鼠标光标到如图 4-39 所示的锚点处，当鼠标光标变成形状时，单击继续绘制路径。
9. 绘制的路径如图 4-40 所示，在绘制最后一个锚点时，移动鼠标光标到椭圆路径另一个开放的锚点上，当鼠标光标变成形状时，单击可闭合路径。
10. 绘制好的路径如图 4-41 所示。

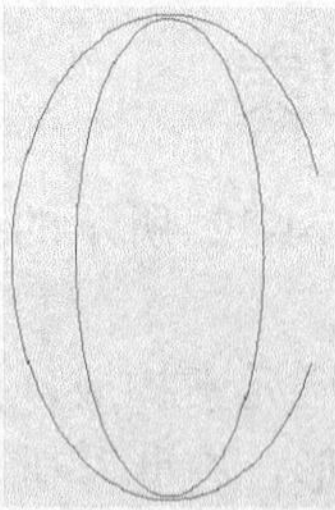

图4-38　删除描点

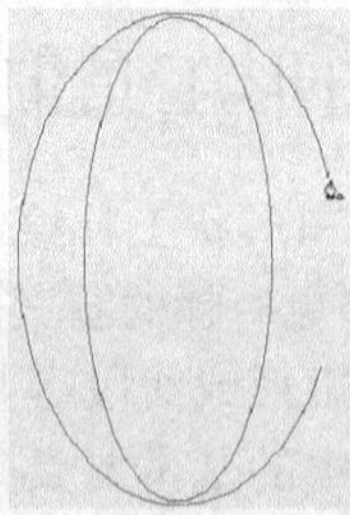

图4-39　绘制路径

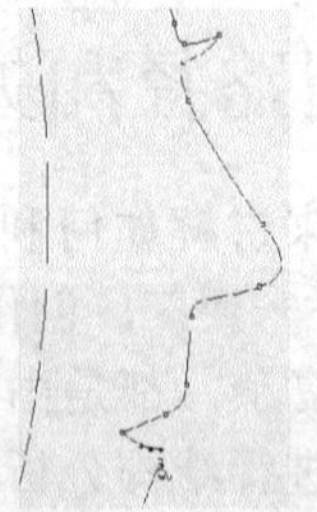

图4-40　闭合路径

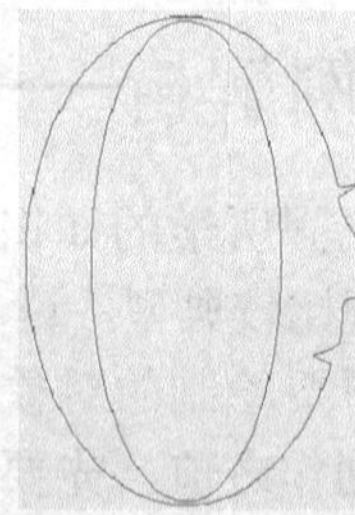

图4-41　绘制完成后的图形

11. 利用【路径选择】工具将所有路径选择，单击工具选项栏中的【重叠形状区域除外】按钮，再单击 組合 按钮。按 Ctrl+Enter 键将路径转换为选区，如图 4-42 所示。
12. 新建“图层 1”，将前景色设置为黑色，然后按 Alt+Delete 键，将选区填充为前景色，效果如图 4-43 所示。
13. 选择【矩形选框】工具，在图像区域中绘制出如图 4-44 所示的矩形选区。
14. 按 Delete 键删除选区内的图像，效果如图 4-45 所示。

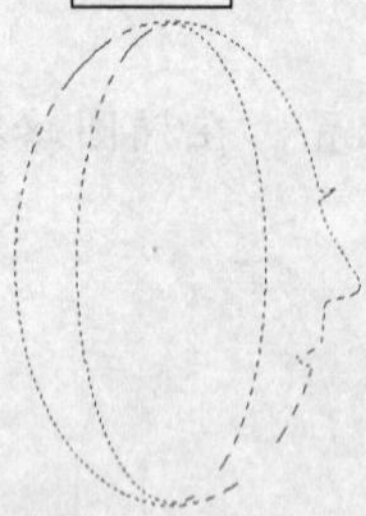

图4-42　将路径转换为选区

图4-43　填充选区

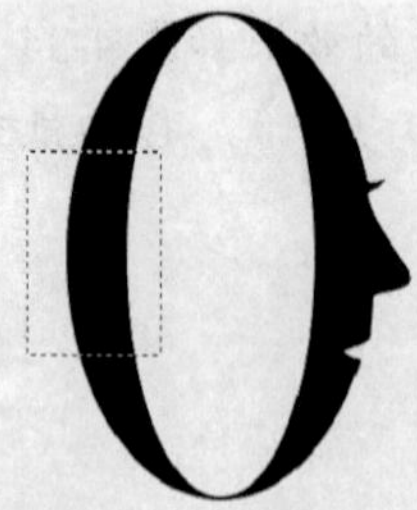

图4-44　创建矩形选区

图4-45　删除选区内容

15. 按住 Shift+Alt 键，水平复制“图层 1”中的图像，自动生成“图层 1 副本”层。
16. 选中“图层 1 副本”层，选择【编辑】/【变换路径】/【水平翻转】命令，再单击【图层】调板中的按钮，锁定透明像素，为图层填充浅灰色（R:130,G:130,B:130），效果如图 4-46 所示。
17. 按住 Ctrl 键，单击“图层 1”的缩略图，将图层作为选区载入。
18. 再按 Ctrl+Shift+Alt 键，单击“图层 1 副本”的缩略图，得到两图层的相交选区，如图 4-47 所示。
19. 选择【多边形套索】工具，再按 Alt 键，当鼠标光标变为形状时，单击绘制一个选区来减小相交选区，减小后的效果如图 4-48 所示。
20. 选择“图层 1”，将前景色设置为浅灰色（R:130,G:130,B:130），按 Alt+Delete 键将选区填充为前景色。最终效果如图 4-49 所示。

图4-46　复制图形

图4-47　相交选区

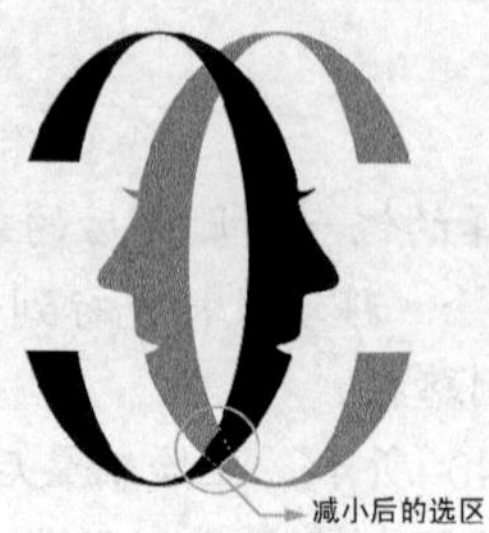

图4-48　减小选区

图4-49　最终效果

21. 选择【文件】/【存储为】命令，将文件命名为“图案制作.psd”保存。

4.3 课堂实训——绘制艺术字

下面通过课堂实训再来巩固一下本章所学的知识，加强练习如何利用路径和矢量图形工具绘制并处理图片，创作出更多具有创意的图案。本实训将学习利用路径工具和前面所学的颜色填充知识，对所提供的文字素材进行编辑修饰，创建一幅艺术字图像，最终效果如图 4-50 所示。

图4-50　最终效果

该练习的制作流程示意图如图 4-51 所示。

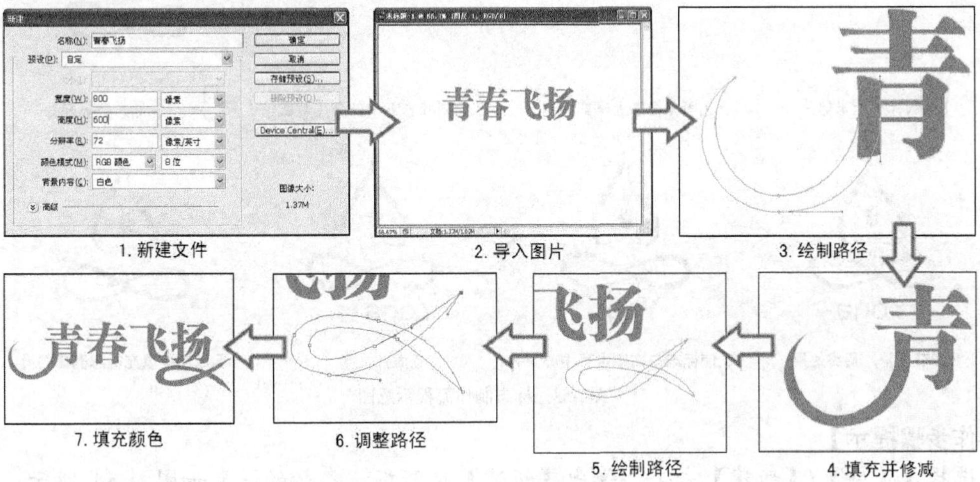

图4-51　艺术字制作流程示意图

【操作步骤提示】

(1) 新建一个名为“青春飞扬”的文件，设置参数如图 4-51 左上角所示。

(2) 导入本书配套光盘“Map”目录下的“青春飞扬素材.jpg”文件，并调整大小和位置。

(3) 使用【钢笔】工具绘制路径，绘制过程中可不断使用【添加锚点】、【删除锚点】以及【转换点】工具进行修改。绘制完毕后将路径转化为选区，然后填充颜色。

(4) 选择【文件】/【存储】命令，保存文件。

4.4 综合案例——标志制作

本节将主要使用钢笔工具组、【路径】调板等制作一个标志，通过练习使读者重点掌握路径的创建与编辑。本例中制作的标志使用圆润的笔触，且采用较活跃的色彩来突出“Yoga”的简单化、柔美度及人性化，最终效果如图 4-52 所示。

图4-52　标志制作的最终效果

该练习制作流程示意图如图 4-53 所示。

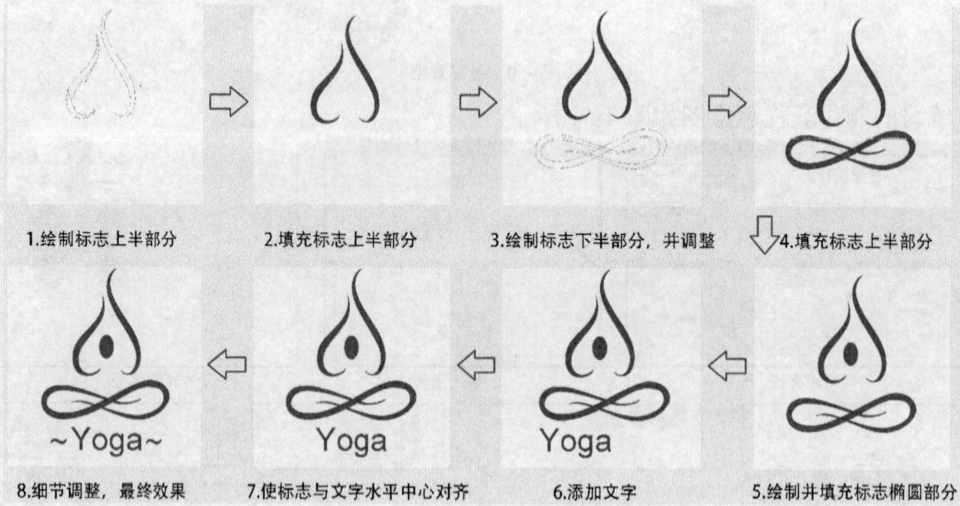

图4-53　标志制作流程示意图

【操作步骤提示】

1. 选择【文件】/【新建】命令，弹出【新建】对话框，参数的设置如图 4-54 所示。选择【文件】/【存储为】命令，将文件命名为“标志制作.psd”保存。
2. 选择工具，或按 P 键，将钢笔指针移动到绘图位置单击，开始绘制并调整各条路径，状态如图 4-55 所示。
3. 在【路径】调板中，双击“工作路径”，弹出【存储路径】对话框，设置【名称】为“路径 1”，存储路径。结合整个标志的布局，按 Ctrl+T 键适当调整路径的大小与位置。
4. 设置前景色为紫色（R:139,G:81,B:164），在【图层】调板中，单击底部的【创建新图层】按钮，新建一个图层。

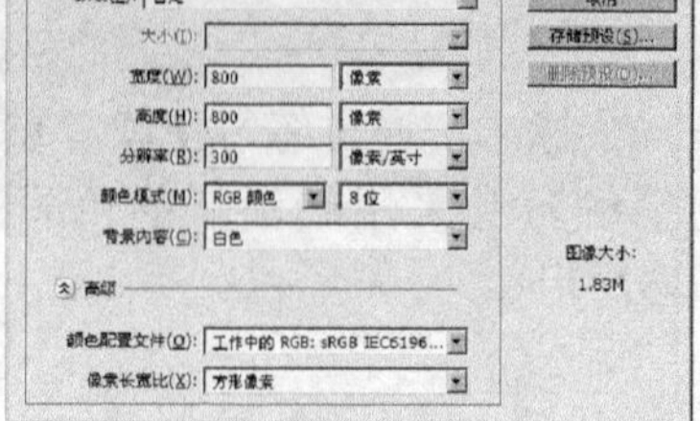

图4-54　【新建】对话框

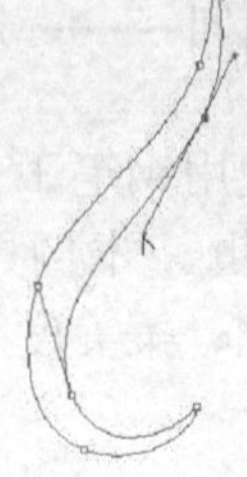

图4-55　绘制路径

5. 在【路径】调板中，单击底部的【用前景色填充路径】按钮，如图 4-56 所示。

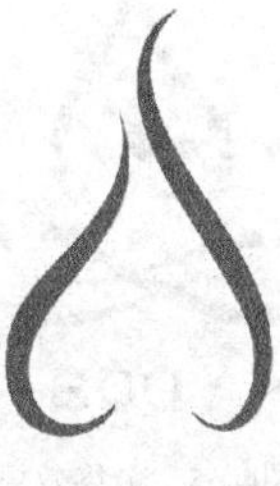

图4-56　填充路径

图4-57　绘制另一路径

6. 继续选择工具或按 P 键，将钢笔指针移动到绘图位置单击，再绘制并调整另一条路径，状态如图 4-57 所示。
7. 在【路径】调板中，双击“工作路径”，弹出【存储路径】对话框，设置【名称】为“路径 2”，存储路径。结合整个标志的布局，按 Ctrl+T 键适当调整路径的大小与位置。
8. 在【图层】调板中新建一个图层，在【路径】调板中，选择“路径 2”，单击底部的【将路径转化为选区载入】按钮，将路径转化为选区，然后选择【多边形套索工具】，并选择添加到选区状态，添加路径中重叠的区域（见图 4-58）到选区中来，结果如图 4-59 所示。
9. 按 Alt+Delete 键，将选区填充为前景色，效果如图 4-60 所示。

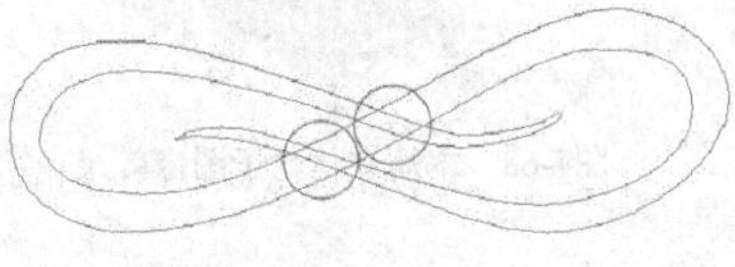

图4-58　路径中的重叠区域

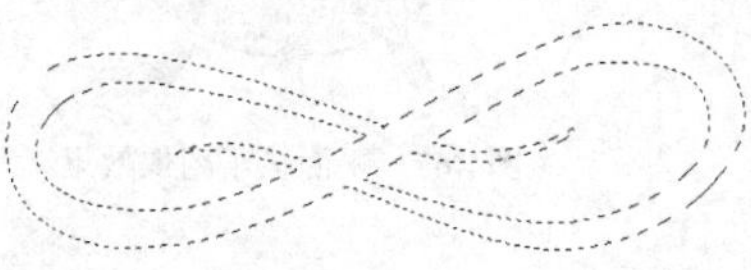

图4-59　调整选区

图4-60　填充结果

要点提示　当路径中有自相重叠的区域，填充时重叠区域会无法填色。

10. 选择【椭圆】工具或按 U 键，绘制如图 4-61 所示的路径。
11. 新建一个图层，然后在【路径】调板中，单击底部的【用前景色填充路径】按钮，填充所选的路径，效果如图 4-62 所示。
12. 输入文字“Yoga”，如图 4-63 所示。

图4-61　绘制路径

图4-62　填充路径

图4-63　描边路径

13. 选中标志和文字所在的 4 个图层，按 V 键，并单击按钮将 4 个图层水平居中对齐，效果如图 4-64 所示。

14. 对标志进行局部的调整修饰，最终效果如图 4-65 所示。

图4-64　水平居中对齐图层

图4-65　最终效果

4.5 课后作业

新建一个图像文件，在图像中创建如图 4-66 所示的路径，并根据此路径创建如图 4-67 和图 4-68 所示的图像效果。操作时请参照本书配套光盘“课后作业”目录下的“轮.psd”文件。

图4-66　创建工作路径的形态

图4-67　平面轮子图像效果

图4-68　木质立体轮子图像效果

【操作步骤提示】

(1) 利用创建、复制和变形路径的功能，在新建文件中创建如图 4-66 所示的路径。创建时注意配合使用标尺和参考线，以取得较精确的效果。
(2) 创建完成后，将 4 个圆形子路径组合，然后将其他柱形路径组合。
(3) 使用填充和描边路径的方法创建如图 4-67 所示的轮子效果，其中最中间的圆形是使用工具进行填充的。
(4) 在图像中创建一个新工作组。
(5) 在工作组中创建一个新图层，选择路径中的所有长柱形子路径，在路径中填充木纹图案。
(6) 再在工作组中创建一个新图层，选择路径中的 4 个圆形子路径，在路径中填充木纹图案。
(7) 选择当前图层中最中间的圆形区域。
(8) 最后在工作组中创建一个新图层，在选区中填充木纹图案。
(9) 给工作组中的其中一层图像添加立体效果，再将图像效果复制到其他两层中。木质立体轮子图像的最终效果如图 4-68 所示。

第5章　绘画和修饰工具的应用

本章介绍各种绘画及修饰工具的主要功能及使用方法。由于本章要学习的工具较多，在学习时注意分清各绘画工具和修饰工具的功能，并能熟练运用各工具绘制相应的图案。

【学习目标】

- 掌握【画笔】调板的使用方法。
- 掌握【画笔】、【铅笔】和【颜色替换】工具的使用方法。
- 掌握【渐变】工具和【油漆桶】工具的使用方法。
- 掌握历史记录画笔工具组的使用方法。
- 掌握修复工具组的使用方法。
- 掌握图章工具组的使用方法。
- 掌握橡皮擦工具组的使用方法。
- 掌握【模糊】、【锐化】和【涂抹】工具的使用方法。
- 掌握【减淡】、【加深】和【海绵】工具的使用方法。

5.1　功能讲解

绘画工具主要包括【画笔】调板、【画笔】工具、【铅笔】工具、【渐变】工具和【油漆桶】工具，修饰工具主要包括修补工具组、图章工具组、历史记录画笔工具组、橡皮擦工具组、【颜色替换】工具及【模糊】工具、【锐化】工具、【涂抹】工具、【减淡】工具、【加深】工具和【海绵】工具等。这些工具都是在绘画及修饰过程中经常用到的。

5.1.1　【画笔】调板

Photoshop CC 中专门提供了一个设置画笔笔尖形状的工具——【画笔】调板。【画笔】调板默认位于调板区内，它提供了大量预置的画笔笔尖形状，并且还可以通过设置不同的参数以及选项衍生出更多的笔尖形状，从而大大增强了 Photoshop CC 的绘画功能。选择【窗口】/【画笔】命令，或单击调板区左侧的按钮，弹出的【画笔】调板如图 5-1 所示。

在【画笔】调板左侧勾选相应的选项，可以使该类参数对当前选择的笔尖形状有效。【画笔预设】中相应的选项右侧会显示该类的参数，图 5-2 所示为勾选【形状动态】复选项后显示出来的参数。【画笔】调板最下方显示的是使用当前笔尖形状在图像中画线的预览效果。

绘图和编辑工具包括【画笔】工具、【铅笔】工具、【仿制图章】工具、【图案图章】工具、【历史记录画笔】工具、【历史记录艺术画笔】工具、【模糊】工具、【锐化】工具、【涂抹】工具、【减淡】工具、【加深】工具和【海绵】工具等。当用户在工具箱中选择这些工具时，在工具选项栏右侧会出现一个【切换画笔调板】按钮，单击它可调出【画笔】调板。

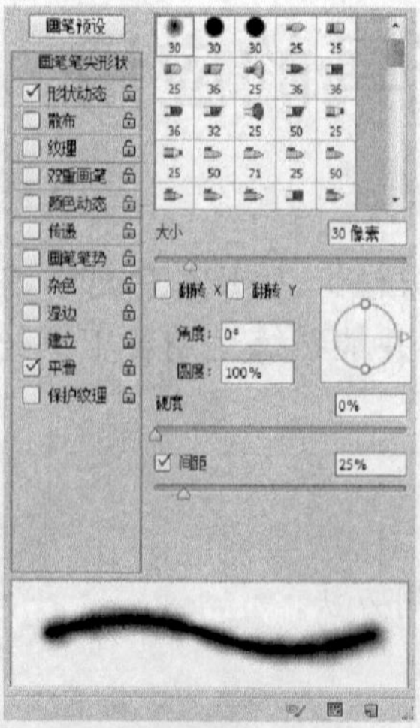

图5-1　【画笔】调板（1）

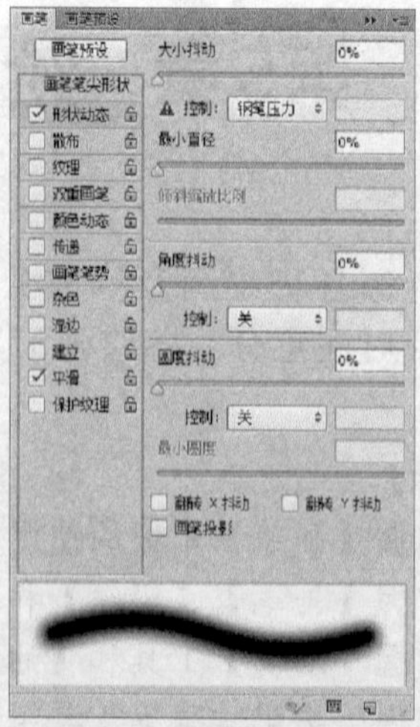

图5-2　【形状动态】参数

一、　选择预设画笔

可以通过两种途径选择当前所使用的画笔预设，一种是通过选项栏左侧的画笔弹出式调板进行选择；另一种是通过【画笔】调板进行选择。

选择任意一个绘图或编辑工具，在其工具选项栏中单击画笔形状预览图右侧向下的小三角形，会出现画笔弹出式调板，如图 5-3 所示。用户可以选择不同的预设画笔，也可以通过拖曳【主直径】上的滑块改变画笔的直径。

【画笔】调板的外观和工具选项栏中的画笔弹出式调板类似，但在【画笔】调板的下方有一个可供预览画笔效果的区域。移动鼠标光标到不同的画笔预览图上单击，【画笔】调板下方会动态显示出不同画笔绘制的效果，如图 5-4 所示。

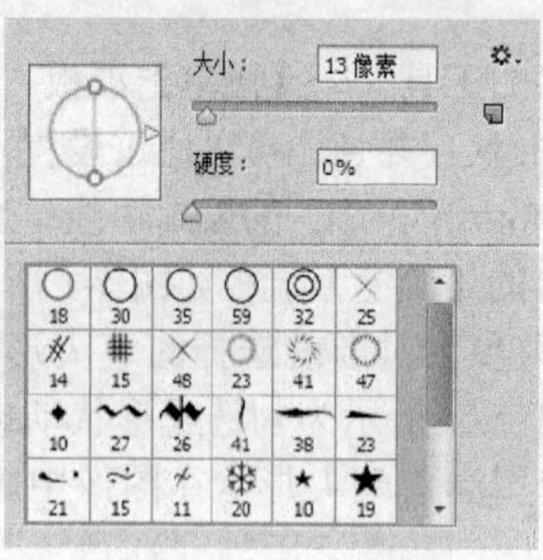

图5-3　画笔弹出式调板

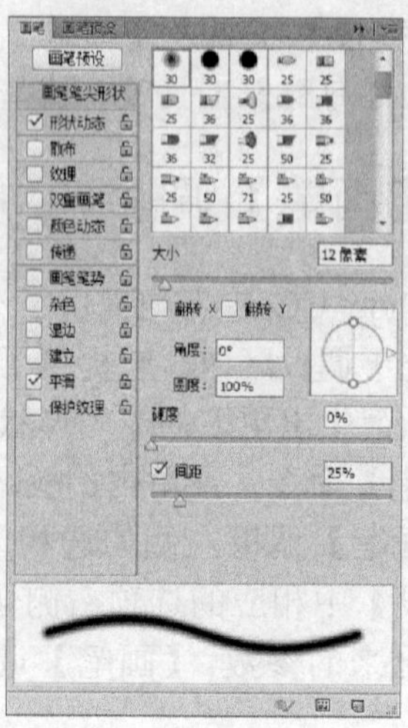

图5-4　【画笔】调板（2）

在画笔弹出式调板或【画笔】调板的弹出菜单中单击右侧的小黑三角按钮或按钮，可选择画笔显示方式，如图 5-5 和图 5-6 所示。

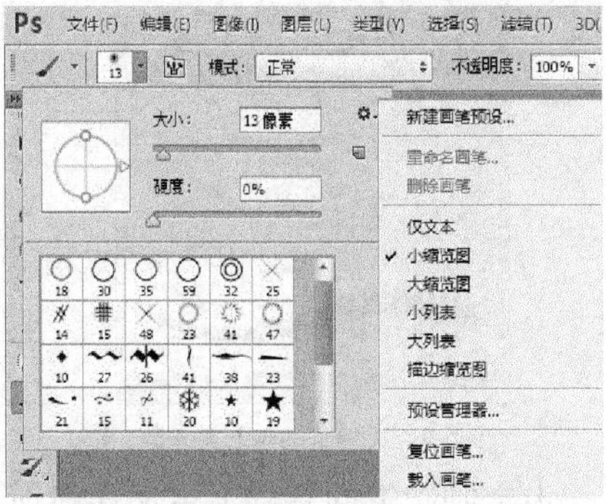

图5-5　画笔弹出式调板的弹出菜单

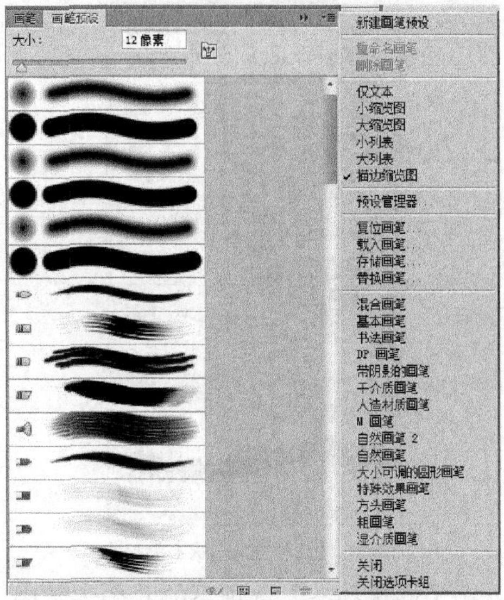

图5-6　【画笔】调板的弹出菜单

二、 自定义画笔

在打开的【画笔】调板中，单击左侧的【画笔笔尖形状】选项，可弹出如图 5-4 所示的笔尖形状图案。单击【画笔】调板左侧不同的选项名称，在右侧就会显示相应的参数面板。通过设置各个不同的选项及参数，可以创建自定义的画笔笔尖形状。

> **要点提示** 在【画笔】调板左侧选择某个选项时，若鼠标单击选项名称处，则勾选该选项，在右侧会显示相应的参数面板；若单击选项名称左侧的小方框处，则仅勾选该选项，但右侧不显示其参数面板。

已经预存在【画笔】调板中的各个画笔，可以对其选项进行重新调整，并将调整后的结果利用【新建画笔预设】命令将其存储为新的画笔。

创建任意规则或不规则的选区，若选区的【羽化】值为“0 px”，得到的是硬边画笔。如果用户在定义选区的时候设置其他不同的【羽化】值，则得到软边画笔。

自定义画笔形状大小可高达 2500 px×2500 px。为了使画笔效果更好，最好为画笔设定一个纯白色的背景，这样用该画笔绘制图形的时候，白色的部分是透明的。自制画笔时最好使用灰度色彩，画笔颜色是由当前使用的前景色来确定的，这里只定义了画笔的笔尖形状。

三、 画笔选项设定

(1) 【画笔笔尖形状】类参数。

在【画笔】调板左侧单击选择【画笔笔尖形状】选项，右侧显示的【画笔笔尖形状】类选项和参数如图 5-7 所示，同时在下方还可以预览设置后的效果。

(2) 【形状动态】类参数。

在【画笔预设】类参数中，选择如图 5-7 所示的枫叶形状的画笔。在【画笔】调板左侧单击【形状动态】选项，如图 5-8 所示。通过对笔尖的【形状动态】类参数的调整，可以设置画线时笔尖的大小、角度和圆度的变化。

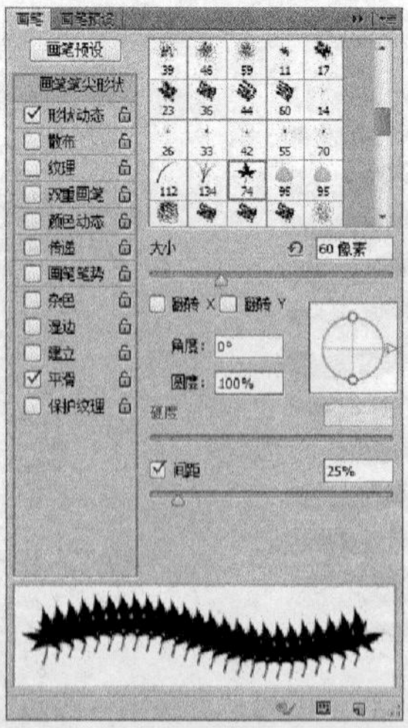

图5-7　【画笔笔尖形状】类参数

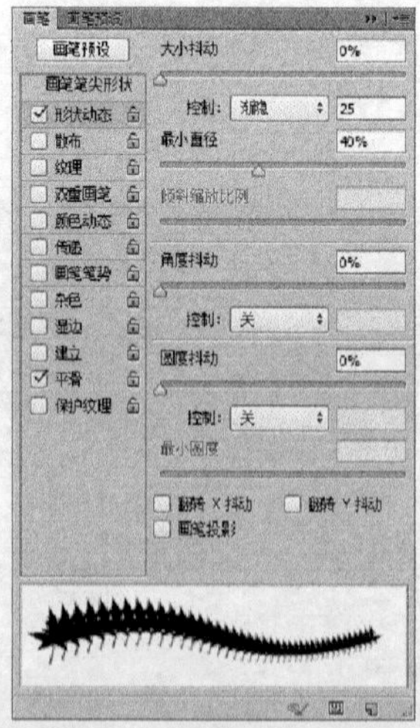

图5-8　【形状动态】类参数

在【形状动态】选项下的几个参数中，可以在上一步定制画笔的基础上更加详细地设置画笔的外观。例如【大小抖动】、【控制】、【最小直径】、【角度抖动】、【圆度抖动】等，通过对这些参数的设置，可以产生不同的画笔效果。

(3)　【散布】类参数。

通过调整【散布】类参数，可以设置笔尖沿鼠标光标拖曳的路线向外扩散的范围，从而使绘画工具产生一种笔触散射效果。在【画笔】调板左侧单击【散布】选项，并将其他选项的勾选取消，设置的【散布】类参数和选项如图 5-9 所示。通过调节相应参数值的大小，可以得到不同的画笔效果。这个选项只适合绘制如星星散状之类效果的特殊图形。

(4)　【纹理】类参数。

通过【纹理】类参数设置，可以在画笔中产生图案纹理效果。在【画笔】调板左侧单击【纹理】选项，并将其他选项的勾选取消，设置的参数和选项如图 5-10 所示。

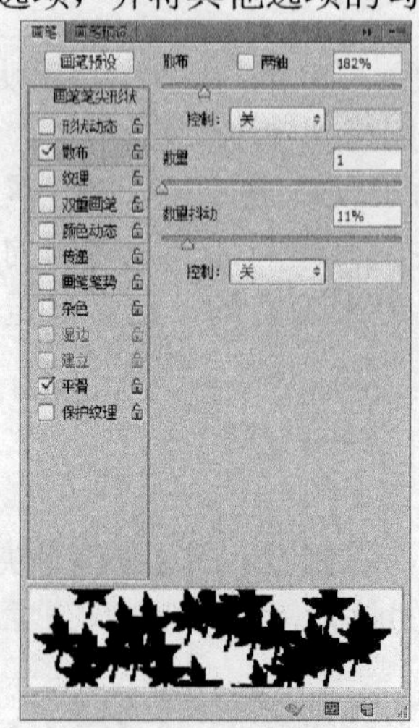

图5-9　【散布】类参数

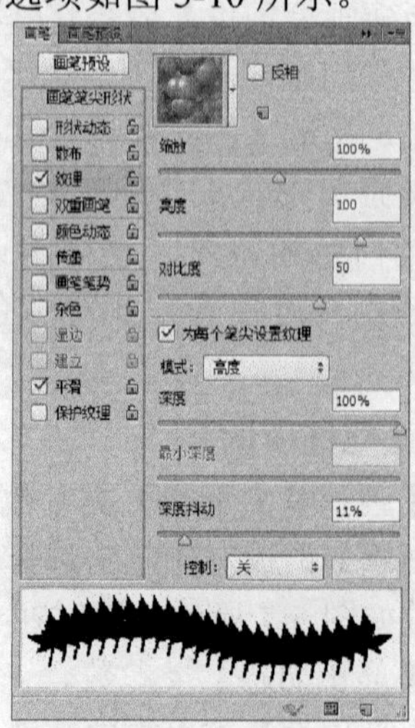

图5-10　【纹理】类参数

(5)　【双重画笔】类参数。

设置【双重画笔】类参数和选项，是在已经选好的画笔上再增加一个不同样式的画笔，可以产生两种不同纹理相交的笔尖效果。在【画笔】调板左侧单击【双重画笔】选项，并将其他选项的勾选取消，设置的参数和选项如图 5-11 所示。

(6) 【颜色动态】类参数。

设置【颜色动态】选项，可以使笔尖产生两种颜色或图案进行不同程度混合的效果，并且可以调整其混合颜色的色调、饱和度及明亮度等。在【画笔】调板左侧单击【颜色动态】选项，并将其他选项的勾选取消，设置参数和选项如图 5-12 所示。这类参数的设置在【画笔】调板中看不出笔尖的变化，只有在绘制图像时才能看出效果。

(7) 【传递】类参数。

【传递】类参数可以设置画笔绘制出颜色的不透明度和使颜色之间产生不同的流动效果。在【画笔】调板左侧单击【传递】选项，并将其他选项的勾选取消，设置的参数和选项如图 5-13 所示。

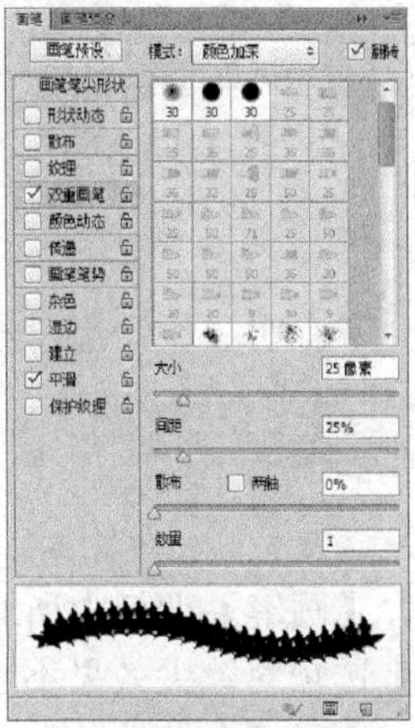

图5-11 【双重画笔】类参数

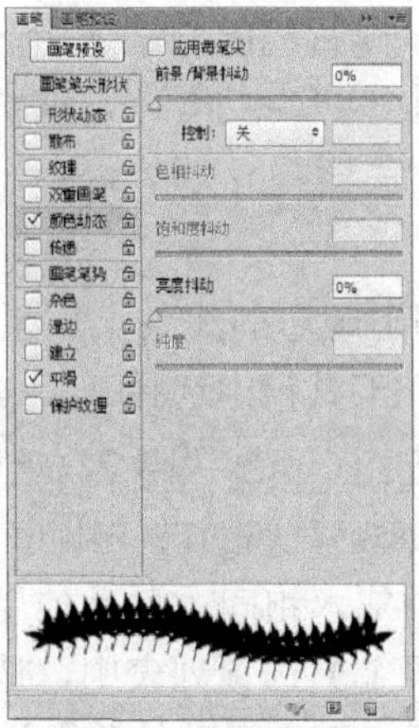

图5-12 【颜色动态】类参数

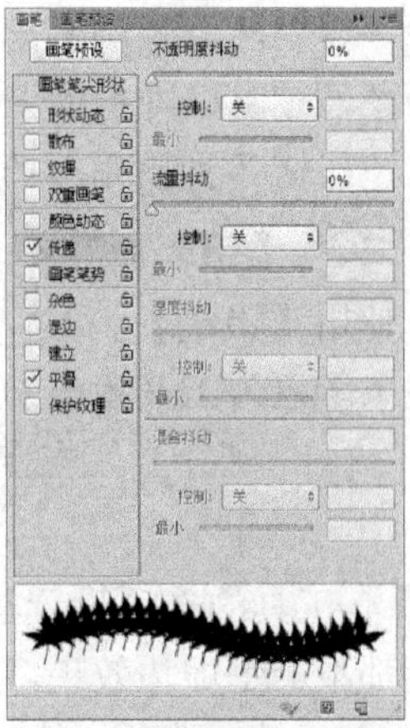

图5-13 【传递】类参数

(8) 其他选项设置。

除了前面介绍的参数和选项外，在【画笔】调板左侧还有如下几个选项。

- 勾选【杂色】复选项可以使画笔产生一些小碎点的效果。
- 勾选【湿边】复选项可以使画笔绘制出的颜色产生中间淡四周深的润湿效果，可用来模拟加水较多的颜料产生的效果。
- 勾选【建立】复选项可以模拟传统的喷枪，使画笔产生渐变色调的效果。
- 勾选【平滑】选项可以使画笔绘制出的颜色边缘较平滑。
- 勾选【保护纹理】复选项，当使用复位画笔等命令对画笔进行调整时，保护当前画笔的纹理图案不改变。

5.1.2 【画笔】、【铅笔】和【颜色替换】工具

读者如果有一定的手绘功底，可以直接使用【画笔】工具和【铅笔】工具绘制图形，这两个工具可以创建出不同的效果。另外，读者还可以使用【颜色替换】工具对照片局部的颜色进行替换。

一、 【画笔】工具

使用【画笔】工具🖌可以绘制出边缘柔软的画笔效果，画笔的颜色为工具箱中的前景色。在工具箱中选择🖌工具，其选项栏如图 5-14 所示。

图5-14　【画笔】工具选项栏

单击选项栏中【画笔】选项右侧的按钮，弹出的面板如图 5-15 所示。

- 在最下方的列表中可以选择要使用的画笔笔尖。
- 修改【大小】值可以设置笔尖的大小。
- 修改【硬度】值可以修改笔尖边缘的柔化程度。

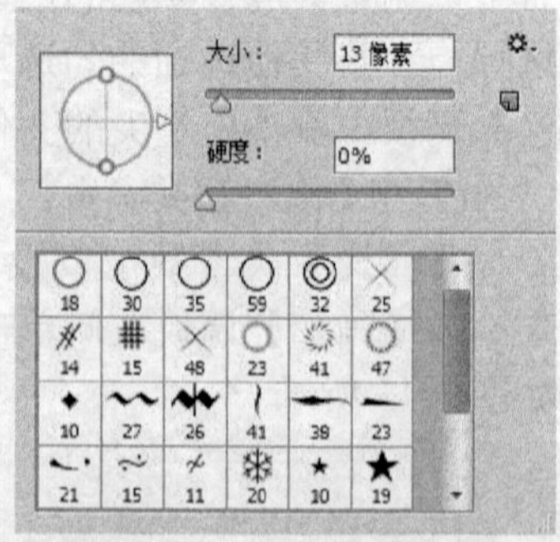

图5-15　【画笔】选项面板

在工具箱中选择工具，按住 Shift 键不放，在图像中拖曳鼠标光标，可以创建水平、垂直或以 45° 角为增量的直线。在工具箱中选择工具，在图像中的某一点上单击，按住 Shift 键不放，再在另一点上单击，可以在两点间创建一条直线。这种利用 Shift 键创建直线的方法适用于大多数绘制工具，在后面章节的学习中不再专门介绍，读者可以自己尝试各种操作技巧。

二、【铅笔】工具

使用【铅笔】工具可以绘制出硬边的线条，如果是斜线，会带有明显的锯齿，绘制的线条颜色为工具箱中的前景色。在工具箱中选择工具，其选项栏如图 5-16 所示。

图5-16　【铅笔】工具选项栏

工具的选项设置与工具的基本相同，只是使用工具时，【画笔】调板中所有的画笔都不产生虚边效果，所以在【画笔】选项列表中，选择【硬度】选项对笔尖效果不起作用。工具的选项栏比工具多了一个【自动抹除】选项，如果勾选了【自动抹除】复选项，那么当从图像中使用前景色的像素处落笔时，绘出的颜色将为背景色；如果从使用其他颜色的像素处开始落笔，则依然使用前景色。

三、【颜色替换】工具

使用【颜色替换】工具能够简化图像中特定颜色的替换，可以用前景色来替换图像中的颜色。工具不能在颜色模式为“位图”、“索引”或“多通道”模式的图像中使用。

在工具栏中选择工具后，选项栏如图 5-17 所示。

图5-17　【颜色替换】工具选项栏

选择工具、工具和工具的快捷键为 B 键，反复按 Shift+B 键可以在这 3 个工具间进行切换。

5.1.3　【渐变】工具和【油漆桶】工具

一、【渐变】工具

【渐变】工具是使用较多的一种工具，利用这一工具可以在图像中填充渐变颜色和透明度过渡变化的效果。工具常用来制作图像背景、立体效果和光亮效果等。

在工具箱中选择工具后，其选项栏如图 5-18 所示，其中各选项的功能介绍如下。

图5-18 【渐变】工具选项栏

- 单击 ▭ 右侧的 ▾ 按钮，在弹出的【预设渐变填充】面板中选择要使用的渐变项，如图 5-19 所示，默认的渐变选项有 15 个。单击【预设渐变填充】面板右上角的 ⊙ 按钮，弹出的下拉菜单中的命令与前面所学习的【画笔】调板菜单相似，读者可以对照学习，这里不再详细介绍。
- 在工具选项栏中，可选择不同类型的渐变，包括【线性渐变】▭、【径向渐变】▭、【角度渐变】▭、【对称渐变】▭和【菱形渐变】▭。这些渐变工具的使用方法相同，但产生的渐变效果不同。

以使用"黄色、紫色、橙色、蓝色"渐变项为例，上述 5 种渐变效果如图 5-20 所示，图中的白色箭头表示鼠标光标拖曳的方向和距离。

Photoshop CC 还专门提供了让用户自己编辑需要的渐变项的功能。在工具箱中选择 ▭ 工具，单击选项栏中的 ▭ 的颜色条部分，弹出的【渐变编辑器】对话框如图 5-21 所示。通过设置【渐变编辑器】对话框中的各个选项及参数，可以产生不同的渐变效果。

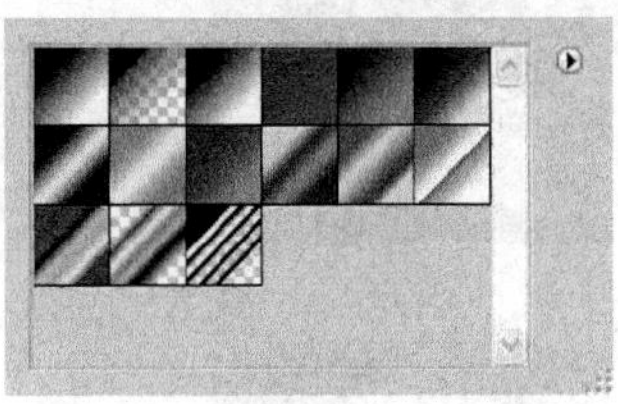

图5-19 【预设渐变填充】面板

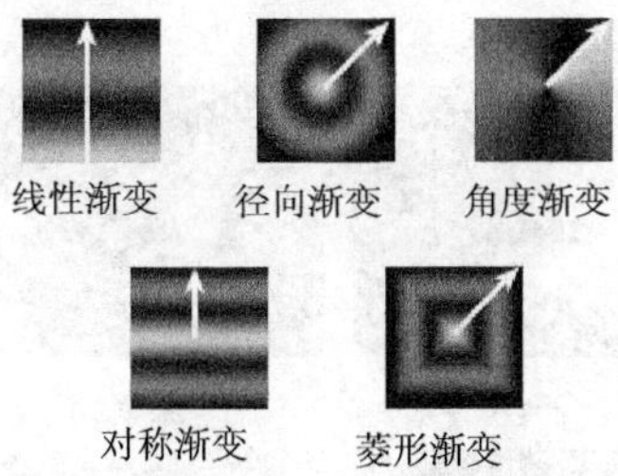

图5-20 几种渐变效果

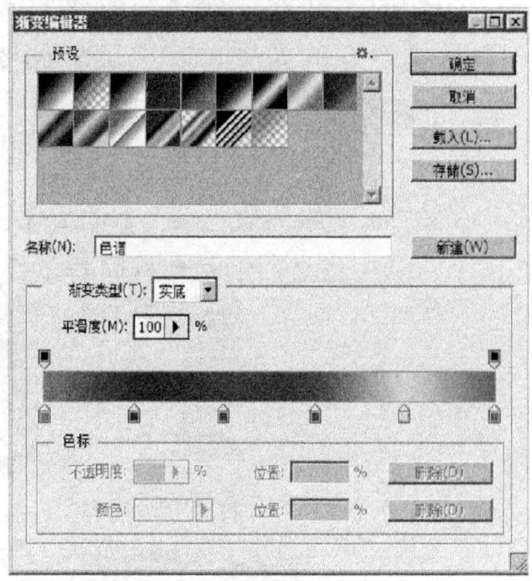

图5-21 【渐变编辑器】对话框

二、 【油漆桶】工具

在工具箱中选择【油漆桶】工具 ▭，可以在图像中填充前景色或图案。它按照图像中像素的颜色进行填充色处理，填充范围是与鼠标光标落点所在像素点的颜色相同或相近的像素点。在工具箱中选择 ▭ 工具后，其选项栏如图 5-22 所示。

图5-22 【油漆桶】工具选项栏

5.1.4 【历史记录画笔】工具和【历史记录艺术画笔】工具

利用【历史记录画笔】工具 ▭ 和【历史记录艺术画笔】工具 ▭，可以在图像中将新绘制的部分恢复到【历史记录】调板中的"恢复点"处的画面。其快捷键为 Y 键，反复按 Shift+Y 键可以实现这两种工具间的切换。

一、【历史记录画笔】工具

【历史记录画笔】工具的功能有点类似【历史记录】调板，也可以撤消前面的操作，其选项栏如图 5-23 所示。其中的选项在介绍其他工具时已经全部介绍过了，此处不再重复。

图5-23　【历史记录画笔】工具选项栏

在【历史记录】调板中设置好恢复点的位置，使用工具在图像中拖曳，即可将鼠标拖过的部分恢复到恢复点的状态。利用工具在恢复图像时优于【历史记录】调板，可以有选择地擦除多余的操作。用户可以在局部拖曳鼠标光标进行恢复；或在建立的选区内进行恢复；也可以通过修改【历史记录】调板中恢复点的位置，将一幅图像的不同部分恢复到不同的状态。

二、【历史记录艺术画笔】工具

【历史记录艺术画笔】工具的使用方法与工具基本相同，只是使用工具恢复图像时，在将图像恢复到恢复点处效果的同时对图像像素进行了移动和涂抹，使图像产生一种被涂花的效果。其选项栏如图 5-24 所示。

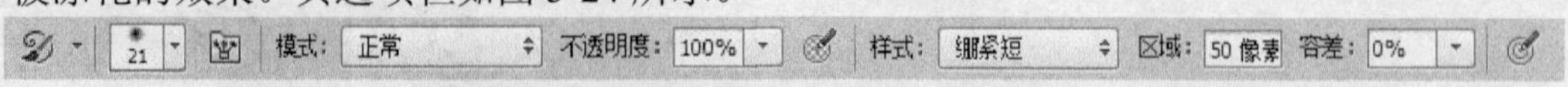

图5-24　【历史记录艺术画笔】工具选项栏

- 样式: 绷紧短 :【样式】下拉列表中包含 10 种移动和涂抹图像像素的方式。图 5-25 所示为不同样式的涂抹效果。

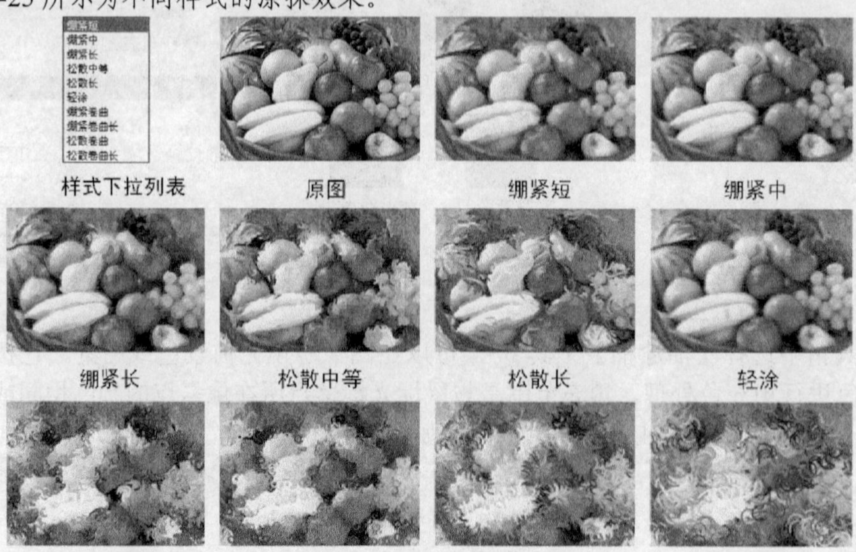

图5-25　各种样式的涂抹效果

- 区域: 50 像素 : 在该文本框中设置进行移动和涂抹操作的像素范围。
- 容差: 0% : 在该文本框中设置当前图像与恢复点图像颜色间有多大的差异，以便进行移动和涂抹。【容差】值为“0”时，可在图像中的任何地方进行移动和涂抹；【容差】值较大时，则只在与恢复点颜色明显不同的区域进行移动和涂抹。

练习使用【历史记录画笔】工具

本练习将利用【历史记录画笔】工具制作一种简单的艺术照效果。原图和最终效果如图 5-26 所示。

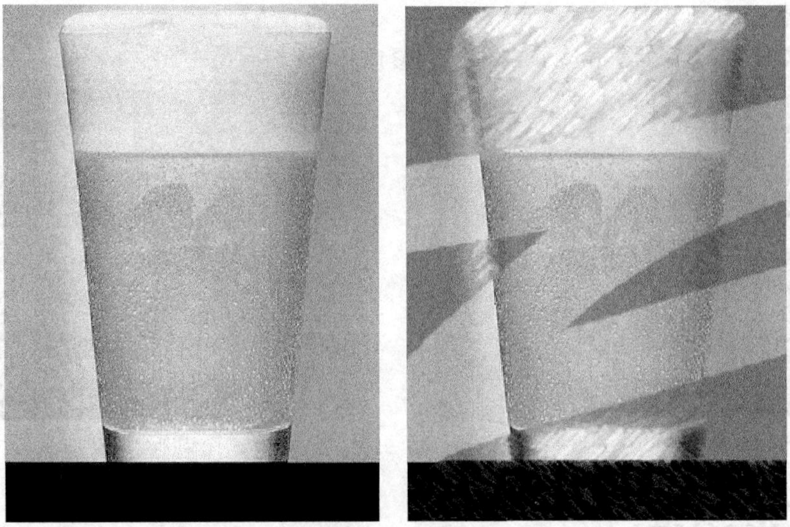

图5-26　原图和最终效果

1. 打开本书配套光盘“Map”目录下的“啤酒杯.jpg”文件。
2. 选择【滤镜】/【滤镜库】/【素描】/【粉笔和炭笔】命令，弹出【粉笔和炭笔】对话框，参数的设置如图 5-27 所示。

图5-27　【粉笔和炭笔】对话框

3. 单击【粉笔和炭笔】对话框中的 确定 按钮，滤镜效果如图 5-28 所示。

此时【历史记录】调板中恢复点的位置在原图上。

4. 选择工具，在选项栏的中选择圆形画笔，并将画笔的【主直径】值设置为“50”，【硬度】值设置为“100”。
5. 在图像窗口中以“Z”字形拖曳鼠标光标，将画笔拖曳轨迹内的图像恢复到原图效果，如图 5-29 所示。
6. 选择【文件】/【存储】命令，将做好的修改保存。

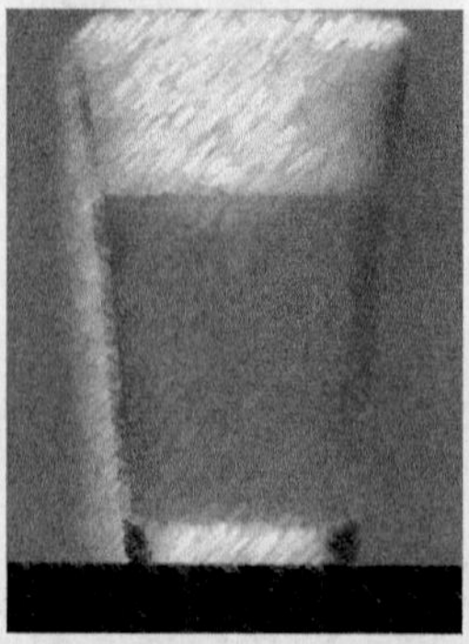

图5-28 【粉笔和炭笔】滤镜效果

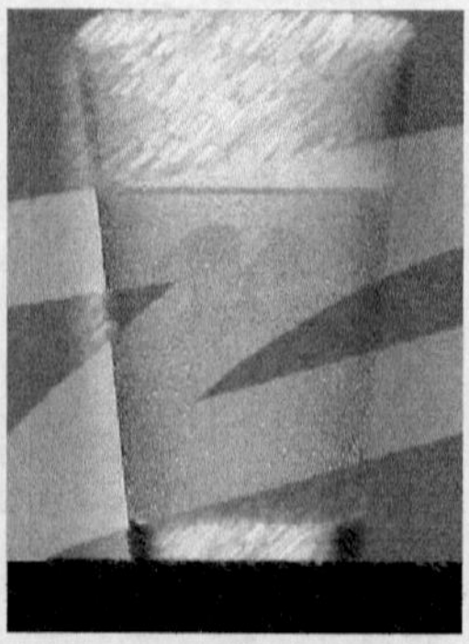

图5-29 最终效果

5.1.5 修复工具组

Photoshop CC 加强了照片处理的功能。在工具箱中专门用于修复旧照片的工具有 5 个，包括【污点修复画笔工具】、【修复画笔工具】、【修补工具】、【内容感知移动工具】和【红眼工具】，如图 5-30 所示。工具和工具主要用于在保持原图像明暗效果不变的情况下消除图像中的杂色、斑点，工具主要用于处理照片中出现的红眼问题。

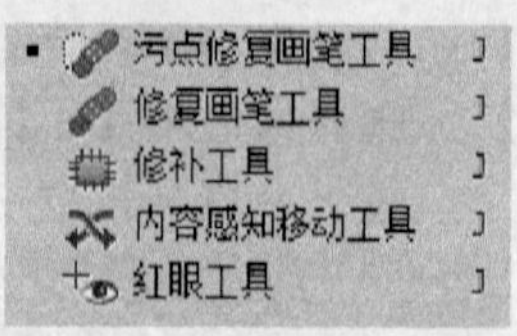

图5-30 修复工具

这 5 个工具的快捷键为 J 键，反复按 Shift+J 键可以在这 5 个工具间进行切换。

下面分别介绍这 5 种工具的选项和使用方法。

一、【污点修复画笔】工具

使用【污点修复画笔】工具可以快速移除照片中的污点、划痕和其他不理想部分。工具将自动从所修饰区域的周围取样，使用取样点周围图像或图案中的样本像素进行绘画，并将样本像素的纹理、光照、透明度和阴影与所修复的像素相匹配。工具常用于对图像中面积相对较小的污点进行修复，如果修饰大片区域或需要更大程度地控制来源取样，则使用【修复画笔】工具效果会更好。其选项栏如图 5-31 所示。

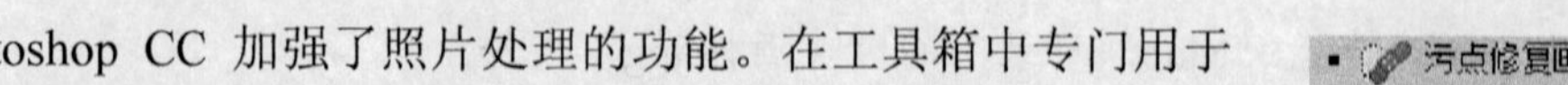

图5-31 【污点修复画笔】工具选项栏

二、【修复画笔】工具

【修复画笔】工具和【污点修复画笔】工具类似，但是【修复画笔】工具是用指定的图像取样点来修复图像中的缺陷，或复制预先设置好的图案至需要修复的位置，且将复制过来的图像或图案边缘虚化，并与要修复的图像按指定的模式进行混合。混合的图像不改变需要修复图像的明暗，从而达到最佳的修复效果。其选项栏如图 5-32 所示。

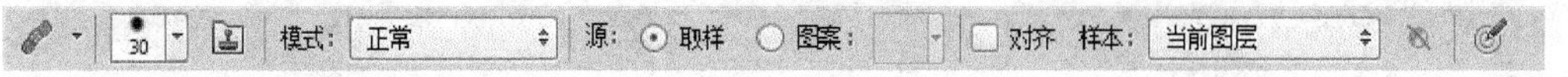

图5-32 【修复画笔】工具选项栏

【源】：有两个可选项。点选【取样】单选项，是利用从图像中定义的图像进行修复；点选【图案】单选项，是利用右侧的【图案】面板中的图案对图像进行修复。

在进行污损照片的处理时，工具主要用于消除图像中小范围内的杂点、划痕或者污渍等。但工具不仅能用于污损照片的处理，还可以用于其他方面。本小节将做一个简单的练习来学习工具的使用。

修复图像练习

将图像中右侧人物T恤的图案去除，修复前后的效果如图5-33所示。

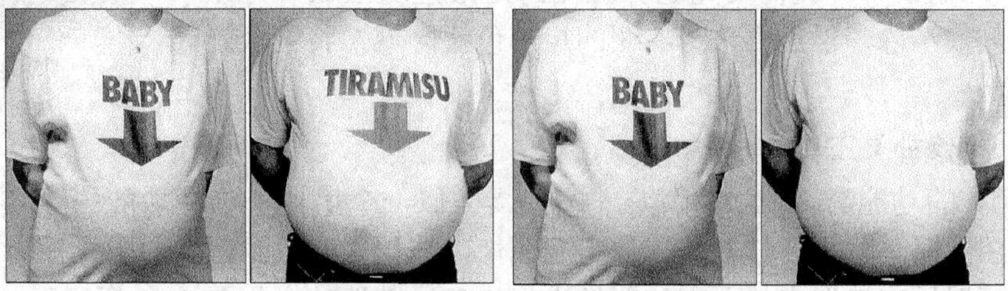

图5-33 修复前后的效果

1. 打开本书配套光盘"Map"目录下的"修复工具01.jpg"文件。
2. 选择工具，单击工具选项栏中的按钮，弹出【笔刷】设置面板，参数的设置如图5-34所示。
3. 按住 Alt 键，鼠标光标变为形状，表示将指定取样点。参照图5-35所示在图像上要取样的部分单击。

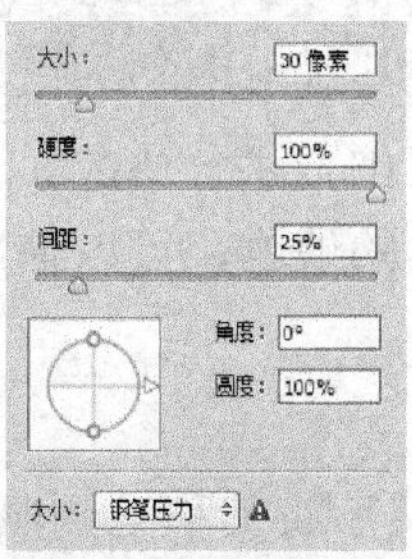

图5-34 【笔刷】设置面板

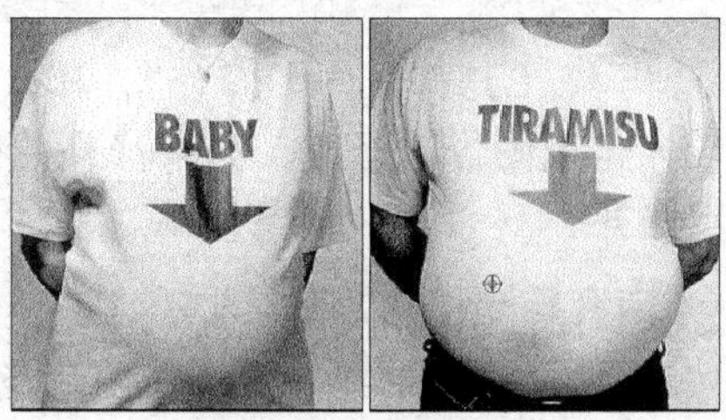

图5-35 指定取样点

4. 释放 Alt 键，将鼠标光标移到需要修复的位置，按下鼠标左键并拖曳，状态如图5-36所示。
5. 以相同的方式修复图像，可以在修复的过程中多次重新指定取样点。
6. 图像修复后的效果如图5-37所示。

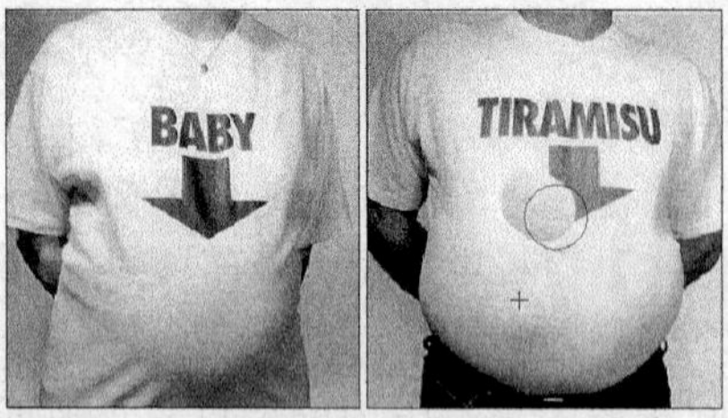

图5-36　拖曳鼠标指针的状态

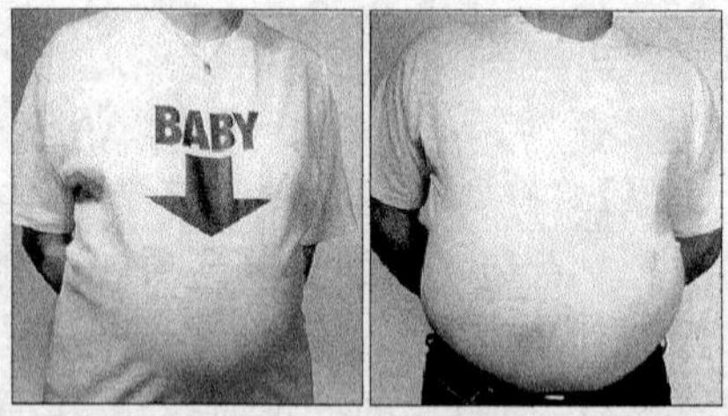

图5-37　修复后的效果

7. 选择【文件】/【存储】命令，将所做的修改保存。

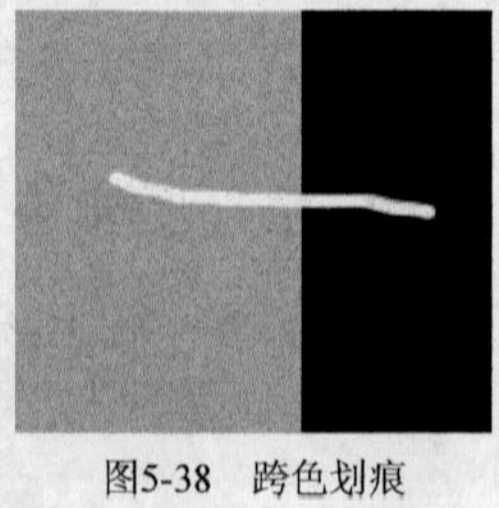

图5-38　跨色划痕

使用工具修复图像时，如果需要处理跨越了两种以上不同颜色或图像的杂点、划痕时，要分别选择划痕的不同部分进行修复，以免造成不同的颜色和图像互相混杂。例如当要处理如图 5-38 所示的划痕时，就需要先选择左侧的矩形色块区域，将该区域内的划痕清除，然后再选择右侧的矩形色块区域，将剩余划痕清除。

三、【修补】工具

工具的功能与工具相似，工具类似一个增加了选择功能的工具。使用工具修补图像时，称需要修补的图像为源图像，把用来修改源图像的图像称为目标图像。

工具可以用来选取大片面积的图像进行修复，其选项栏如图 5-39 所示。

图5-39　【修补】工具选项栏

【新选区】按钮、【添加到选区】按钮、【从选区减去】按钮、【与选区交叉】按钮的功能与选框工具选项栏中按钮的功能相同，此处不再赘述。

> 要点提示　使用工具在图像中建立选区后，从当前选区内开始拖曳鼠标光标是直接进行修补操作，从当前选区外开始拖曳鼠标光标是根据上述 4 个按钮的选择对当前选区进行修改。

工具和工具都是用于修补图像的，工具主要用于对细节进行修改，工具主要用于对较大范围图像的修改。如果修补的图像有些过渡不自然的地方，可以使用工具再做进一步修补。

四、【内容感知移动】工具

使用工具可以简单到只需选择照片场景中的某个物体，然后将其移动到照片中其他需要的位置就可以实现复制，复制后的边缘会自动柔化处理，跟周围环境融合，经过 Photoshop CC 的计算，便可以完成极其真实的合成效果。

在工具箱中选择工具后，其选项栏如图 5-40 所示。

图5-40　【内容感知移动】工具选项栏

五、【红眼】工具

【红眼】工具使用前景色对图像中特定的颜色进行替换。在用于照片处理时，该工具常用来校正图像中较小图像的偏色，例如在拍摄夜间的照片时，人或动物的眼睛经常会因为反光出现红色，被称为“红眼”。使用工具可以方便地消除红眼问题，也可以移除用闪光灯拍摄的动物照片中的白色或绿色反光。工具不能在颜色模式为“位图”、“索引”或“多通道”模式的图像中使用。

在工具箱中选择工具后，其选项栏如图 5-41 所示。

图5-41 【红眼】工具选项栏

5.1.6 图章工具组

图章工具组包括【仿制图章】工具和【图案图章】工具，它们主要是通过在图像中选择印制点或设置图案对图像进行复制。其快捷键为S键，反复按Shift+S键可以实现这两种图章工具间的切换。

一、【仿制图章】工具

利用【仿制图章】工具可以准确复制图像的一部分或全部。工具的操作方法与工具相似，按住 Alt 键不放，单击在图像中要复制的部分，即可取得这部分作为样本，在目标位置处单击或拖曳鼠标光标，即可将取得的样本复制到目标位置。其选项栏如图 5-42 所示。

图5-42 【仿制图章】工具选项栏

在进行不对齐复制时，如果想再复制其他部分的图像，只要按住Alt键，在需要复制的图像上重新定义一个起点就可以了。

利用工具复制图像可以在一幅图像中进行，也可以在多幅图像间进行。

练习使用【仿制图章】工具

利用【仿制图章】工具，将图像中左侧人物 T 恤的图案仿制到右侧人物 T 恤上。仿制前后的效果如图 5-43 所示。

1. 打开本书配套光盘“Map”目录下的“仿制工具 02.jpg”文件。
2. 选择工具，单击工具选项栏中的按钮，弹出【笔刷】面板，参数的设置如图 5-44 所示。

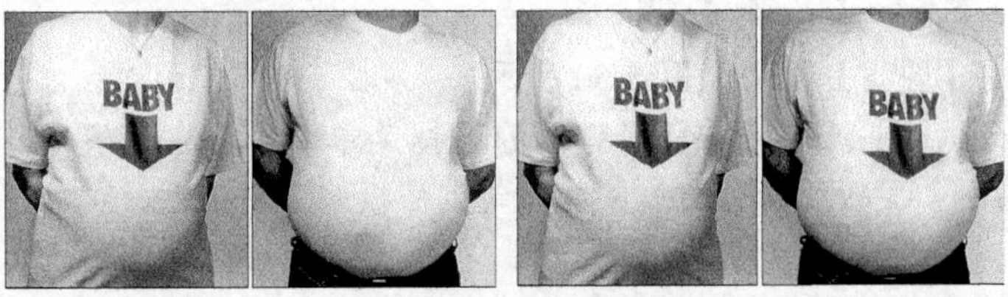

图5-43 仿制前后的效果

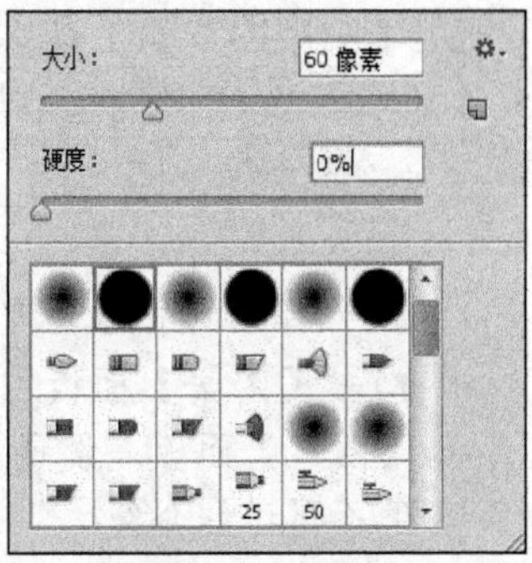

图5-44 【笔刷】面板

要点提示　在进行图像复制的过程中，如果感到正在使用的笔型过大或过小，可以根据实际情况随时在选项栏上更换适当大小的画笔。选用带虚边的画笔，可以使复制图像效果与原图结合得更加自然。

3. 按住 Alt 键，鼠标光标变为⊕形状时，表示将指定取样点，如图 5-45 所示，单击在图像上要取样的部分。
4. 释放 Alt 键，将鼠标光标移到需要修复的位置，按下鼠标左键并拖曳，仿制状态如图 5-46 所示。

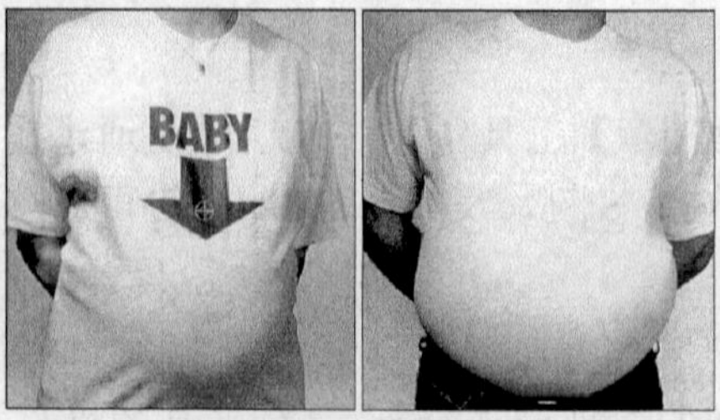

图5-45　指定取样点

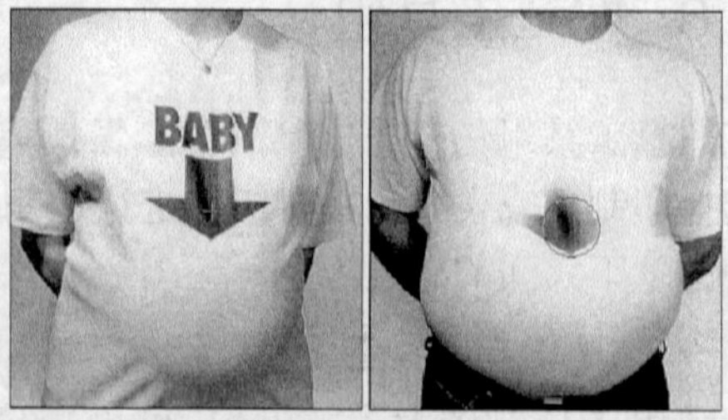

图5-46　仿制状态

5. 按住鼠标左键拖曳，直到图案完全仿制到右侧人物 T 恤上时再释放鼠标左键，如图 5-47 所示，完成仿制。

要点提示　在进行复制时，注意观察图像窗口中有一个“十”字形光标，工具就是将该图标所在位置的图像复制到当前鼠标光标所在的位置上。

6. 图像仿制后的效果如图 5-48 所示。

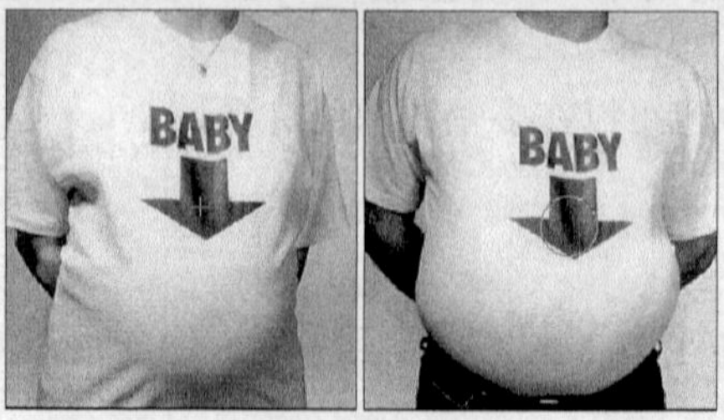

图5-47　仿制状态

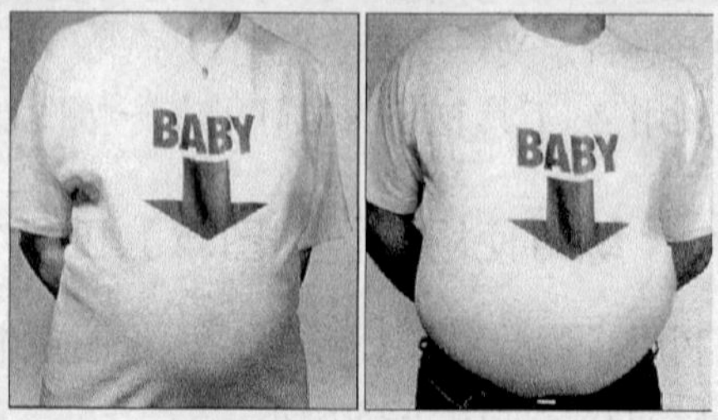

图5-48　最终效果

7. 选择【文件】/【存储】命令，将所做的修改保存。

二、【图案图章】工具

使用【图案图章】工具不是复制图像中的内容，而是复制已有的图案，其选项栏如图 5-49 所示。工具的选项与工具相近，这里只介绍它们之间不同的内容。

图5-49　【图案图章】工具选项栏

- ：单击该按钮，弹出的【图案】面板如图 5-50 所示。
- 单击【图案】面板右上角的按钮，可以利用弹出的下拉菜单中的命令设置【图案】面板。设置【图案】面板的命令与设置【画笔】面板的命令相近，这里不再详细介绍。
- 对齐：勾选该复选项，在图像窗口中多次拖曳鼠标光标，复制的图案整齐排列，如图 5-50 左侧的图像所示。不勾选该复选项，在图像窗口中多次拖曳鼠标光标，复制的图案将无序地散落在图像窗口中，如图 5-51 右侧的图像所示。

- □印象派效果：勾选该复选项，复制的图案会产生扭曲模糊的效果。

使用工具可以将选定的图案复制到一幅或多幅图像文件中，并且在复制的过程中可以随时在选项栏中的【图案】面板中选择其他图案。

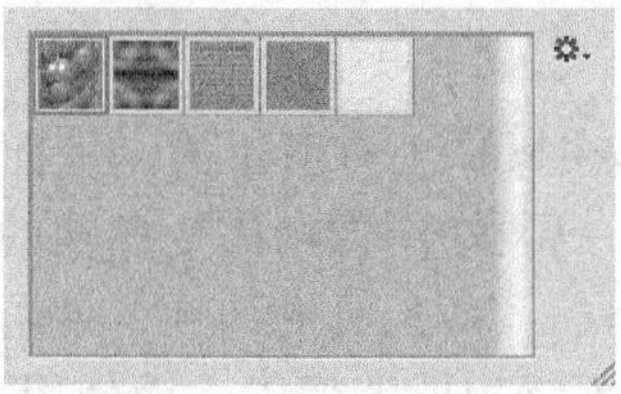

图5-50 【图案】面板

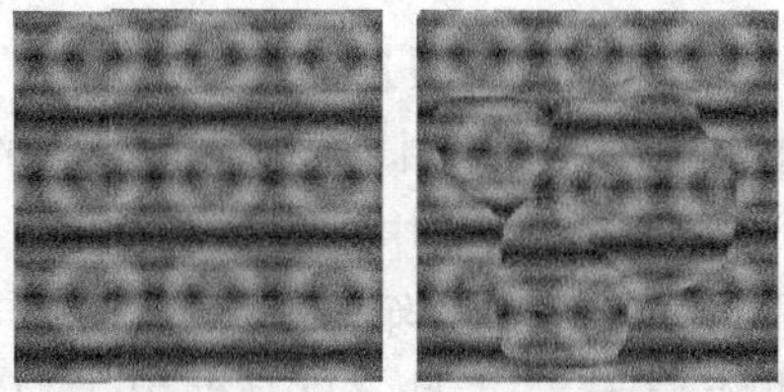

图5-51 是否勾选【对齐】复选项对复制图像的影响

三、 自定义图案

Photoshop CC 中提供的图案并不多，为了方便用户使用，Photoshop CC 还专门提供了让用户自定义图案的功能。自定义图案的操作过程非常简单，其基本操作步骤如下。

1. 打开一幅要选择定义图案的图像。
2. 选择工具，在选项栏中将其【羽化】值设置为“0 px”。
3. 在图像中选择要定义图案的部分。
4. 选择【编辑】/【定义图案】命令，在弹出的【图案名称】对话框中设置新定义图案的名称。
5. 单击【图案名称】对话框中的“确定”按钮，即可将选区内的图像定义为新的图案。

此时在工具选项栏的【图案】面板中即可看到新定义的图案了。

要点提示 定义图案有两个必要的条件：一是必须建立矩形选区，二是选区的【羽化】值必须是“0 px”。

5.1.7 橡皮擦工具组

Photoshop CC 工具箱中的【橡皮擦】工具、【背景橡皮擦】工具和【魔术橡皮擦】工具位于同一位置，它们的主要功能是在图像中清除不需要的图像像素，以对图像进行修整。其快捷键为E键，反复按Shift+E键可以实现这 3 种橡皮擦工具间的切换。

一、 【橡皮擦】工具

【橡皮擦】工具是基本的擦除工具，它的功能就像橡皮。使用工具时，如果当前层是背景层，那么被擦除的图像位置显示为背景色，这时可以把【橡皮擦】工具看成是使用背景色作画的绘画工具。如果当前层是普通图层，被擦除的图像位置显示为透明效果。在工具箱中选择工具，选项栏如图 5-52 所示。

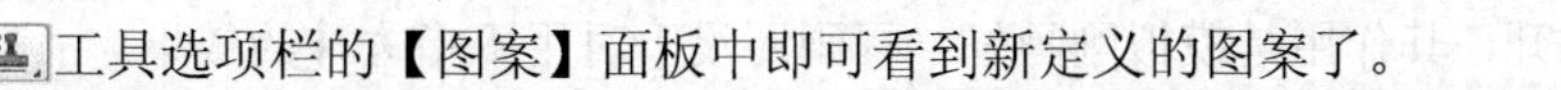

图5-52 【橡皮擦】工具选项栏

前面已经练习过工具和工具的使用方法，这里就不再介绍工具的操作方法，工具也是较常用的工具之一，读者可以自己练习。

二、 【背景橡皮擦】工具

使用【背景橡皮擦】工具，可以将图像中特定的颜色擦除。擦除时，如果当前层是背景层，Photoshop CC 自动将其转换为普通层，也就是说，使用工具可以将图像擦除至透明。在工具箱中选择工具，其选项栏如图 5-53 所示。

图5-53　【背景橡皮擦】工具选项栏

三、　【魔术橡皮擦】工具

【魔术橡皮擦】工具与前面介绍的两种橡皮擦工具在操作上有所不同，上面两种橡皮擦工具通常是在图像中拖曳鼠标光标，而使用工具，只要在图像中需要擦除的颜色上单击，即可在图像中擦除与鼠标光标落点处颜色相近的像素。工具的选项、使用方法和功能有些类似于工具，只是使用工具是擦除图像中颜色相近的像素，而使用工具则是选择图像中颜色相近的像素。在工具箱中选择工具，其选项栏如图 5-54 所示。

图5-54　【魔术橡皮擦】工具选项栏

5.1.8　【模糊】工具、【锐化】工具和【涂抹】工具

【模糊】工具主要用来对图像进行柔化模糊，减少图像的细节。

【锐化】工具主要用来对图像进行锐化，增强图像中相邻像素之间的对比，提高图像的清晰度。

选择工具箱中的【涂抹】工具，在图像中单击并拖曳鼠标光标，可以将鼠标光标落点处的颜色抹开，其作用是模拟刚画好一幅画还没干时用手指去抹的效果。

它们的快捷键为 R 键，反复按 Shift+R 键，可以在这 3 个工具之间进行切换。

在工具箱中选择工具，其选项栏如图 5-55 所示。

图5-55　【模糊】工具选项栏

选项栏上的【强度】值决定每当拖曳鼠标光标时可以使图像达到的模糊程度，其他选项都比较简单，不再详细介绍。

工具和工具的选项栏与工具基本相同，只是工具的选项栏中多了一个【手指绘画】的选项。勾选【手指绘画】复选项，相当于用手指蘸着前景色在图像上涂抹。

使用工具、工具和工具对图像进行调整的效果如图 5-56 所示，由左至右分别是原图效果、模糊效果、锐化效果和涂抹效果。

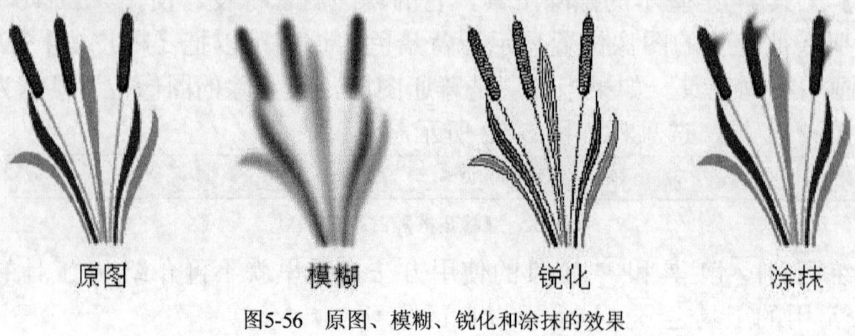

原图　　模糊　　锐化　　涂抹

图5-56　原图、模糊、锐化和涂抹的效果

5.1.9 【减淡】工具、【加深】工具和【海绵】工具

【减淡】工具主要用于对图像的阴影、半色调及高光等部分进行提亮加光处理。

【加深】工具主要用于对图像的阴影、半色调及高光等部分进行遮光变暗处理。

【海绵】工具主要用于对图像进行变灰或提纯（就是使图像颜色更加鲜艳）处理。

它们的快捷键为 O 键，反复按 Shift+O 键，可以实现这 3 个工具之间的切换。

在工具箱中选择工具，其选项栏如图 5-57 所示。

图5-57 【减淡】工具选项栏

工具选项的【曝光度】值决定一次操作对图像的提亮程度。

工具的选项栏与工具的基本相同，只是它的【曝光度】值决定一次操作对图像的遮光程度。选择这两个工具后在画面上单击并拖动鼠标光标涂抹，即可处理图像的曝光度。

【海绵】工具可以精确地修改色彩的饱和度，在工具箱中选择工具，其选项栏如图 5-58 所示。

图5-58 【海绵】工具选项栏

要点提示

在进行提亮操作时，工具选项栏中的【曝光度】值可以先设置为“50%”，在图像中拖曳鼠标光标时，注意不要在图像上重复拖曳多次，那样会将图像修改得过亮。第一遍提亮后，如果觉得亮度不够，可以将【曝光度】值再修改得小一些，然后再在图像上拖曳一次。重复上面的操作，直到取得令人满意的亮度为止。

5.2 范例解析——影视海报制作

本节将通过影视海报的制作，向读者介绍各种绘画工具和修饰工具的使用。本例中用到的工具主要有【画笔】、【铅笔】、【渐变】、【加深】和【减淡】等，另外还涉及【滤镜】菜单中的相关命令和文字的相关命令。其中大部分命令都是需要长时间使用才能熟练掌握，希望读者平时多加强练习，在创作中得到更佳效果。该例的最终效果如图 5-59 所示。

图5-59 影视海报最终效果

1. 选择【文件】/【新建】命令或按 Ctrl+N 键，弹出【新建】对话框，设置【名称】为“影视海报”，其他各选项如图 5-60 所示，单击 确定 按钮。
2. 选择【文件】/【存储为】命令或按 Ctrl+Shift+S 键，将当前图像命名为“影视海报.psd”保存。
3. 选择工具或按 M 键，选中如图 5-61 所示的区域。

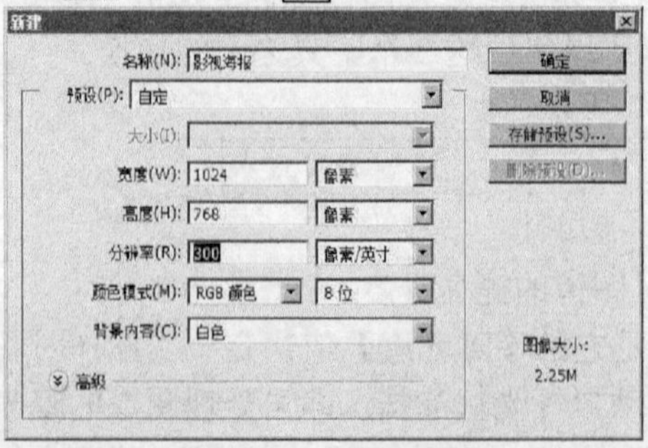

图5-60　【新建】对话框

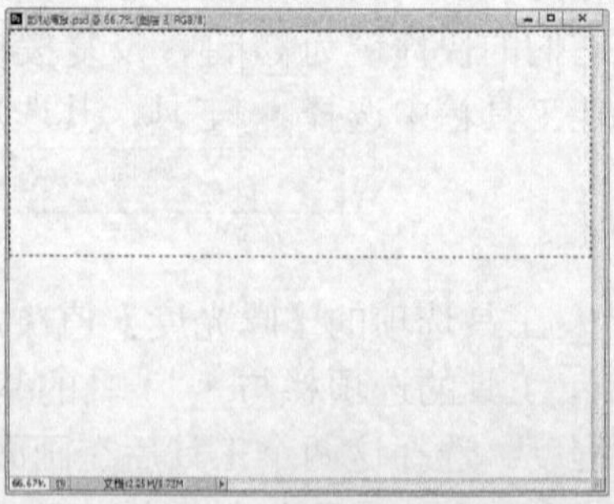
图5-61　选中的区域

4. 选择工具或按 G 键，这时鼠标光标变成“十”字形状，在选项栏中单击右侧的三角形，弹出如图 5-62 所示的【预设渐变填充】面板，选择“黑色、白色”渐变选项。
5. 在选项栏中单击按钮，设置【模式】为“正常”，【不透明度】设为“50%”，其他设置不变。
6. 按住鼠标左键，同时按住 Shift 键，从选区上边缘拉曳到下边缘，效果如图 5-63 所示。按 Ctrl+D 键取消选区，然后以同样的方法制作出图像下方的渐变，如图 5-64 所示。

图5-62　【预设渐变填充】面板

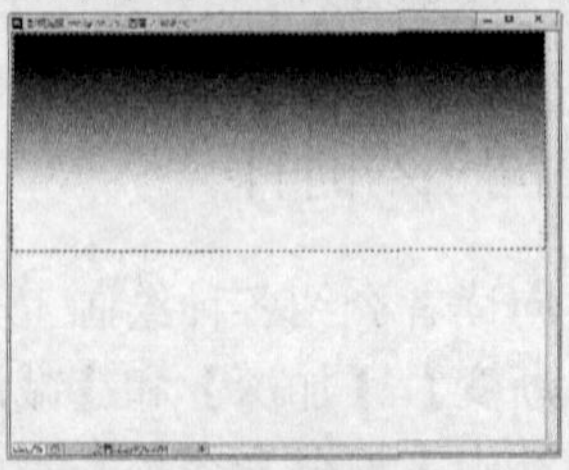
图5-63　填充上方渐变

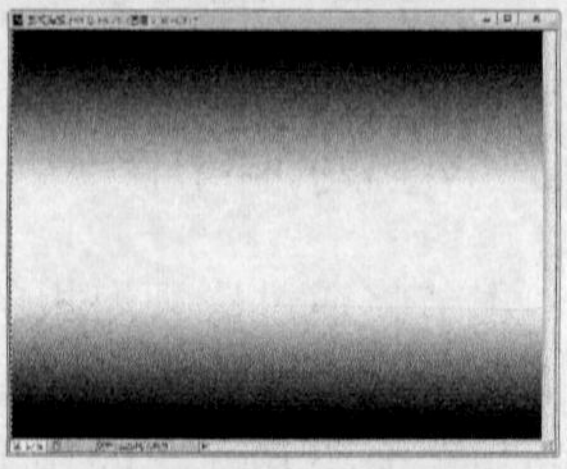
图5-64　填充下方渐变

要点提示

在渐变填充中，同时按住 Shift 键能够保证在水平或竖直方向上渐变。使用【铅笔】工具、【画笔】工具或【仿制图章】工具组、【橡皮擦】工具组、【模糊】工具组、【减淡】工具组中的工具时，Shift 键能够起到“尺子”的作用。例如在使用【铅笔】工具时，如果按住鼠标左键拖曳的过程中同时按住 Shift 键，绘制的线将为水平或竖直方向的，如图 5-65 中的“1”所示；如果在使用【铅笔】工具确定起点和终点的过程中同时按住 Shift 键，起点与终点将是直线，如图 5-65 中的“2”所示。

7. 选择工具或按 O 键，选项栏设置如图 5-66 所示。

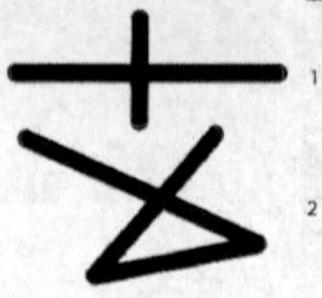

图5-65　Shift 键的使用

图5-66　【减淡】工具选项栏参数设置

8. 在图像中拖曳鼠标光标绘制出的效果如图 5-67 所示。

9. 选择工具或按Shift+O键，选项栏的设置如图 5-68 所示。

图5-67　绘制出的效果

图5-68　【加深工具】选项栏参数设置

10. 在图像中拖曳鼠标光标，绘制出如图 5-69 所示的效果，让画面更有层次感。

图5-69　利用工具绘制出的效果

11. 选择工具或按 B 键，选项栏参数的设置如图 5-70 所示，单击【画笔】按钮，弹出【画笔】面板，如图 5-71 所示。选择“大油彩蜡笔”画笔，设置【大小】为“150 px”。

图5-70　【画笔】工具选项栏参数设置

12. 按住鼠标左键在图像中拉曳，效果如图 5-72 所示。

图5-71　【画笔】面板

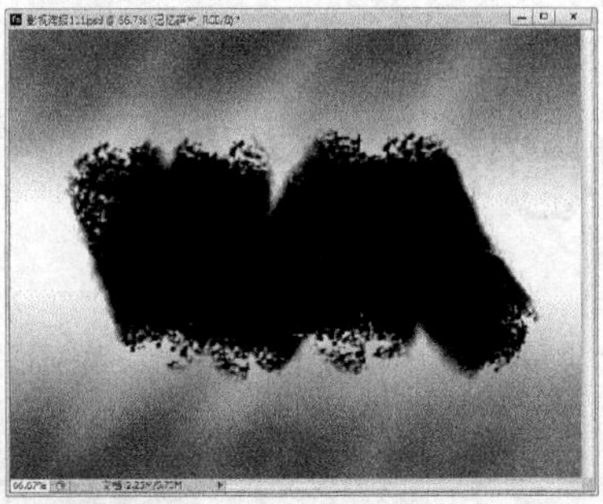

图5-72　利用【画笔】工具拖曳出的效果

13. 选择【滤镜】/【锐化】/【USM 锐化】命令，弹出【USM 锐化】对话框，各选项的设置如图 5-73 所示，单击 确定 按钮。选择【USM 锐化】滤镜之后的图像效果如图 5-74 所示。

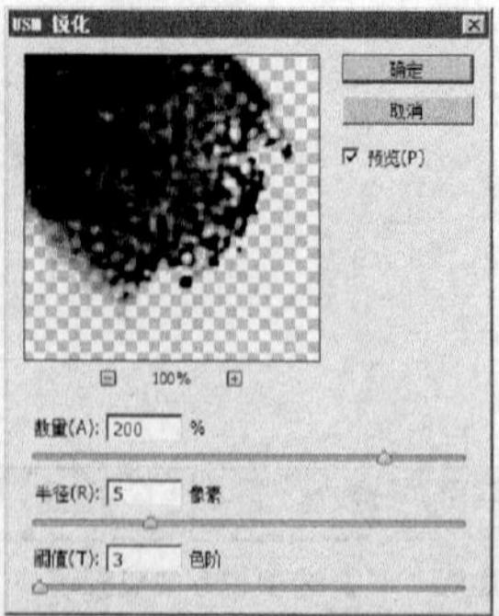

图5-73　【USM 锐化】对话框

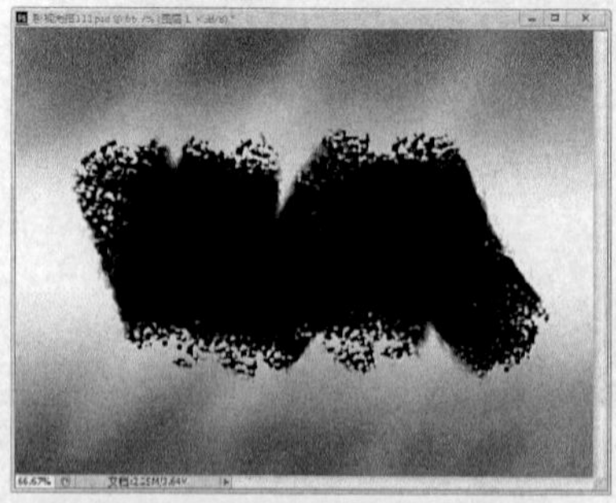

图5-74　【USM 锐化】滤镜效果

14. 选择【文件】/【新建】命令或按 Ctrl+N 键，弹出【新建】对话框，设置【名称】为“记忆碎片”，其他参数的设置如图 5-75 所示，单击 确定 按钮。

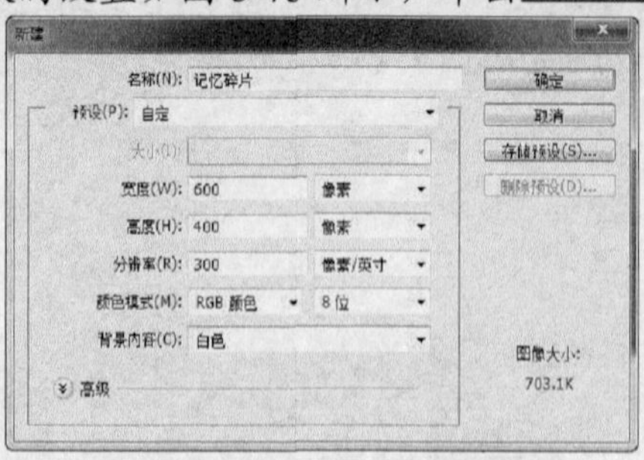

图5-75　【新建】对话框

15. 选择 T 工具或按 T 键，确定前景色为黑色，输入文字“记忆碎片”，单击选项栏中的【提交所有当前编辑】按钮 ✓，效果如图 5-76 所示。

要点提示 选择【提交所有当前编辑】命令后，按 Ctrl+T 键并配合 Shift 和 Alt 键，可改变文字的大小。

16. 选择【编辑】/【定义画笔预设】命令，弹出【画笔名称】对话框，如图 5-77 所示。在【名称】文本框中输入“记忆碎片”，单击 确定 按钮。

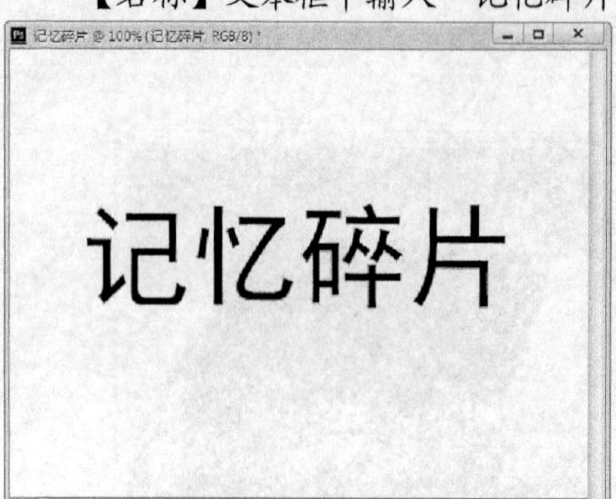

图5-76　输入文字

图5-77　【画笔名称】对话框

17. 选择【文件】/【存储为】命令或按 Ctrl+Shift+S 键，将当前图像命名为“记忆碎片.psd”保存，然后单击【关闭】按钮 。
18. 返回“影视海报”图像区域，读者可以尝试用不同的工具绘制出如图 5-78 所示的“记忆碎片”效果。

要点提示 使用绘画工具时，单击鼠标右键，可弹出【画笔】面板，用户在绘制过程中可随时改变【主直径】的大小。也可以随时改变选项栏中的参数设置及前景色和背景色，以绘制出不同灰度、不同大小和有层次感的“记忆碎片”。

19. 选择【滤镜】/【风格化】/【凸出】命令，弹出【凸出】对话框，其参数的设置如图 5-79 所示，单击 确定 按钮。

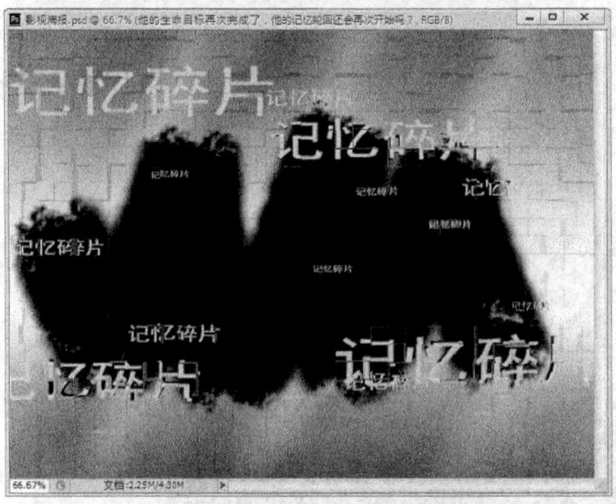

图5-78 使用绘画工具绘制“记忆碎片”

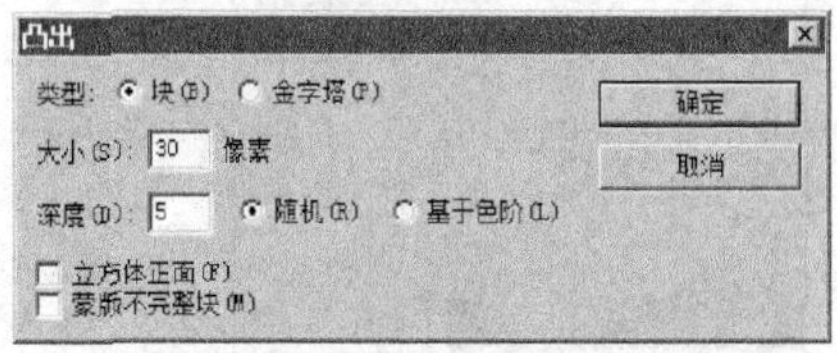

图5-79 【凸出】对话框设置

20. 选择【凸出】滤镜命令后的效果如图 5-80 所示。

图5-80 【凸出】滤镜效果

21. 选择 T 工具或按 T 键，确定前景色为白色，选项栏的设置如图 5-81 所示。

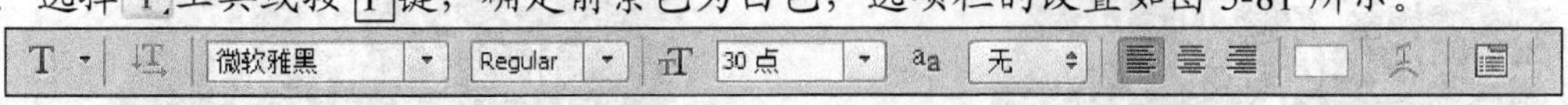

图5-81 【横排文字】工具选项栏

22. 再次输入“记忆碎片”字样，单击选项栏中的【提交所有当前编辑】按钮 ✓。然后按 Ctrl+T 键，调整数字的大小，并调整位置，效果如图 5-82 所示。
23. 在【图层】调板中，将“记忆碎片”图层复制为“记忆碎片 副本”层，如图 5-83 所示。

24. 选择【图层】/【栅格化】/【文字】命令，将“记忆碎片”图层上的数字栅格化，【图层】调板如图 5-84 所示。

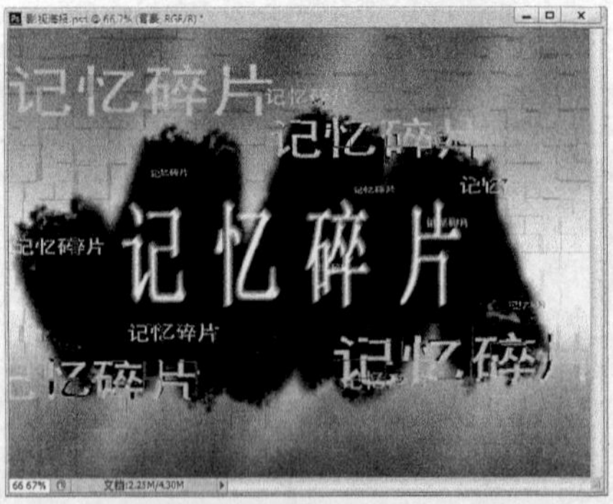

图5-82　输入“记忆碎片”

图5-83　【图层】调板

图5-84　栅格化后的【图层】调板

25. 选择【滤镜】/【模糊】/【动感模糊】命令，弹出【动感模糊】对话框，设置的参数如图 5-85 所示。选择【动感模糊】后的图像效果如图 5-86 所示。

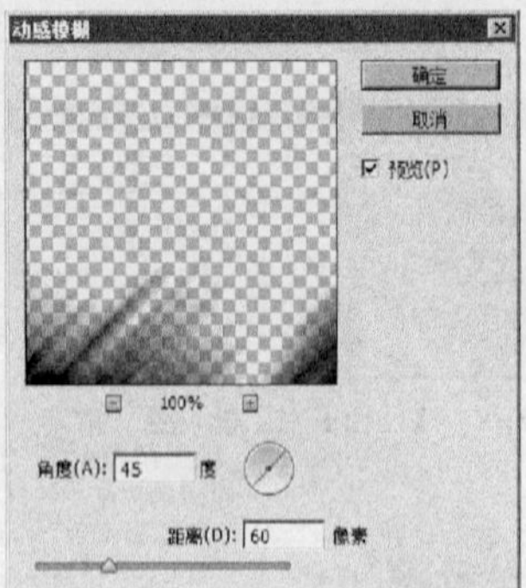

图5-85　【动感模糊】对话框

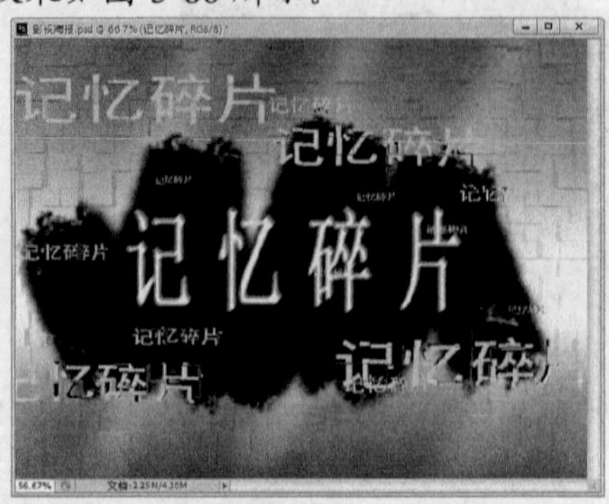

图5-86　【动感模糊】滤镜效果

26. 选择 T 工具或按 T 键，确定前景色为白色，选项栏的设置如图 5-87 所示。输入“Memento”，然后单击 ✓ 按钮。再按 Ctrl+T 键调整文字的大小和位置，效果如图 5-88 所示。

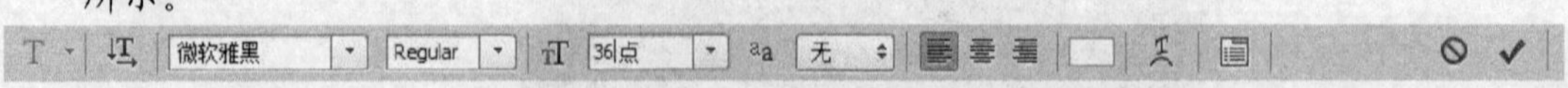

图5-87　【横排文字】工具选项栏设置

27. 以同样的方法分别输入“他的生命目标再次完成了，他的记忆轮回还会再次开始吗？”，大小和位置如图 5-89 所示。

图5-88　输入“Memento”

图5-89　输入其他文字

28. 复制“他的生命目标再次完成了，他的记忆轮回还会再次开始吗？”图层，然后栅格化其中的一个图层，如图 5-90 所示。

29. 选择【滤镜】/【模糊】/【动感模糊】命令，弹出【动感模糊】对话框，设置的参数如图 5-91 所示，然后单击 确定 按钮，最终效果如图 5-92 所示。

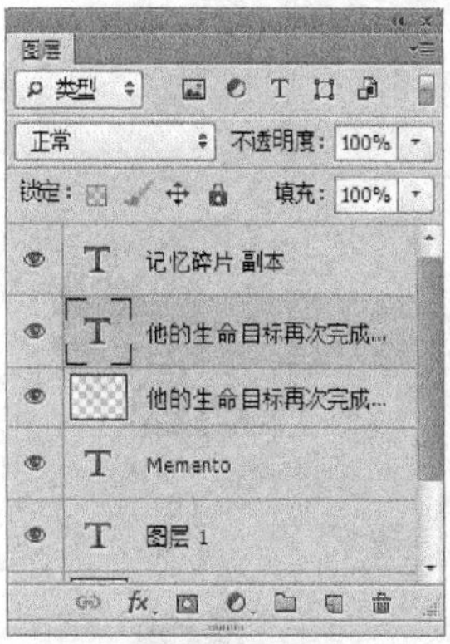

图5-90 栅格化后的【图层】调板

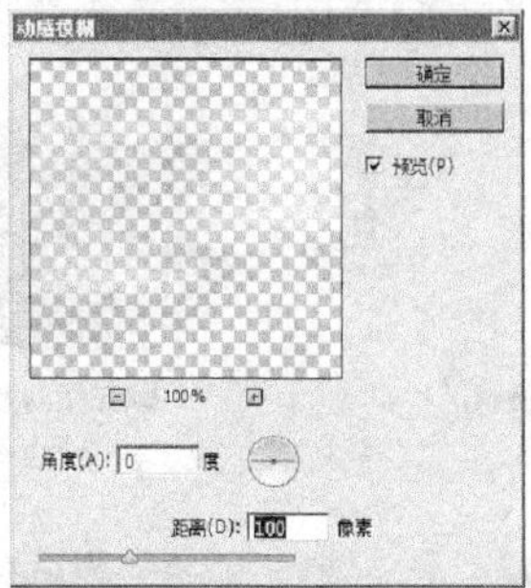

图5-91 【动感模糊】对话框

图5-92 最终效果

30. 选择【文件】/【存储】命令或按 Ctrl+S 键，将上面所做的操作进行保存。

5.3 课堂实训——西瓜图案绘制

下面通过课堂实训再来巩固一下本章所学的知识，加强练习如何运用各种绘画工具及修饰工具绘制出相应的图案或其他效果。

本次实训将学习利用选区创建工具与【渐变】、【加深】、【减淡】等工具绘制西瓜图案，最终效果如图 5-93 所示。

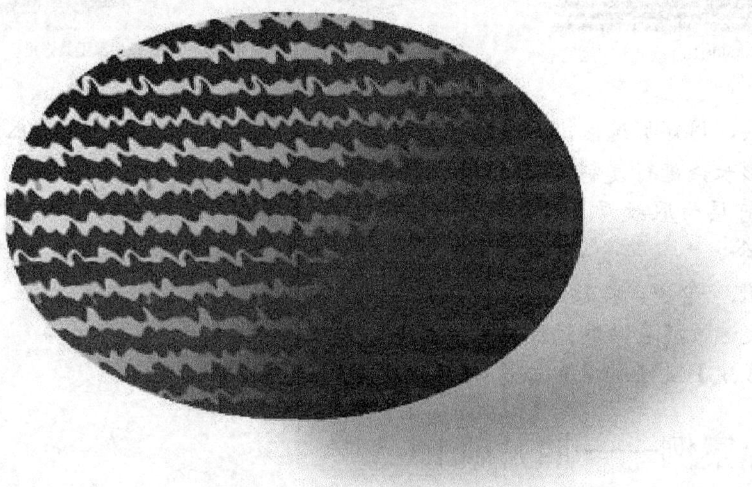

图5-93 绘制完成的西瓜图案效果

本次实训要求读者根据西瓜的光影关系进行西瓜外形的绘制，以达到灵活运用选区创建及编辑工具、绘画及修饰工具的目的。该练习的制作流程示意图如图 5-94 所示。

【操作步骤提示】

1. 新建一个名为“西瓜图案绘制”的图像文件，设置的参数如图 5-94 左上角所示。

2. 新建一个图层，在适当位置绘制椭圆形选区，设置一个深绿灰到白色的径向渐变，使用该径向渐变填充选区。
3. 选择【减淡】工具，设置一个较柔软的笔触，在椭圆右下方涂抹，制作出反光效果。
4. 单击鼠标右键，在弹出的快捷菜单中选择【变换选区】命令，变换为影子的形状。然后将选区羽化。新建一个图层并填充浅灰色。
5. 使用【减淡】及【加深】工具对影子进行修饰，使其变得自然。

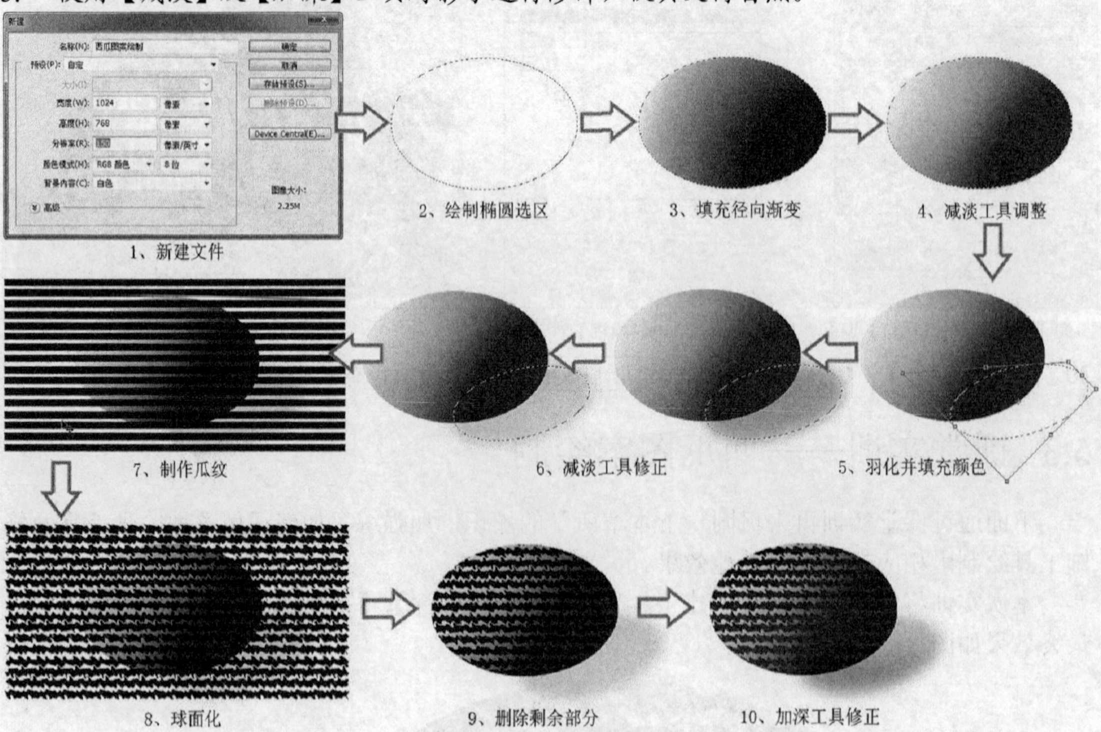

图5-94　制作流程示意图

6. 新建一层，用矩形选区工具画一长条，填充深绿色，这一层用来制作瓜纹。按住 Alt 键拖动矩形长条进行复制。
7. 确定当前层为瓜纹层，按住 Ctrl 键点击瓜体层，将其浮动，执行“滤镜/扭曲/波纹”命令，参数可自定，本例设置大小为“中”，数量为“285”。继续执行“滤镜/扭曲/球面化”命令，参数设为“100%”。
8. 完成后反选，将多余瓜纹删 除。
9. 使用【减淡】及【加深】工具对整体进行修饰，使其变得自然。

5.4 综合案例——照片修饰

用数码相机拍摄的照片，往往存在一些瑕疵，例如斑点、由于遮挡形成的阴影、旁边恰好路过的行人及背景中的垃圾等。这些瑕疵大部分都可以通过 Photoshop CC 来进行修整，从而使照片更加完美。

下面就以一幅高级轿车照片的修改为例，来详细讲解照片的修饰方法。在本例中介绍了去除诸多瑕疵的方法，常用到的工具有【仿制图章】工具、【修补】工具、【模糊】工具和

【污点修复画笔】工具等。该例的最初效果和最终效果如图 5-95 和图 5-96 所示。

【操作步骤提示】

1. 选择【文件】/【打开】命令，打开本书配套光盘“Map”目录下的“高级轿车.jpg”文件，如图 5-95 所示。

图5-95 照片修饰前的最初效果

图5-96 照片修饰后的最终效果

2. 首先处理草地上的“雪糕棍”。选择工具，在“雪糕棍”处连续单击或拖曳鼠标光标，将雪糕棍去除。

要点提示 如果需要修复的区域比较大或要更好的控制来源取样，则需使用【修复画笔】工具。

3. 接下来修整汽车车身上的斑点。按 Ctrl++ 键放大图像，按住空格键拖曳鼠标光标平移图像，如图 5-97 所示。选择工具，在斑点处拖曳鼠标光标，将斑点模糊化，效果如图 5-98 所示。

图5-97 放大图像

图5-98 使用【模糊】工具

4. 使用工具去除地面上的白色斑马线。将鼠标光标移动至没有斑马线的路面上，在按住 Alt 键的同时单击，然后将鼠标光标移动至需要修整的图像上，拖曳鼠标光标即可（效果不满意时可按 Ctrl+Alt+Z 键返回前几步来重新操作）。

该照片的背景比较复杂，下面的操作就来简化背景，从而突出主体。主要使用【仿制图章】工具来去除多余的背景物体。

5. 选择工具，按 Ctrl++ 键放大图像，按照上面的操作方法，去除背景中的一些树木和路灯，效果如图 5-99 和图 5-100 所示。

图5-99　未简化背景的图像

图5-100　简化背景后的图像

6. 使用工具绘制路径，单击【路径】调板下方的【将路径作为选区载入】按钮，将路径转换成选区，如图 5-101 和图 5-102 所示。

图5-101　绘制路径

图5-102　路径转换成选区

7. 选择【选择】/【羽化】命令，设置【羽化半径】为“50 px”。然后按 Ctrl+Shift+I 键反选图像，选择【滤镜】/【模糊】/【模糊】命令，重复操作或按 Ctrl+F 键。
8. 用同样的方法继续绘制路径，进一步模糊背景，如图 5-103 所示。
9. 最后加上一些文字作为点缀。选择 T 工具，在图像中单击输入文字，然后调整文字位置及大小。最终效果如图 5-104 所示。

图5-103　进一步模糊背景

图5-104　最终效果

5.5 课后作业

1. 使用【画笔】工具创建如图 5-105 所示的风景画图像。操作时请参照本书配套光盘“课后作业”目录下的“绘制风景画.psd”文件。

图5-105　风景图像

要点提示　在创建图像时，注意练习选择画笔的笔型、设置前景色和画直线的方法。读者不必拘泥于范例，可以尽情发挥自己的想象力绘制自己喜欢的图像。

2. 打开本书配套光盘“Map”目录下的“蓝色水罐.jpg”文件，如图 5-106 所示。利用工具箱中的工具和工具，将中间水罐上的装饰清除，效果如图 5-107 所示。操作时请参照本书配套光盘“课后作业”目录下的“修复水罐.psd”文件。

要点提示　如果需要修改的图像与它的目标效果反差较大，即颜色、亮度等差别较大，可以先用工具将目标效果的图像复制到要修改的图像上，然后再利用工具进行修改。

图5-106　原始照片素材

图5-107　清除中间水罐的装饰效果

【操作步骤提示】

(1) 在图像中间水罐装饰上方拖曳出矩形选区，注意选区范围不能超过中间水罐图像的范围。

(2) 选择工具，按住 Alt 键不放，将鼠标光标移动至选区内部拖曳，复制选区内的图像至水罐装饰图像上。

要点提示　读者可以反复进行这一操作，直至装饰部分全部被覆盖。复制的时候要注意新复制图像不能超过中间水罐图像的范围，避免将其他不需要修改的图像破坏。

(3) 选择工具，将中间水罐中因复制图像产生的不自然的效果清除。

第6章　【文字】和其他工具的应用

文字在平面设计中有着重要的作用，平面广告、产品说明、宣传画及台历挂历等许多平面图像上都需要添加相应的文字，适当的文字效果能够在绘图中起到画龙点睛的作用。本章将具体介绍如何在 Photoshop CC 中创建各种各样的文字效果。

另外，Photoshop CC 工具箱中还有许多其他工具，如裁剪、切片、附注和吸管等，它们在图像处理过程中也是必不可少的，熟练掌握这些工具的使用，有助于读者对 Photoshop CC 有一个整体认识，在图像处理过程中做到得心应手。

【学习目标】

- 掌握【文字】工具的使用方法。
- 学习创建文字图像和选区。
- 学习创建段落文字。
- 学习【图层】/【文字】菜单命令的使用方法。
- 学习【裁剪】工具、【切片】工具和【切片选择】工具的使用方法。
- 学习【吸管】工具、【颜色取样器】工具和【注释】工具的使用方法。

6.1　功能讲解

Photoshop CC 中提供的文字功能非常强大，用户可以直接在图像中输入、编辑和修改文字，并对文字进行对齐、排列、调整间隔、缩放、颜色调整、拼写检查、文本查找及替换等操作；还可以对文字进行各种特殊变形，使文字产生奇异的形态效果。Photoshop CC 工具箱中还包括【裁剪】、【切片】、【附注】和【吸管】等工具，在实际工作中，这些工具的使用会起到意想不到的效果，所以读者不要因为这些工具看上去功能较少而忽视它们。

6.1.1　【文字】工具

在 Photoshop CC 的工具箱中，可以选择不同的【文字】工具，这一步操作一定要在创建文字前进行。单击工具箱中的【横排文字】工具T，弹出的列表如图 6-1 所示。

一、　文字属性

在工具箱中选择【文字】工具后，其选项栏如图 6-2 所示，各选项具体介绍如下。

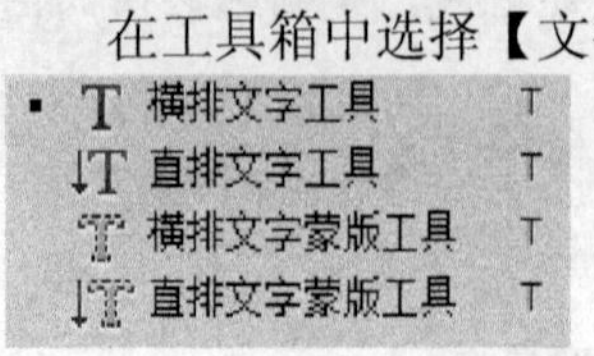

图6-1　【文字】工具列表

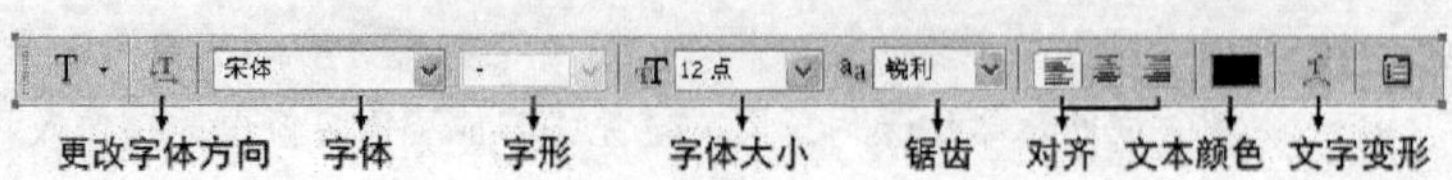

图6-2　【文字】工具选项栏

(1) 转换文字方向。

单击按钮，可以将水平文字转换为垂直文字，或将垂直文字转换为水平文字。

(2) 设置文字字符格式。

在【文字】工具选项栏中可以直接设置字符格式。

- 【字体】宋体：设置文字所要使用的字体。
- 【字形】：设置文字的倾斜、加粗等形态。
- 【字体大小】36点：设置文字的大小，或者直接输入数值来进行调整。
- 【锯齿】无：选择文字边缘的平滑方式。

(3) 设置文字对齐方式。

在选项栏中选择工具或工具后，【对齐】按钮显示为、和按钮，分别为使水平文字向左对齐、沿水平中心对齐和向右对齐。

在选项栏中选择工具或工具后，【对齐】按钮显示为、和按钮，分别为使垂直文字向上对齐、沿垂直中心对齐和向下对齐。

(4) 设置文字颜色。

单击【文本颜色】色块可以修改被选中文字的颜色。

(5) 设置文字变形。

在图像中创建了文字后，单击选项栏中的【创建文字变形】按钮，在弹出的【变形文字】对话框中单击【样式】下拉列表，弹出的变形样式如图 6-3 所示。

所有这些文字变形样式的选项基本相同，以“旗帜”样式为例进行介绍。选择“旗帜”样式后，弹出的【变形文字】对话框如图 6-4 所示。

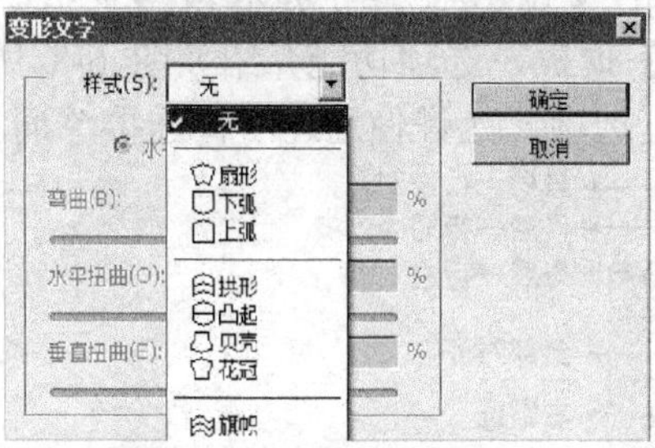

图6-3 可选择的文字变形样式

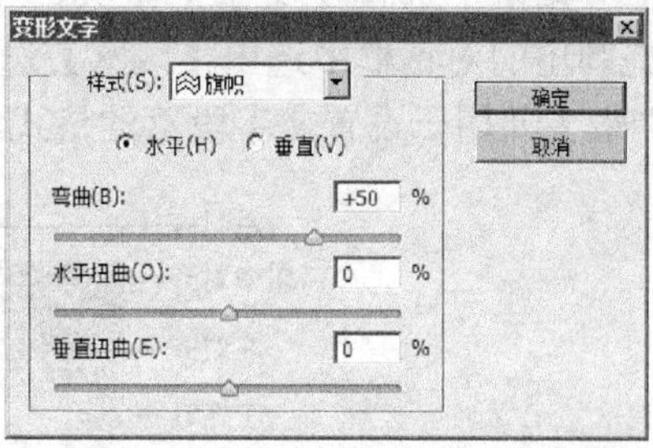

图6-4 选择“旗帜”样式后弹出的对话框

选择不同的样式，文字变形后的不同效果如图 6-5 所示。

图6-5 文字变形效果

二、【字符】调板

单击选项栏中的【显示/隐藏字符和段落调板】按钮，在弹出的对话框中选中【字符】选项卡，【字符】调板及其选项的功能介绍如图 6-6 所示。

【颜色】色块下方有一排按钮用来设置文字字符的效果。当在文字图层中选中要设置的文字时，分别单击这些按钮，可以完成相应的设置。

在图像中创建竖排英文时，其默认文字方向如图 6-7 左侧所示。在文字层中选择要修改的竖排文字，单击【字符】调板右侧的按钮，在弹出的菜单中选择【标准垂直罗马对齐方式】命令，竖排英文的方向将转换为如图 6-7 右侧所示的效果。这一命令对中文无效。

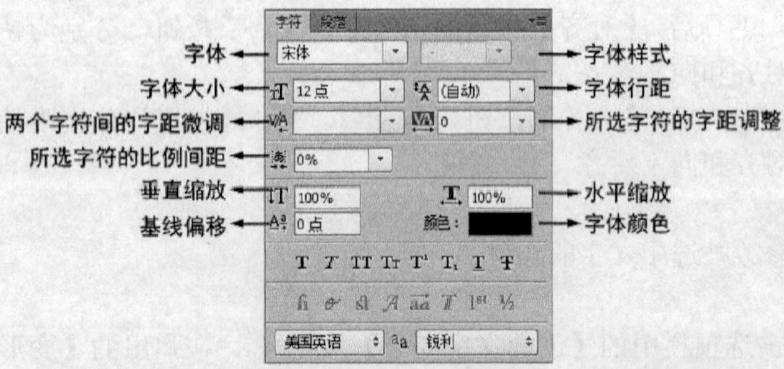

图6-6 【字符】调板

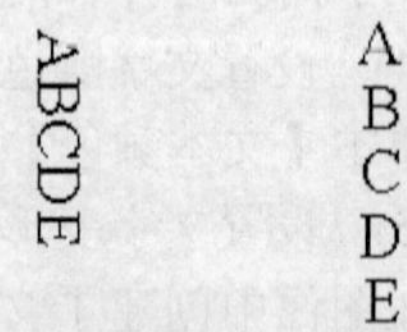

图6-7 文字效果

三、【段落】调板

在工具箱中选择【文字】工具，单击选项栏中的【显示/隐藏字符和段落调板】按钮，在弹出的对话框中选中【段落】选项卡，【段落】调板及选项功能介绍如图 6-8 所示，这一调板主要用于设置文字段落的格式。勾选☑连字复选项，允许使用连字符连接单词。

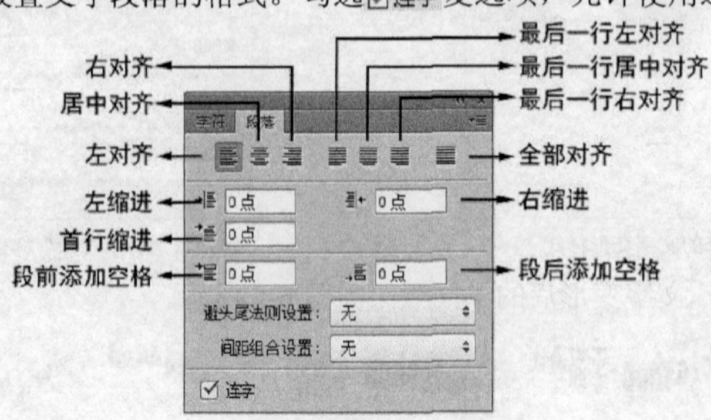

图6-8 【段落】调板

使用T工具或T工具，可以方便灵活地在图像中添加文字效果，但如果是新创建的文字，那么在图像中文字将按当前的选项设置创建；如果要修改文字，则必须先选中文字后再修改选项栏或调板中的选项。

6.1.2 创建文字图像和选区

在 Photoshop CC 中，文字的创建和编辑与其他图像的创建和编辑相比，步骤有所不同。使用工具箱中的大多数工具时，都必须先设置好工具的选项，然后创建相应的图像，而使用【文字】工具创建文字时，可以在创建文字前设置格式，也可在完成创建后再重新设置文字格式。在 Photoshop CC 中创建文字和文字选区的操作非常简单，这里仅做简单介绍。

一、 创建点文字

在 Photoshop CC 中可以直接沿直线创建文字，也可以沿指定的路径创建文字，用这两种方法创建的文字称作点文字。

(1) 直接沿直线创建文字。

选择工具箱中的T工具或IT工具，在图像窗口中单击，即可从鼠标单击的位置开始输入文字，文字的输入、编辑和修改方法与 Word、WPS 等软件中的文字编辑方法一样，这里不再详细介绍。文字使用的格式为输入前选项栏中设定的格式，如果要对文字格式进行修改，必须先选中要修改的文字，然后再在选项栏中进行修改。

(2) 沿指定的路径创建文字。

在 Photoshop CC 中沿路径创建文字的基本操作步骤如下。

1. 在图像中创建路径。
2. 选择工具箱中的【文字】工具。
3. 将鼠标光标移动至路径上，当鼠标光标显示为I形状时单击，从鼠标光标落点处开始输入文字，文字开始的位置出现一个“×”图标。

沿路径创建文字后，利用工具箱中的【路径】工具编辑修改路径，文字的走向也随之发生变化，文字一直紧贴路径。

选择【路径选择】工具，将鼠标光标移动至路径中文字开始处的“×”图标上，当鼠标光标显示为形状时，沿路径拖曳鼠标光标，可以移动文字开始的位置。

二、 创建文字选区

选择工具箱中的T工具或IT工具，在图像窗口中单击，图像暂时转换为快速蒙版模式，此时在图像中输入文字，实际上是在编辑快速蒙版。文字编辑完成后，单击选项栏中的✓按钮，图像将回到标准编辑模式，刚编辑的文字将会转为选区。

使用T工具或IT工具建立选区后，就无法再对文字进行编辑了，所以在回到标准编辑模式前，一定要确认需要的选区效果已经完成。

要点提示 如果已经创建好了文字选区又要对选区的大小、角度和位置进行调整，可以使用菜单栏中的【选择】/【变换选区】命令，对文字选区进行自由变形。

6.1.3 创建段落文字

段落文字就是创建在文字定界框内的文字，文字定界框的作用是通过【文字】工具在图像中划出一个矩形区域，在该区域内创建文字和文字段落，使用文字定界框可以限定图像中文字出现的范围和位置。本小节将学习如何在图像中创建和编辑文字定界框。

一、 利用任意大小的文字定界框创建段落

选择工具箱中的T工具或IT工具，在图像中拖曳鼠标光标，图像中将会生成一个文字定界框，随后输入的文字将在定界框内自动换行显示。

如果输入的文字过多，超出定界框范围的文字就会被隐藏。

利用T工具创建的文字定界框效果如图 6-9 所示，其中输入的文字为“这是一个文字

定界框内的段落，其中有部分内容因超过定界框而被隐藏”，“被隐藏”3 个字因超出定界框的范围而未显示。单击选项栏中的✓按钮，确认操作。

二、 利用自定义大小的文字定界框创建段落

选择工具箱中的T工具或IT工具，按住 Alt 键，在图像中拖曳鼠标光标，弹出如图 6-10 所示的【段落文字大小】对话框，可以在该对话框中设置文字定界框的大小。

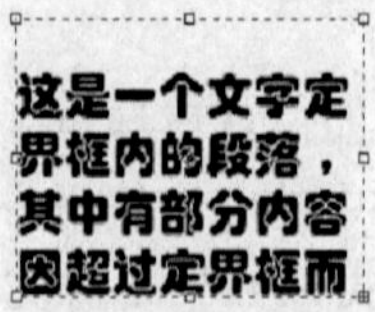

图6-9 文字定界框

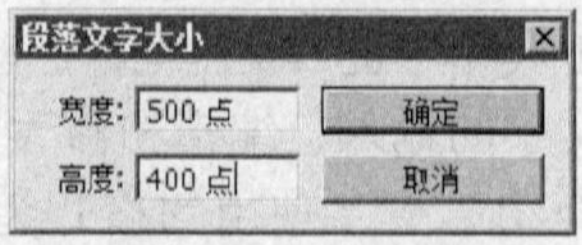

图6-10 【段落文字大小】对话框

按住 Shift 键，可以创建正方形的文字定界框。

三、 调整文字定界框

文字定界框的调整有点类似于前面学过的变形定界框，操作非常简单，这里不再详细介绍。文字定界框内的文字显示随定界框形态的改变自动调整。

6.1.4 【类型】菜单命令

在 Photoshop CC 的菜单中，有一组专门用于处理文字的菜单命令。在【图层】调板中选择一个文字层，选择菜单栏中的【类型】命令，弹出的菜单如图 6-11 所示。

如果当前文字不是段落文字，可选择【转换为段落文本】命令，将当前文字层中的文字转为段落文字。如果当前文字是段落文字，则【转换为段落文本】命令将显示为【转换为点文本】命令，选择此命令，当前文字层中的段落文字将转换为普通文字。

打开一个含有文字层的图像时，如果当前计算机中没有文字层中文字使用的字体，系统将弹出如图 6-12 所示的系统提示框，此时在【图层】调板中缺少字体的文字层缩览图右下角会出现一个⚠图标。选择【图层】/【文字】/【替换所有缺欠字体】命令，可以用当前计算机中现有的字体替换缺少的字体。

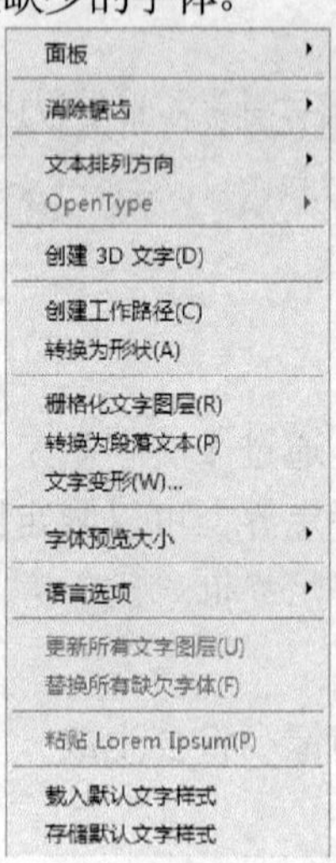

图6-11 【类型】菜单命令

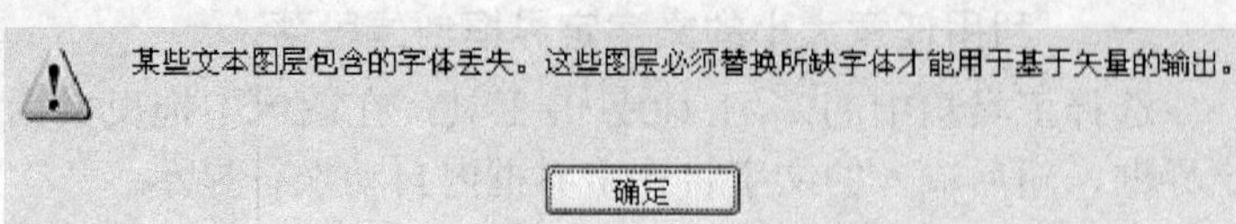

图6-12 系统提示框

> 要点提示 在【图层】调板中选择一个文字层，然后选择【图层】/【栅格化】/【文字】命令，或选择【类型】/【栅格化文字图层】命令，可以将当前文字层转换为普通层。

6.1.5 【裁剪】、【透视裁剪】、【切片】和【切片选择】工具

除了前面讲解的工具以外，Photoshop CC 工具箱中还包括【裁剪】工具、【透视裁剪】工具、【切片】工具和【切片选择】工具等。在实际工作中，这些工具的使用会起到意想不到的点睛效果。

一、【裁剪】工具

【裁剪】工具主要用来将图像中多余的部分剪切掉，只保留需要的部分，在裁剪的同时，还可以对图像进行旋转、扭曲等变形修改。Photoshop CC 中还新增了可以利用工具直接设置裁剪后图像的像素和分辨率的功能。选择工具的快捷键为C键。

在工具箱中选择工具后，选项栏如图 6-13 所示。

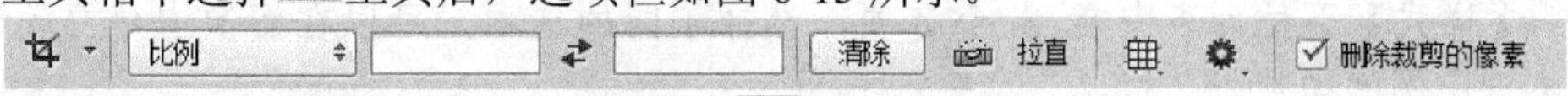

图6-13 工具选项栏

> 要点提示 用户可以根据需要自行设置【宽度】值、【高度】值和【分辨率】值，也可以只设置一两个或全部都不设置。

二、【透视裁剪】工具

【透视裁剪】工具可以在裁剪的同时方便地矫正图像的透视错误，即对倾斜的图片进行矫正。

在工具箱中选择工具后，选项栏如图 6-14 所示。

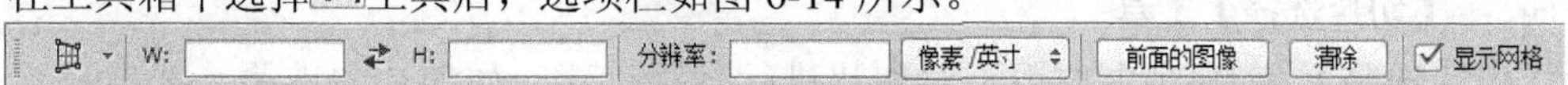

图6-14 工具选项栏

- 像素/英寸：单击该按钮可以设置裁剪后图像的单位。
- 前面的图像：单击该按钮可以使裁剪后的图像与之前打开的图像大小相同。
- 清除：单击该按钮可以清除输入框中的数值。
- 显示网格：勾选显示网格，则显示裁剪框的网格；不勾选则仅显示外框线。

> 要点提示 无论设置的裁剪框的形态多么不规则，执行裁剪后，软件都会自动将保留下来的图像调整为规则的正矩形图像，如图 6-15 所示。

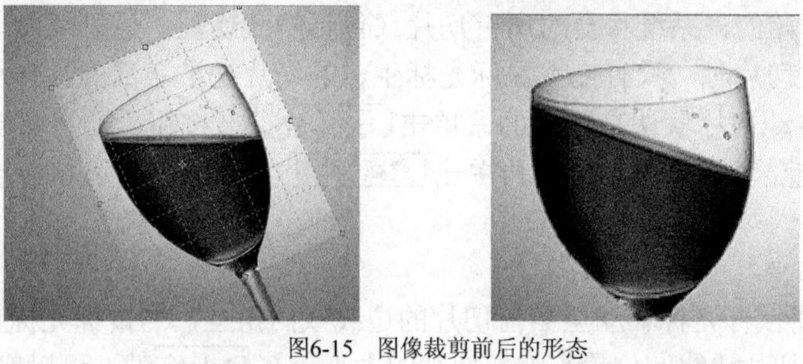

图6-15 图像裁剪前后的形态

调整裁剪框形态的方法与调整定界框的方法相似，这里不再详细介绍。将鼠标光标移动至裁剪框内部，拖曳鼠标光标可以移动裁剪框的位置。

三、【切片】工具

Photoshop CC 加强了对网络的支持，【切片】工具和【切片选择】工具就是特别针对网络应用开发的，使用它们可以将较大的图像切割为几个小图像，便于在网上发布，提高网页打开的速度。

> 要点提示　选择工具、工具和工具的快捷键为 C 键，反复按 Shift+C 键可以在工具、工具和工具间进行切换。

【切片】工具的功能比较多，这里将【切片】工具和【切片选择】工具分开介绍。工具主要用于在图像中创建切片，工具主要用于编辑切片。

(1) 【切片】工具选项栏。

选择工具箱中的【切片】工具，选项栏如图 6-16 所示。

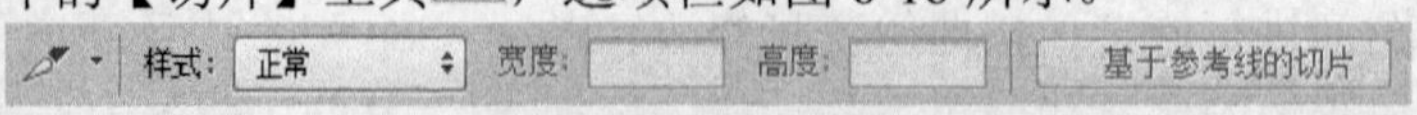

图6-16 工具选项栏

- 【样式】下拉列表中有 3 个选项，选择不同的选项，可以在图像中建立不同大小与比例的切片。
- 基于参考线的切片 按钮只有在图像窗口中设置了参考线时才可使用。单击该按钮，可以根据当前图像中的参考线创建切片。

(2) 创建切片。

创建切片的方式通常有两种。一种是根据参考线进行切片，这种切片方式比较精确；另一种是利用【切片】工具直接在图像中拖曳鼠标光标，这种方式比较灵活，但切片的位置和排列不够精确。

四、【切片选择】工具

【切片选择】工具主要用于对切片进行各种设置，如切片的堆叠、选项设置、激活、分割、显示或隐藏等。选择【切片选择】工具后的选项栏如图 6-17 所示。

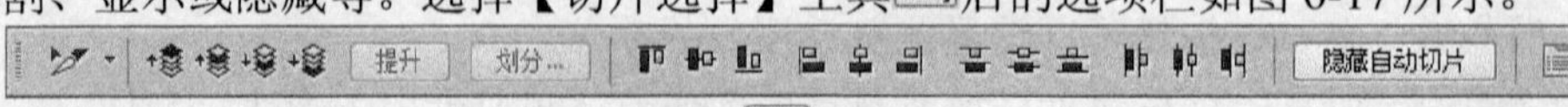

图6-17 工具选项栏

下面根据其功能来分别介绍这些选项。

(1) 显示/隐藏切片。

在创建切片的时候，如果从图像左上角开始创建，切片左上角默认的编号显示为【01】；如果从其他位置开始创建，则新创建切片的编号就可能是【02】或【03】。切片的默认编号是从左上角开始的，系统将会对所有切片（包括隐藏切片）进行编号。

当在图像中创建切片时，只有拖曳鼠标光标生成的切片是被激活的，其他自动产生的切片就是自动切片，自动切片默认是隐藏的。单击 显示自动切片 按钮，即可将自动切片显示出来，自动切片的边线显示为虚线。此时再单击 隐藏自动切片 按钮，即可将自动切片再次隐藏起来。

(2) 调整切片大小。

选择工具，将鼠标光标移动至当前切片的边线或四角上，当鼠标光标显示为双箭头时拖曳，可以通过移动切片边线的位置来调整切片的大小。按 Delete 键，可以删除当前切片。

(3) 激活再切片。

当自动切片左上角的编号显示为灰色时，表示该切片没有被激活，此时切片的部分功能不能使用。要使这些切片功能可以使用，只要在图像窗口中单击要激活的切片将其选择，再单击选项栏中的 提升 按钮，就可以将其激活，此时切片左上角的编号显示为蓝色。系统默认被选择切片的边线显示为橙色，其他切片的边线显示为蓝色。

(4) 设置切片堆叠顺序。

每个切片之间有一定的堆叠顺序，选项栏左侧的 4 个按钮，就是用来设置切片堆叠顺序的。在图像中选择要设置堆叠的切片，可以分别单击上述按钮，完成相应操作。

(5) 平均分割切片。

用户可以将现有的切片进行平均分割。选择工具后，在图像窗口中选择一个切片，单击选项栏中的 划分... 按钮，弹出的【划分切片】对话框如图6-18所示。

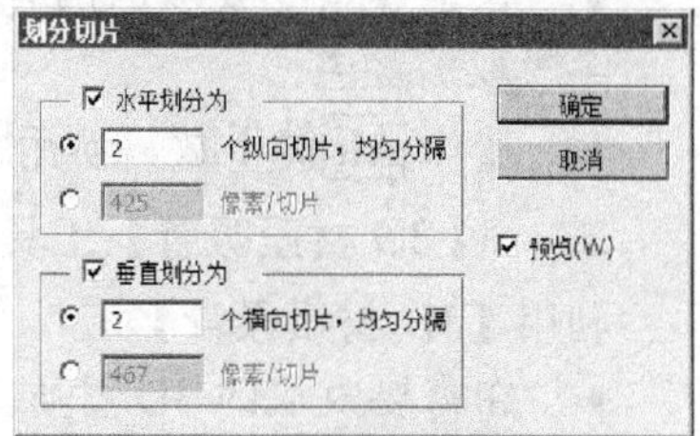

图6-18 【划分切片】对话框

(6) 将切片的图像保存为网页。

选择【文件】/【存储为 Web 所用格式】命令，弹出的【存储为 Web 所用格式】对话框如图 6-19 所示。根据此对话框可完成 GIF、JPEG 和 PNG 文件格式的最佳存储。

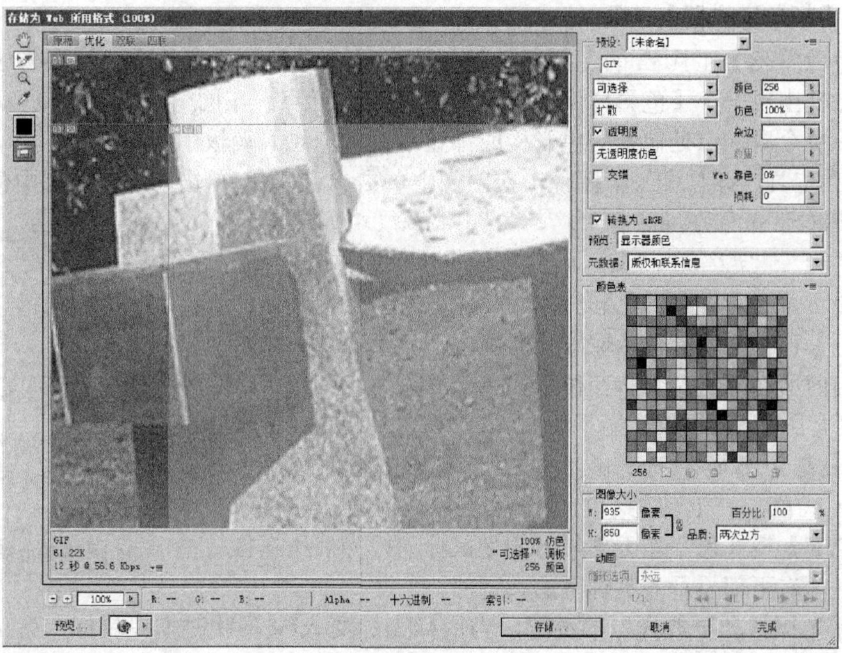

图6-19 【存储为 Web 所用格式】对话框

单击【存储为 Web 所用格式】对话框中的【存储】按钮，将弹出【将优化结果存储为】对话框。对各选项进行相应设置后，单击 存储... 按钮，即可进行保存。

6.1.6 【吸管】工具、【颜色取样器】工具和【注释】工具

【吸管】工具、【3D 材质吸管】工具、【颜色取样器】工具、【标尺】工具、【注释】工具和【计数】工具是 Photoshop CC 中的辅助工具，它们的作用是从图像中获取色彩、数据或其他信息。本小节主要讲解一下常用的【吸管】工具、【颜色取样

器】工具和【注释】工具。

要点提示 工具、工具、工具、工具、工具和工具位于工具箱中的同一位置，它们的快捷键为 I 键。反复按 Shift+I 键，可以实现这 6 个工具之间的切换。

一、【吸管】工具

利用【吸管】工具可以吸取图像中某个像素点的颜色，或者以拾取点周围多个像素的平均色进行取样，也可以直接从色板中取样，从而改变前景色或背景色。

- 在图像中要吸取的颜色上单击，工具箱中的【前景色】色块将被修改为工具吸取的颜色。
- 按住 Alt 键不放，使用工具吸取的颜色将被用作背景色。

二、【3D 材质吸管】工具

利用【3D 材质吸管】工具可以吸取 3D 材质纹理，以及查看和编辑 3D 材质纹理。

- 在需要吸取的 3D 材质上单击鼠标左键，选项栏中就会显示出该材质的类型。
- 在 3D 材质吸取点上单击鼠标右键，在弹出的材质类型对话框中可以更改 3D 材质。

三、【颜色取样器】工具

【颜色取样器】工具的主要功能是检测图像中像素的色彩构成。在图像中单击，鼠标光标落点处出现一个【色彩样例】图标，称为取样点。在同一个图像中最多可以放置 4 个取样点，每个取样点处像素的色彩构成都显示在【信息】调板中。

选择工具，并打开一幅图像，在图像中单击 4 次，每单击一次，图像中便出现一个图标，其右下角分别标注有“1”、“2”、“3”、“4”，表示它们分别是“#1”、“#2”、“#3”、“#4”取样点。此时，【信息】调板下方显示每个取样点的色彩构成，如图 6-20 所示。

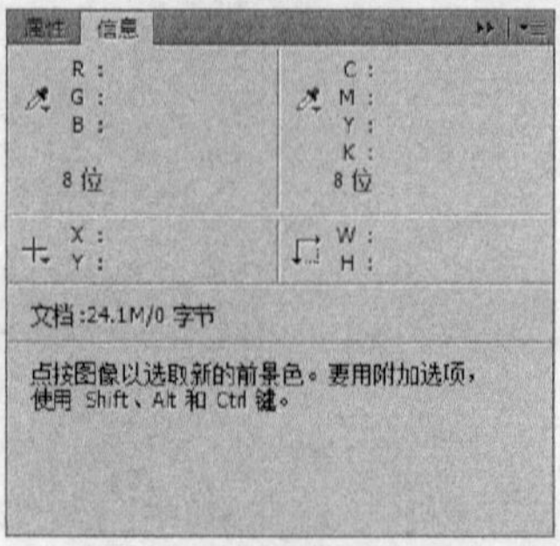

图6-20 4 个取样点的信息

【信息】调板不仅能显示取样点的色彩信息，还可以显示鼠标光标当前所在位置及其所在位置的色彩信息。当图像中没有取样点时，【信息】调板仅显示如图 6-20 所示上方的 4 部分内容。其中左上部显示的是鼠标光标当前所在位置颜色的【RGB】模式值，右上部显示的是鼠标光标当前所在位置颜色的【CMYK】模式值，左下部显示的是鼠标光标当前所在位置的坐标值，右下部显示的是选区的长宽值。

将鼠标光标移动至取样点的位置，当鼠标光标变成形状时拖曳鼠标，就可以调整取样点的位置。按住 Alt 键不放，移动鼠标光标至取样点的位置，当鼠标光标变成剪刀的形状时单击，可以删除该取样点。

四、【注释】工具

使用【注释】工具，可以在图像中添加文字注释及作者信息等内容。这些注释只是作者在图像中添加的评论或说明，不会影响图像的最终效果。创建文字注释时，将出现一个大小可调的窗口用于输入文本。选择工具后的选项栏如图 6-21 所示。

图6-21 工具选项栏

- 【作者】文本框：显示作者名称，它会显示在【文本注释】框的标题栏中。

- 【颜色】色块：显示图像中的【注释】图标所使用的颜色，单击该色块，可以在弹出的对话框中对此颜色进行调整。
- 单击 清除全部 按钮，可以将图像中所有的文本注释删除。

选择工具后，在图像中单击可以建立一个图标，即【注释】图标，此时将会弹出【注释】调板，如图 6-22 所示，在调板中可输入或编辑注释内容；单击已建立的图标，即可打开【注释】调板，此时可以对注释内容进行查看或编辑修改。

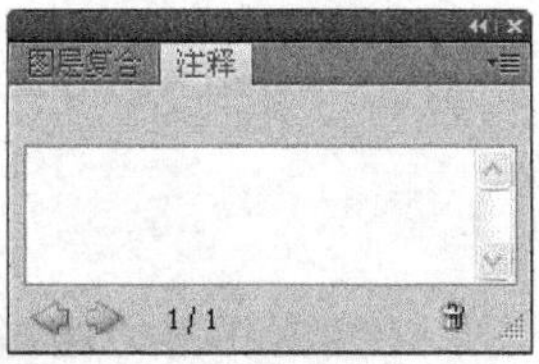

图6-22 【注释】调板

五、 保存含有注释的图像文件

当在图像中添加了文本注释后，如果要在保存图像时同时将这些注释保存，就只能将文件保存为“.psd”、“.pdf”或“.tif”格式，并且保存时要在【存储为】对话框中勾选【注释】复选项。

6.2 范例解析——制作商业招贴

本节将利用【文字】工具制作一幅商业招贴，其中运用到了字符大小设置、文字颜色设置、段落文字对齐方式及沿路径创建文字等功能，在制作过程中，请注意各个命令的功能及操作方法。该例的最终效果如图 6-23 所示。

1. 选择【文件】/【新建】命令或按 Ctrl+N 键，弹出【新建】对话框，具体参数的设置如图 6-24 所示。

图6-23 商业招贴最终效果

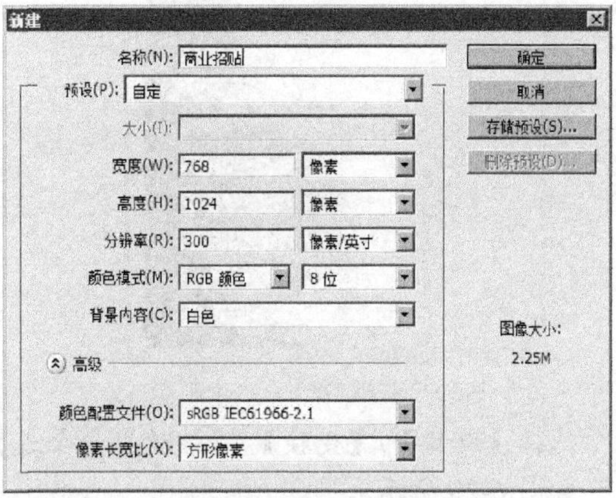

图6-24 【新建】对话框

2. 选择【文件】/【存储为】命令或按 Ctrl+Shift+S 键，将文件命名为“商业招贴.psd”保存。

3. 选择工具或按 M 键，绘制矩形选区，然后选择【编辑】/【描边】命令，弹出【描边】对话框，将【颜色】设置为灰蓝色（R:136,G:152,B:163），其他设置如图 6-25 所示。描边效果如图 6-26 所示。

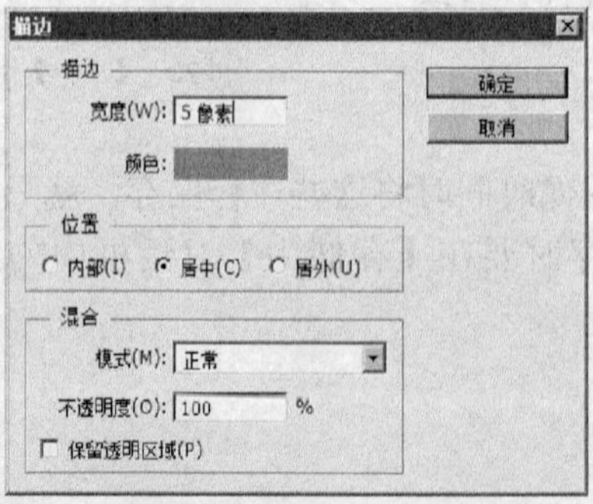

图6-25 【描边】对话框

图6-26 描边效果

4. 选择【文件】/【打开】命令或按 Ctrl+O 键，打开本书配套光盘“Map”目录下的“高山.jpg”文件，如图 6-27 所示。
5. 选择工具或按 V 键，拖曳图像到“商业招贴.psd”中，如图 6-28 所示，【图层】调板中将自动生成一个新的图层。

图6-27 打开“高山.jpg”文件

图6-28 拖曳图像到“商业招贴.psd”中

6. 选择【编辑】/【变换】/【缩放】命令或按 Ctrl+T 键，调整图像的大小和位置，效果如图 6-29 所示。
7. 选择工具或按 T 键，再单击选项栏中的按钮或选择【窗口】/【字符】命令，弹出【字符】调板，单击【颜色】色块，设置字体颜色为深蓝色（R:5,G:77,B:122），确保按钮处于激活状态，其他设置如图 6-30 所示。

8. 在文件中单击选择插入点，【图层】调板中将会自动生成一个新的图层，输入字母“M”，效果如图 6-31 所示。

图6-29　调整图像的大小和位置

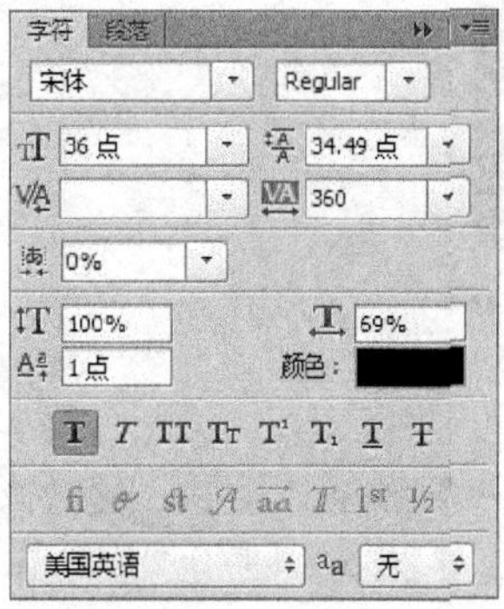

图6-30　【字符】调板（1）

图6-31　输入字母“M”

9. 在【字符】调板中设置字体颜色为黑色，确保 TT 按钮处于关闭状态，其他设置如图 6-32 所示，继续输入“ountain”，效果如图 6-33 所示。

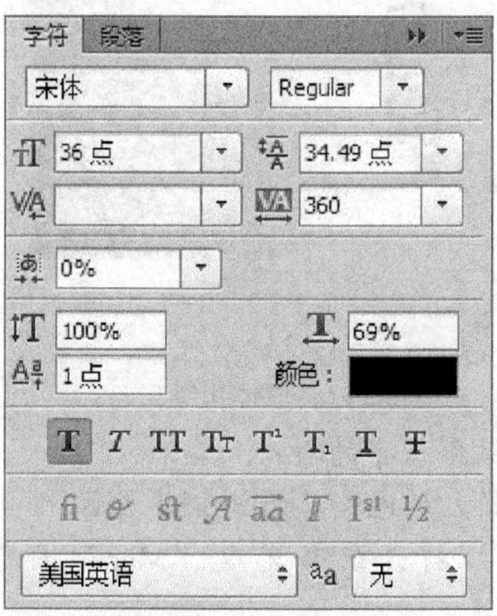

图6-32　【字符】调板（2）

图6-33　输入“ountain”

10. 单击选项栏中的【提交所有当前编辑】按钮✓，结束文字的输入。
11. 选择【编辑】/【变换】/【旋转 90 度（逆时针）】命令，并修改选项栏中的【旋转】角度为“－90”，然后调整文字的位置和大小，效果如图 6-34 所示。
12. 复制当前的文字图层，把【图层】调板中处于下层的文字颜色改变为白色，并进行文字位置的调整，效果如图 6-35 所示。

图6-34 旋转文字

图6-35 复制图层并改变文字的颜色与位置

13. 选择工具或按P键，绘制一条路径，按Esc键结束绘制，如图 6-36 所示。
14. 选择工具或按 T 键，设置字体为“黑体”，字体大小为“6 点”，在路径上单击，【图层】调板中会自动生成一个新的图层，输入文字“攀越高峰，尽享成功”，如图 6-37 所示。

图6-36 绘制路径

图6-37 在路径上创建文字

15. 单击选项栏中的【提交所有当前编辑】按钮，结束文字的输入。
16. 新建一图层，选择工具或按M键，自由绘制修饰性的色块，如图 6-38 所示。
17. 执行【文件】/【打开】命令或按 Ctrl+O 键，打开配套光盘“Map”目录下的“logo.psd”文件，如图 6-39 所示。
18. 拖曳 logo 到“商业招贴.psd”文件中，【图层】调板中将会自动生成一个新的图层，双击新图层名称，更改为“logo”。按Ctrl+T键，调整 logo 的大小和位置。
19. 用同样的方法输入“Mountain 房地产”，【图层】调板中会自动生成新的图层。
20. 新建一图层，使用工具绘制一个矩形选区，设置前景色为“R:72,G:46,B:1”，然后选择【编辑】/【填充】命令，或者按Alt+Delete键填充前景色。填充效果如图 6-40 所示。

图6-38　绘制修饰性的色块

图6-39　打开“logo.psd”文件

图6-40　填充颜色

21. 选择T工具，设置选项栏中的字体为“黑体”，字体大小为“3 点”，单击按钮，然后在文件中拖曳出一个定界框，如图 6-41 所示。输入文字后，确认所有当前编辑，如图 6-42 所示。

图6-41　定义定界框

图6-42　输入文字

22. 按住 Ctrl 键分别单击选中“logo”图层、“Mountain 房地产”图层、填充图层和“地处”图层，选择工具，并单击选项栏中的按钮，调整其位置，效果如图 6-43 所示。
23. 复制“logo”图层和“Mountain 房地产”图层，并调整大小和位置，然后在【图层】调板中通过拖曳的方式来调整各图层的堆叠次序，最终效果如图 6-44 所示。

图6-43　执行水平居中对齐

图6-44　最终效果

6.3 课堂实训——绘制标志

下面通过课堂实训再来巩固一下本章所学的知识，加强练习如何运用【文字】、【裁剪】、【切片】、【吸管】等工具以及前面所学的其他工具和命令，创建出各种各样的图案效果。

本次实训将学习使用选区创建工具、【填充】工具、【矩形】工具、【文字】工具和【创建文字变形】命令等，绘制出如图 6-45 所示的标志图像。操作时请参照本书配套光盘“最终效果”目录下的“标志.psd”文件。

图6-45　标志图像效果

该练习制作流程示意图如图 6-46 所示。

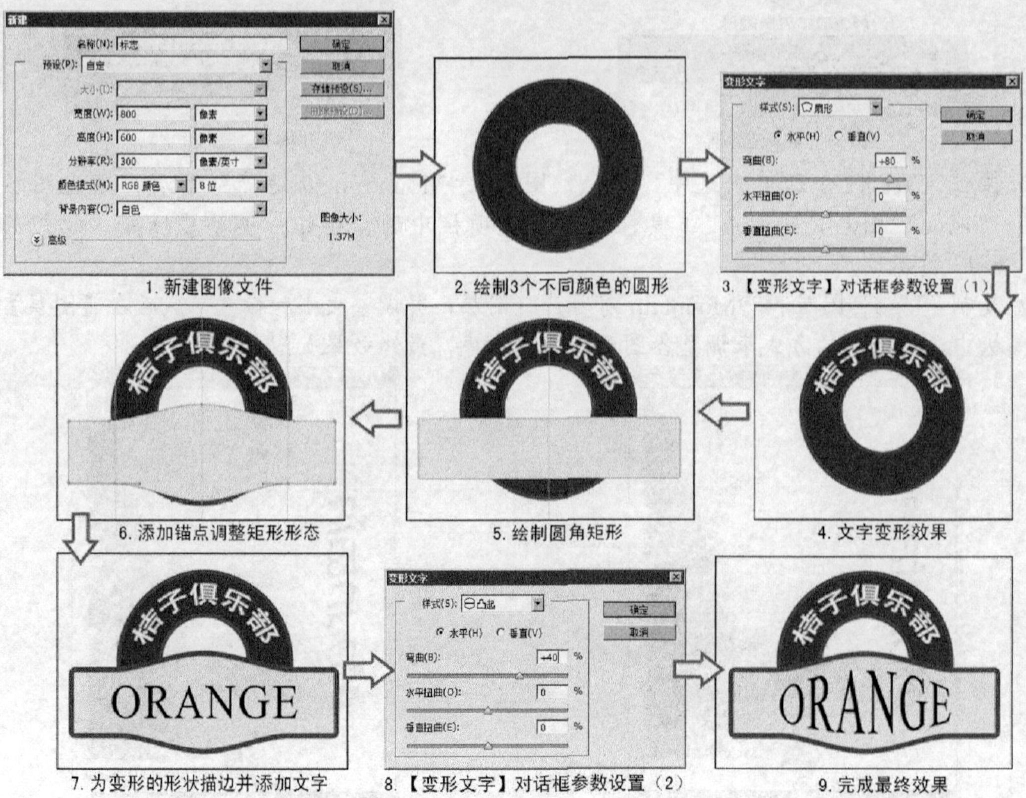

图6-46　标志绘制流程示意图

【操作步骤提示】

(1) 新建一个名为“标志”的图像文件，设置的参数如图 6-46 左上角所示。

(2) 利用工具分别绘制 3 个圆形选区，颜色分别填充为蓝色（R:90,G:90,B:143）、桃红色（R:147,G:45,B:96）和白色。对最小的白色圆形进行描边，宽度设为“8px”，颜色为蓝色（R:90,G:90,B:143）。

(3) 利用工具输入文字“桔子俱乐部”，设置文字字体为“黑体”，字体大小为“12 点”，单击【创建文字变形】按钮，为文字创建【扇形】变形效果，参数设置及效果如图 6-46 中图所示。

(4) 使用【圆角矩形】工具在下方绘制一个长条矩形，颜色填充为亮黄色。显示并添加参考线，使用【添加锚点】工具分别在长条矩形上下边上添加多个锚点，并选择中间锚点分别向上和向下移动，调整路径的弧度以改变矩形形状。

(5) 对调整后的矩形形状进行描边，宽度设为“12px”，颜色为粉红色（R:200,G:45,B:95）。

(6) 再次利用工具输入英文文字，设置文字字体为“Times New Roman”，字体大小为“22 点”，单击【创建文字变形】按钮，为文字创建【凸起】变形效果，参数设置及最终效果如图 6-46 所示。

(7) 选择【文件】/【存储】命令，保存文件。

6.4 综合案例——个人主页制作

读者可以利用本章所学的工具，制作出属于自己的网页，或者制作公司的网页及温馨的家庭网页。本节将结合前面所学的知识制作一个简单的个人主页，通过练习使读者重点掌握【文字】工具和【切片】工具等在网页制作中的用法。由于网页的制作需要大家对 HTML 语言有一定的了解，所以本节案例将不介绍页面输出后的修改及添加链接等。该例的最终效果如图 6-47 所示。

图6-47　个人主页最终效果

【操作步骤提示】

首先来制作整体图像效果。

1. 执行【文件】/【新建】命令或按 Ctrl+N 键，新建一个名为“个人主页.psd”的文件，各项设置如图 6-48 所示。
2. 将背景填充为浅灰色。新建一个名为“标题区”的图层，使用【矩形选框】工具绘制选区，并填充从深色橘红（R:138,G:78,B:2）到橘红（R:253,G:102,B:0）的线性渐变，填充完成后的效果如图 6-49 所示。

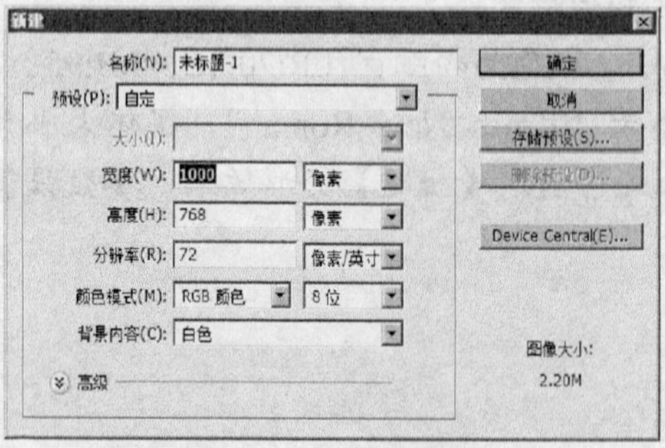

图6-48 【新建】对话框

图6-49 填充渐变颜色

3. 新建一个名为“菜单区”的图层，同样绘制菜单区的选区，填充从黑色到 60%灰色的线性渐变并制作反光效果，效果如图 6-50 所示。
4. 打开本书配套光盘“Map”目录下的“个人主页素材 01.jpg”文件，将其拖入到“个人主页”文件中，并调整文件大小和位置，将新生成的图层重新命名为“顶部图片”。分别为“标题区”、“菜单区”、“顶部图片”图层添加【描边】和【投影】的图层样式，参数采用默认值，效果如图 6-51 所示。

图6-50 绘制菜单区域

图6-51 拖动素材图片至文件设置图层样式

5. 在如图 6-52 所示的位置输入网页标题，并设置字体为“综艺体”，字体大小为“39 点”，颜色为“白色”。继续输入描述文字，设置字体为“黑体”，字体大小为“12 点”。

图6-52　输入标题区文字

6. 新建“内容”图层，使用选区创建工具绘制白色内容区域，并添加【投影】图层样式，参数保持默认。效果如图 6-53 所示。
7. 在菜单区域输入链接文字，设置字体为“宋体”，字体大小为“18 点”，选择消除锯齿的方法为“无”，如图 6-54 所示。

图6-53　绘制内容区域

图6-54　输入菜单区文字

要点提示 在使用 Photoshop CC 制作网页效果图时，正文字体的设置上有些特殊的要求，也就是在字体的选项栏中必须将消除锯齿的方法设置为“无”，且字体一般采用宋体。

8. 利用同样的方法输入正文区域文字，最终效果如图 6-55 所示。

整个效果做完后，下面要进行的就是切片。使用【切片】工具将图像进行划分。切片过程必须遵循一定的原则，即需要添加超级链接的地方和需要进行文字输入的地方必须切片，但切片在保证不影响使用的情况下要尽量少。本例中切片方案如图 6-56 所示。

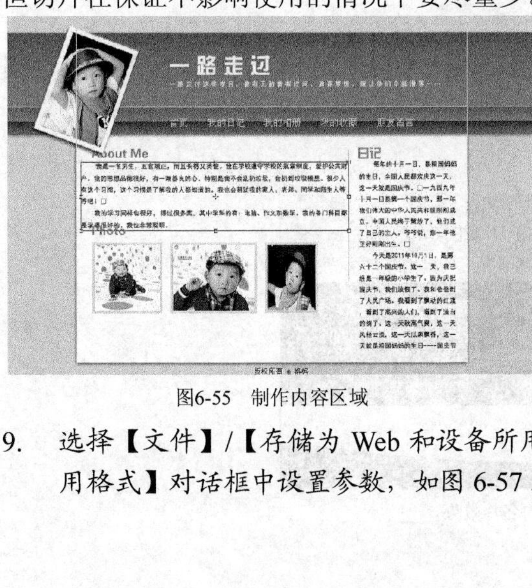

图6-55　制作内容区域

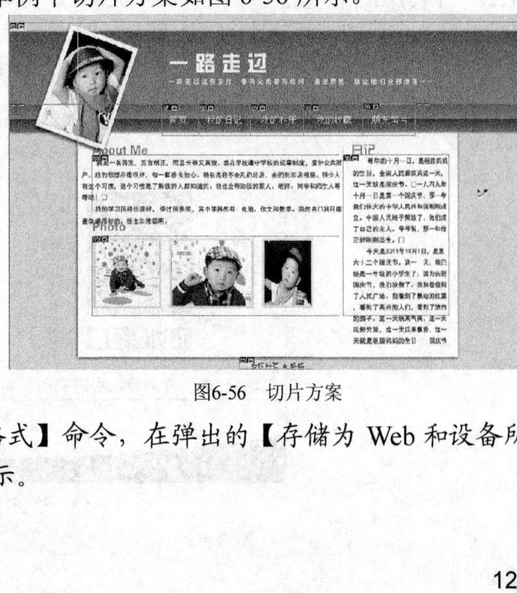

图6-56　切片方案

9. 选择【文件】/【存储为 Web 和设备所用格式】命令，在弹出的【存储为 Web 和设备所用格式】对话框中设置参数，如图 6-57 所示。

要点提示 GIF 图像在网页中是应用非常广泛的一种格式，但是对复杂颜色的表达却力不从心，例如本例中含有照片的图像就最好不要用这种方式保存。

Photoshop CC 的【切片】工具允许用户单独对某个切片进行格式参数设置，读者可以使用【切片选择】工具选中需要特殊保存的切片，在右侧设置该切片的优化参数。

10. 单击 存储 按钮，保存类型选择【HTML 和图像】选项，单击 保存(S) 按钮，将优化结果进行保存，这样就可以将设计好的个人网站效果轻松地变成网页格式了。

图6-57 【存储为 Web 和设备所用格式】对话框参数设置

6.5 课后作业

1. 本次作业将学习利用选区创建工具、【矩形】工具、【填充】工具和【文字】工具等制作名片，最终效果如图 6-58 所示。

图6-58 绘制完成的名片效果

2. 本次作业要求读者调用标志素材并进行企业名片的绘制，以达到灵活运用选区创建及编辑工具、【矩形】工具及【文字】工具的目的。该练习的制作流程示意图如图 6-59 所示。

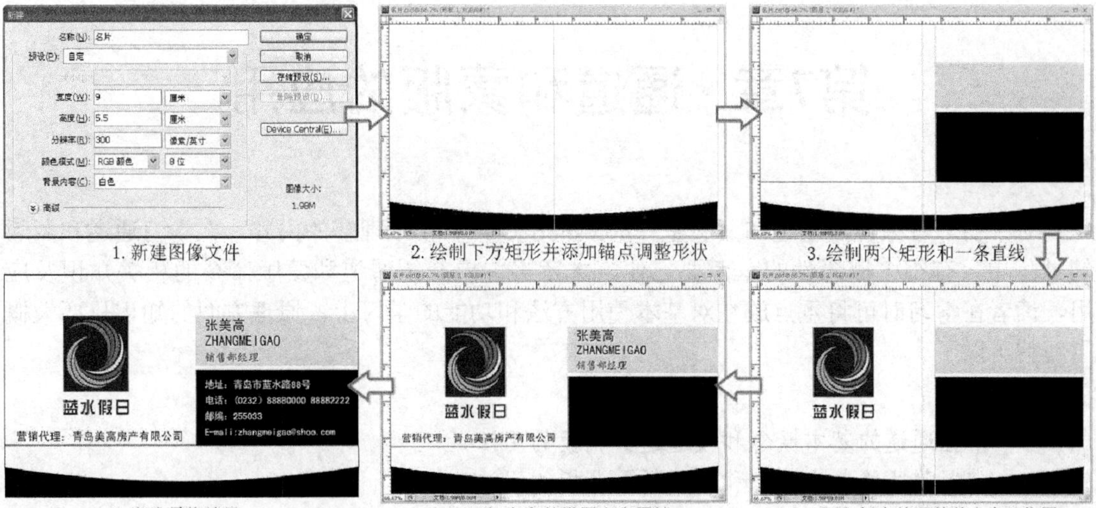

1. 新建图像文件　2. 绘制下方矩形并添加锚点调整形状　3. 绘制两个矩形和一条直线

6. 完成最终效果　5. 添加文字并设置文字属性　4. 调入标志并调整其大小及位置

图6-59　制作流程示意图

【操作步骤提示】

(1) 新建一个名为“名片”的图像文件，设置参数如图 6-59 左上角所示。

(2) 使用【矩形】工具在下方绘制一个长条矩形，颜色填充为“黑色”。显示并添加参考线，使用【添加锚点】工具在长条矩形上侧中点处添加一个锚点并向下移动，调整路径的弧度以改变矩形形状。

(3) 新建两个图层，利用[ ]工具分别绘制两个矩形选区，颜色分别填充为“浅灰色”和“黑色”。使用[/]工具沿黑色矩形下边向左绘制一条黑色直线，粗细设为“2 px”。

(4) 打开本书配套光盘“Map”目录下的“标志.bmp”文件，将其拖入“名片”文件中，并调整文件大小和位置。

(5) 利用[T]工具输入文字，文字内容参见图 6-59。设置公司名称字体为“黑体”，字体大小为“8 点”；姓名字体为“黑体”，字体大小为“10 点”；职位字体为“楷体”，字体大小为“8 点”；其他文字字体为“黑体”，字体大小为“7 点”。最后再调整文字的行距和位置，最终效果如图 6-59 所示。

(6) 选择【文件】/【存储】命令，保存文件。本例完成后，保存在附盘“课后作业”目录中。

第7章　通道和蒙版的应用

对于初学者来说，通道和蒙版是 Photoshop CC 中较难理解的内容。在学习通道和蒙版的过程中，有很多概念性的东西要记住，本章将主要介绍通道和蒙版命令的相关知识及应用，读者在学习时可将重点放在对基本使用方法和功能的学习上，原理方面的知识只要大概了解就可以了。

【学习目标】

- 掌握通道的基本概念和【通道】调板的用法。
- 掌握蒙版的基本概念和【蒙版】调板的用法。
- 掌握图层蒙版的用法。
- 掌握矢量蒙版的用法。
- 掌握快速蒙版的用法。

7.1 功能讲解

通道和蒙版的主要功能是可以快速地创建或存储选区，并对复杂图像的选取或制作图像的特殊效果非常有帮助。通道是用来存储图层选区信息的又一特殊图层，在通道上同样可以进行绘图及编辑等操作。

在实际的设计工作中，对图像的调整、删除等操作若直接作用在图像上，在经过很多次操作后对前期某步的调整不满意，再来重新开始调整会很费事，因此通常会使用蒙版功能来避免这种情况的发生，利用蒙版可以在不破坏图像的前提下，对图像进行灵活编辑。

7.1.1 通道的基本概念

在 Photoshop 中，通道主要用来保存图像的色彩信息和选区，可分为 3 种类型，即颜色通道、Alpha 通道和专色通道。颜色通道主要用来保存图像的色彩信息，Alpha 通道主要用来保存选区，专色通道主要用来保存专色。在本小节的学习中将会具体介绍这部分内容。

一、 颜色通道

保存图像颜色信息的通道称为颜色通道，每个图像都有一个或多个颜色通道，图像中默认的颜色通道数取决于其颜色模式。例如，CMYK 图像默认有 4 个通道，分别代表青色、洋红、黄色和黑色信息。默认情况下，位图模式、灰度、双色调和索引颜色图像只有一个通道，RGB 和 Lab 图像有 3 个通道，CMYK 图像有 4 个通道。

每个颜色通道都存放着图像中颜色元素的信息，所有颜色通道中的颜色叠加混合产生图像中像素的颜色。读者可将通道看作为印刷中的印版，即单个印版对应每个颜色图层。

为了便于理解通道的概念，下面以 RGB 模式图像为例，简单介绍颜色通道的原理。

在图 7-1 中，上面 3 层代表红（R）、绿（G）、蓝（B）3 色通道，最下一层是最终的图像颜色，这一层的图像像素颜色是由 R、G、B 这 3 个通道与之对应位置的颜色混合而成的。图中 4 处的像素颜色是由 1、2、3 处通道的颜色混合而成，这有点类似于调色板，几种颜色调配在一起将产生新的颜色。

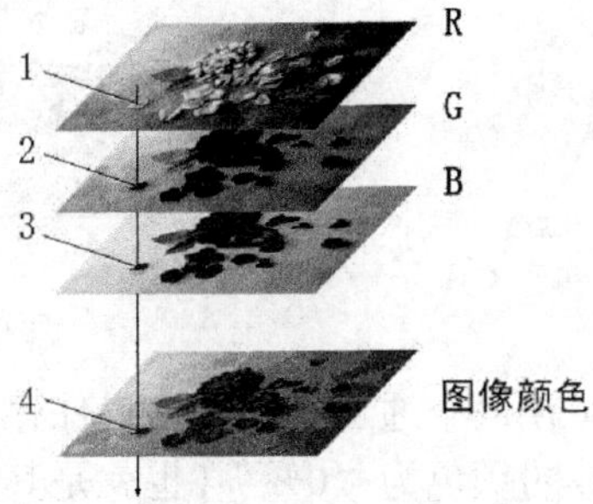

图7-1　通道图解

在【通道】调板中通道都显示为灰色，它通过不同的灰度，表示 0～255 级亮度的颜色。因为通道的效果较难控制，通常不直接修改颜色通道来改变图像的颜色。

除了默认的颜色通道外，还可以在图像中创建专色通道，例如在图像中添加黄色、紫色等通道。在图像中添加专色通道后，必须将图像转换为多通道模式。

二、 Alpha 通道

除了颜色通道外，还可以在图像中创建 Alpha 通道，以便保存和编辑蒙版及选区。用户可以在【通道】调板中创建 Alpha 通道，并根据需要进行编辑，然后再调用选区；也可以在图像中建立选区后，选择【选择】/【存储选区】命令，将现有的选区保存为新的 Alpha 通道。

Alpha 通道也使用灰度表示。其中白色部分对应 100%选择的图像，黑色部分对应未选择的图像，灰色部分表示相应的过渡选择，即选区有相应的透明度。

Alpha 通道也可以转换为颜色通道。

三、 专色通道

专色通道是一种特殊的通道，主要用来保存专色油墨。专色是用于替代或补充印刷色（CMYK）的特殊的预混油墨，如金属质感的油墨、荧光油墨等。通常情况下，专色通道都是以专色的名称来命名的。

7.1.2 【通道】调板

在 Photoshop 提供的【通道】调板中可以创建、保存和管理通道，并观察编辑效果。【通道】调板上列出了当前图像中的所有通道，最上方是复合通道（在 RGB、CMYK 和 Lab 图像中，复合通道为各个颜色通道叠加的效果），然后是单个颜色通道、专色通道，最后是 Alpha 通道。

一、 在【通道】调板中观察颜色通道

选择【文件】/【打开】命令，在弹出的【打开】对话框中选择本书配套光盘“Map”目录下的“RGB.psd”文件，这是做好的一幅 RGB 模式的图像，其中包含 6 个颜色范例图案。图 7-2 中标出的【R】、【G】、【B】值为其对应圆形的颜色值。

此时【通道】调板的效果如图 7-3 所示。左侧是通道内容的缩略图，编辑通道时它会自动

更新；右侧是通道的名称。其中【选区】通道是 Alpha 通道，该通道保存了一个矩形的选区。

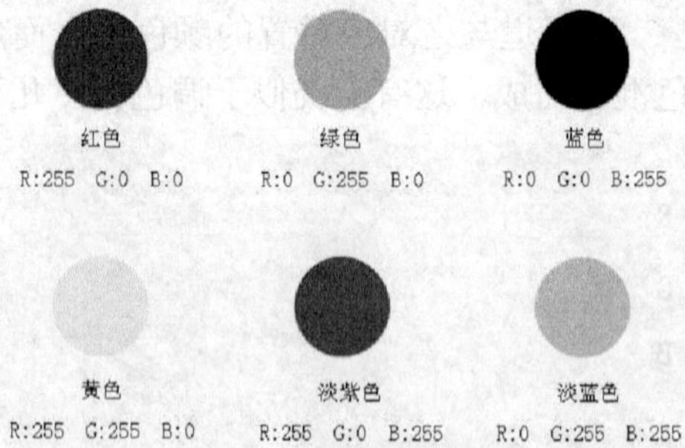

图7-2　打开的颜色图像

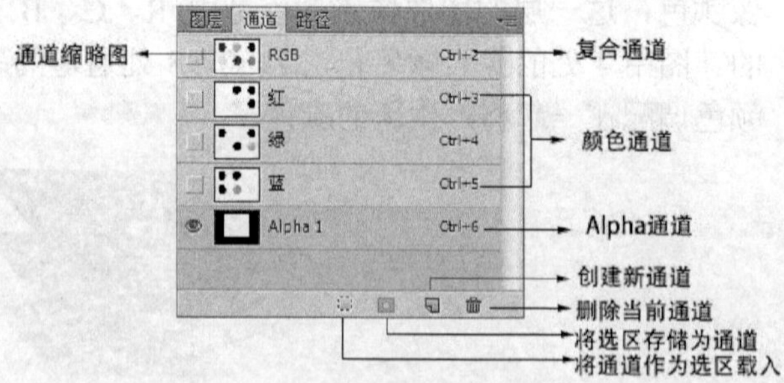

图7-3　【通道】调板

通过观察每个通道可以看到，在每个通道中，该通道保存的颜色为“100%”（也就是其值为“255”）的部分为白色，保存的颜色为“0%”（也就是其值为“0”）的部分为黑色。以【红】通道为例，图像中绿色、蓝色和淡蓝色图像处红色的值为“0”，所以【红】通道中这 3 种颜色处显示为黑色。需要注意的是，白色的【R】、【G】、【B】值都是“255”，所以 3 个通道中白色背景的部分都显示为白色。

读者可以在【通道】调板中分别单击【红】、【绿】、【蓝】通道，将它们逐个选择，每选择一个通道就观察一下图像窗口，此时图像窗口中显示的是当前选择通道的效果。观察图像窗口时，要注意每个通道中黑色圆形的数量和位置，对照前面所学的内容，分析为什么会出现这种结果。最后单击最上方的复合通道，即【RGB】通道，再观察图像窗口，可以看到完整的图像重新显示出来。

二、　从通道载入选区

按住 Ctrl 键，在【通道】调板上单击通道的缩略图，可以根据该通道在【图像】窗口中建立新的选区。

如果图像窗口中已存在选区，可进行以下操作。

- 按住 Ctrl+Alt 键，在【通道】调板上单击通道的缩略图，新生成的选区是从原选区中减去根据该通道建立的选区部分。
- 按住 Ctrl+Shift 键，在【通道】调板上单击通道的缩略图，根据该通道建立的选区添加至原选区。
- 按住 Ctrl+Alt+Shift 键，在【通道】调板上单击通道的缩略图，根据该通道建立的选区与原选区重叠的部分作为新的选区。

三、　【通道】调板的功能

下面来详细介绍【通道】调板的功能。

1. 功能按钮。

【通道】调板下方有 4 个功能按钮，将鼠标光标移至按钮图标处即会出现按钮的功能介绍，单击相应的按钮，完成相应的设置，如图 7-3 所示。

2. 通道的基本操作。

通道的创建、复制、移动堆叠位置（只有 Alpha 通道可以移动）和删除操作与图层相似，这里不再详细介绍。

- 在【通道】调板中单击复合通道，会同时选择复合通道及颜色通道，此时在【图像】窗口中显示图像的效果，可以对图像进行编辑。

- 单击除复合通道外的任意通道，在【图像】窗口中将显示出相应的通道效果，此时可以对选择的通道进行编辑。
- 按住 Shift 键，可以同时选择几个通道，【图像】窗口中显示被选择通道的叠加效果。
- 单击通道左侧的👁按钮，可以隐藏其对应的通道效果，再次单击该按钮，可以将通道效果显示出来。

3. 【通道】调板菜单命令。

单击【通道】调板右上角的☰按钮，弹出的菜单命令如图 7-4 所示。下面就来介绍【通道】调板菜单的功能。

(1) 新建 Alpha 通道。

【新建通道】命令用于创建新的 Alpha 通道，选择该命令，弹出的【新建通道】对话框如图 7-5 所示。

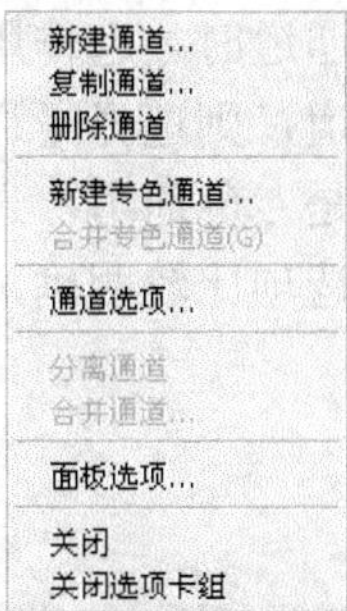

图7-4 【通道】调板菜单命令

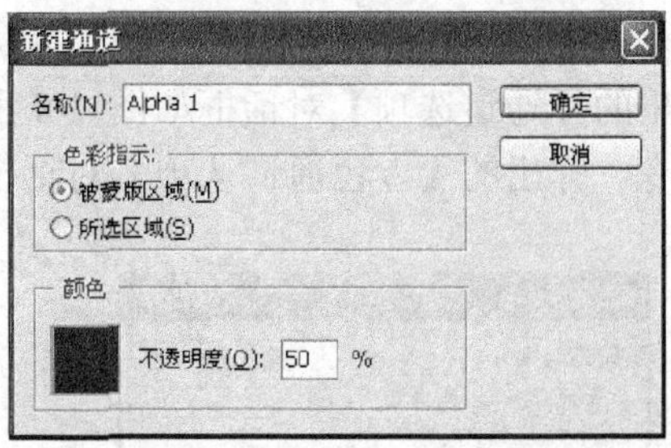

图7-5 【新建通道】对话框

- 在【名称】文本框内输入新 Alpha 通道的名称。
- 在【色彩指示】分组框中点选【被蒙版区域】单选项，则将创建一个黑色的 Alpha 通道；点选【所选区域】单选项，则将创建一个白色的 Alpha 通道。
- 【颜色】色块和【不透明度】值实际上是蒙版的选项。在创建蒙版的时候也同时创建了一个 Alpha 通道，通道、蒙版、选区之间是可以互相转换的。

(2) 复制通道。

【复制通道】命令用来对当前通道进行复制，使用该命令复制出的新通道是 Alpha 通道。在【通道】调板中选择除复合通道外的其他任意一个通道，如在【通道】调板中选择“RGB.psd”文件中的【红】通道，选择【复制通道】命令，弹出的【复制通道】对话框如图 7-6 所示。

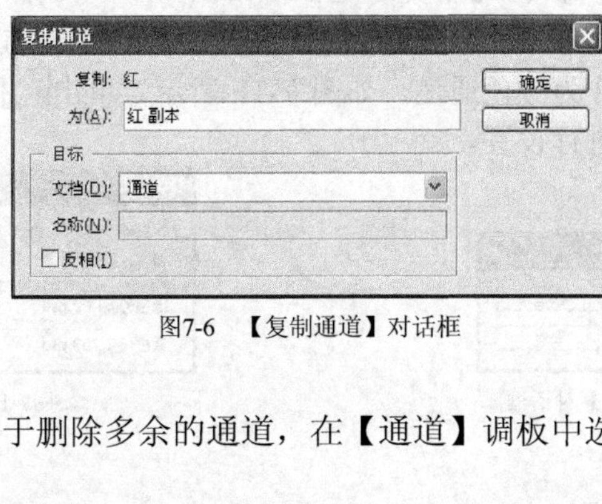

图7-6 【复制通道】对话框

(3) 删除通道。

【删除通道】命令用于删除多余的通道，在【通道】调板中选择要删除的通道并选择该命令，可以将当前被选择的通道删除。

(4) 新建专色通道。

使用【新建专色通道】命令可以创建一个新的颜色通道，这种颜色通道只能在图像中产生一种颜色，所以也称专色通道。选择【新建专色通道】命令，弹出的【新建专色通道】对话框如图 7-7 所示。

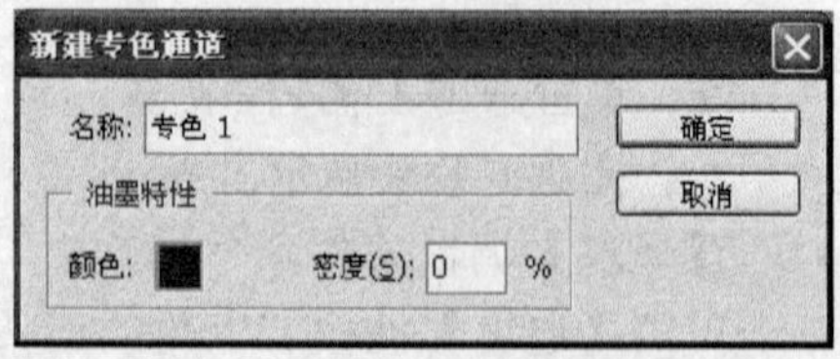

图7-7 【新建专色通道】对话框

(5) 合并专色通道。

【合并专色通道】命令只有在图像中创建了新的专色通道后才可用。图像中颜色通道的数量和类型是受图像的颜色模式控制的，使用该命令可以将新的专色通道合并入图像默认的颜色通道中。

(6) 设置通道选项。

【通道选项】命令只有在选择了 Alpha 通道和新创建的专色通道时才起作用，它主要用来设置 Alpha 通道和专色通道的选项。如果当前选择了 Alpha 通道，则选择【通道选项】命令，弹出的【通道选项】对话框如图 7-8 所示。如果当前选择的是专色通道，选择【通道选项】命令，弹出的【专色通道选项】对话框如图 7-9 所示，它的选项比较明确，这里不再详细介绍。

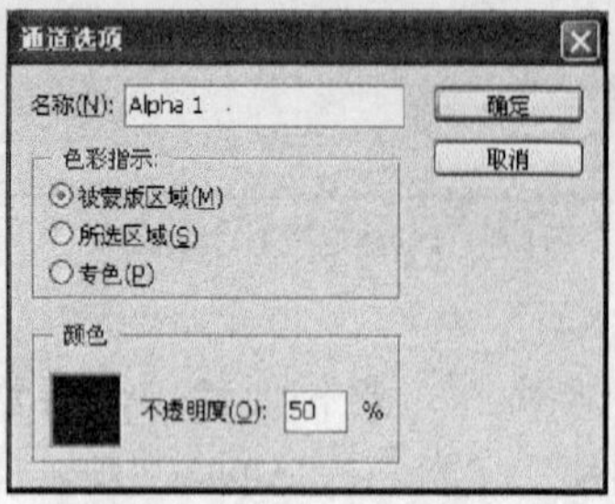

图7-8 Alpha 通道的【通道选项】对话框

图7-9 【专色通道选项】对话框

(7) 分离通道。

选择【分离通道】命令可以将图像中的每一个通道分离为一个单独的灰度图像。

(8) 合并通道。

要使用【合并通道】命令必须满足 3 个条件：一是要作为通道进行合并的图像的颜色模式必须是灰度的；二是这些图像的长度、宽度和分辨率必须完全相同；三是它们必须是已经打开的。选择【合并通道】命令，【合并通道】对话框如图 7-10 所示。

单击【合并通道】对话框中的 确定 按钮，可以在弹出的【合并 RGB 通道】对话框中选择使用哪一个文件作为颜色通道，如图 7-11 所示。单击 模式(M) 按钮，可以回到【合并通道】对话框重新进行设置。

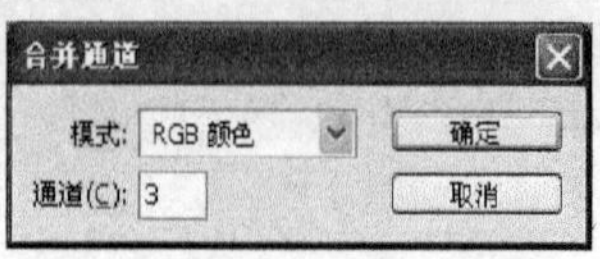

图7-10 【合并通道】对话框

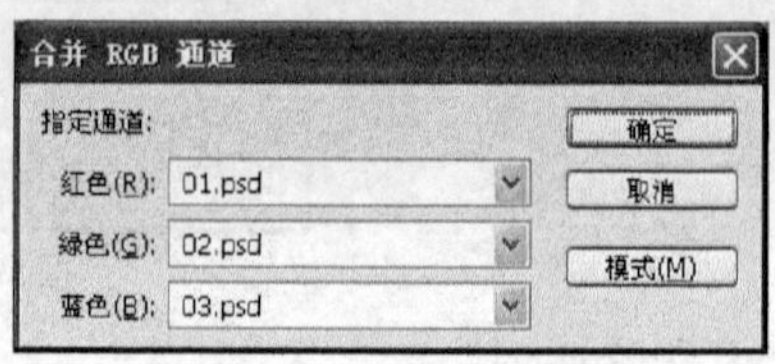

图7-11 指定通道

7.1.3 通道练习实例

用户在使用通道时最常用到的是利用通道存储和调用选区的功能，利用通道可以在复杂的图像中选择特殊图形。下面通过一个简单的范例来学习利用通道选择图像并去除背景。

通道的练习——利用通道抠图

在该练习中，需要将人物的背景去掉。因为图中人物头发比较零碎，使用前面学过的知识来去除背景都不是很方便，原图与去除背景后的效果如图 7-12 和图 7-13 所示。

图7-12 原图

图7-13 去除背景的效果

1. 选择【文件】/【打开】命令，打开本书配套光盘“Map”目录下的“人物 01.jpg”文件。
2. 选择【文件】/【存储为】命令，将当前图像命名为“抠图.psd”保存。
3. 在【图层】调板中将背景层再复制一层，修改新复制图层的名称为“01”。

切换到【通道】调板，在【通道】调板中依次选择各颜色通道，发现【蓝】通道中人物与背景反差较大，下面利用【蓝】通道进行选择。

4. 在【通道】调板中拖曳【蓝】通道至按钮上，复制出一个新的 Alpha 通道。
5. 在【通道】调板中双击新通道的名称，将其重命名为“抠图”。
6. 选择【图像】/【调整】/【亮度/对比度】命令，参数的设置如图 7-14 所示，完成的效果如图 7-15 所示。

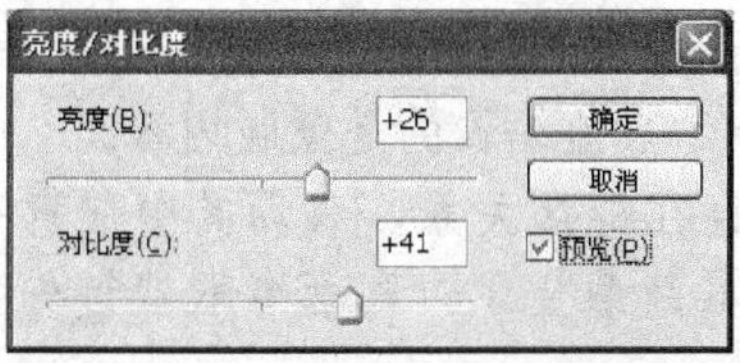

图7-14 【亮度/对比度】对话框参数设置

图7-15 完成效果（1）

7. 选择【图像】/【调整】/【阀值】命令，参数的设置如图 7-16 所示，完成的效果如图 7-17 所示。

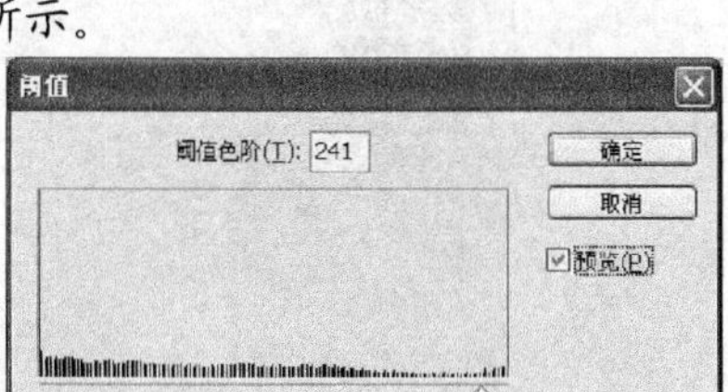

图7-16 【阀值】对话框参数设置

图7-17 完成效果（2）

8. 设置前景色为黑色，背景色为白色，单击工具箱中的按钮，设置合适的画笔大小，将画面绘制成如图 7-18 所示的效果。

9. 按住 Ctrl 键，单击【通道】调板中的【抠图】通道，将其载入选区。
10. 将前景色设置为亮黄色，并填充选区，最终效果如图 7-19 所示。

图7-18　绘制效果

图7-19　去除背景后的效果

7.1.4　蒙版的基本概念

在 Photoshop 中，蒙版主要用来控制图像的显示区域。用户可以用蒙版来隐藏不想显示的区域，但并不会将这些内容从图像中删除。因此，运用蒙版处理图像是一种非破坏性的编辑方式。

Photoshop 提供了 3 种类型的蒙版，即图层蒙版、剪贴蒙版和矢量蒙版。在图像中，图层蒙版的作用是根据蒙版中的灰度信息来控制图像的显示区域；剪贴蒙版是通过一个对象的形状来控制其他图层的显示区域；矢量蒙版是通过路径和矢量形状来控制图像的显示区域。

7.1.5　图层蒙版

在图像中，图层蒙版的作用是根据蒙版中颜色的变化使其所在层图像的相应位置产生透明效果。图层蒙版中使用灰度颜色，其中，当前图层中与蒙版的白色部分相对应的图像不产生透明效果，与蒙版的黑色部分相对应的图像完全透明，与蒙版的灰色部分相对应的图像根据其灰度产生相应程度的透明效果。如图 7-20 所示，添加蒙版后，在图层缩略图右侧会添加蒙版的缩略图，中间是链接图标。

- 单击图层缩略图，当缩略图以白边显示时，表示当前编辑的是图像内容。
- 单击蒙版缩略图，当缩略图以白边显示时，表示当前编辑的是蒙版内容。
- 图标：当显示该图标时，表示图层与蒙版存在链接关系，移动其中任意一个，另一个也会同样移动。单击该按钮，使其隐藏显示，则两者取消链接关系，移动任意一个，另一个不受影响。

图7-20　图层蒙版

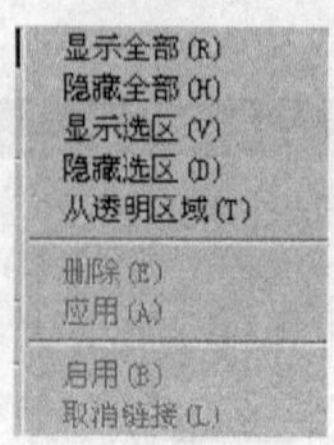

图7-21　图层蒙版子菜单

一、 创建图层蒙版

创建图层蒙版的方法有两种。

- 在图像中建立选区，单击【图层】调板中的【添加图层蒙版】按钮，即在当前图层上创建图层蒙版，默认添加的图层蒙版显示选区内的图像。
- 在图像中建立选区，选择【图层】/【图层蒙版】命令，在弹出的子菜单中选择【显示全部】命令，如图 7-21 所示，当前图层中的图像将会全部显示，图层蒙版全部为白色。选择【隐藏全部】命令，当前图层中的图像将会全部隐藏，图层蒙版全部为黑色。选择【显示选区】命令，选区内的图像将会显示，而选区外的图像将被隐藏，图层蒙版选区内对应的部分为白色，其他部分为黑色。选择【隐藏选区】命令，选区内的图像将被隐藏，选区外的将会显示，图层蒙版选区内对应的部分为黑色，其他部分为白色。

在【图层】调板中单击图层蒙版缩览图，此时处于对图层蒙版的编辑状态。

二、 停用/启用图层蒙版

有以下两种方法停用图层蒙版。

- 在【图层】调板的图层蒙版缩览图上单击鼠标右键，在弹出的快捷菜单中选择【停用图层蒙版】命令，图层蒙版即被停用，此时图层蒙版缩览图上会出现一个红色的“×”号。
- 选择【图层】/【图层蒙版】/【停用】命令，也可以停用图层蒙版。

如果当前图层蒙版已经被停用，可进行以下操作。

- 在【图层】调板的图层蒙版缩览图上单击鼠标右键，在弹出的快捷菜单中选择【启用图层蒙版】命令，图层蒙版将被重新启用，此时图层蒙版缩览图上的“×”号将消失。
- 选择【图层】/【图层蒙版】/【启用】命令，也可以重新启用图层蒙版。

三、 删除图层蒙版

删除图层蒙版的方法有两种。

- 在【图层】调板的图层蒙版缩览图上单击鼠标右键，在弹出的快捷菜单中选择【删除图层蒙版】命令，此时图层蒙版将被删除，原图像不受影响。
- 选择【图层】/【图层蒙版】/【删除】命令，也可以删除图层蒙版。

四、 应用图层蒙版

应用图层蒙版的方法有两种。

- 在【图层】调板的图层蒙版缩览图上单击鼠标右键，在弹出的快捷菜单中选择【应用图层蒙版】命令，此时图层蒙版将被删除，原图像只保留使用图层蒙版时可见的部分，其他部分也被删除。
- 选择【图层】/【图层蒙版】/【应用】命令，也可以应用图层蒙版。

7.1.6 矢量蒙版

矢量蒙版是由钢笔或形状工具创建的与分辨率无关的蒙版，它通过路径和矢量形状来控制图像的显示区域，可以任意缩放。矢量蒙版常用来创建各种形状的画框、Logo、按钮、面板等设计元素。

选择【自定形状】工具，在工具选项栏中单击【路径】按钮，再单击【形状】按钮，可以在弹出的【形状】面板中选择需要的自定义形状效果，单击并拖曳鼠标光标便可以绘制该形状。再选择【图层】/【矢量蒙版】/【当前路径】命令，即可基于当前路径创建矢量蒙版，路径区域之外的图像便会被蒙版遮挡，添加矢量蒙版后的图层形态以及添加蒙版效果如图 7-22 和图 7-23 所示。

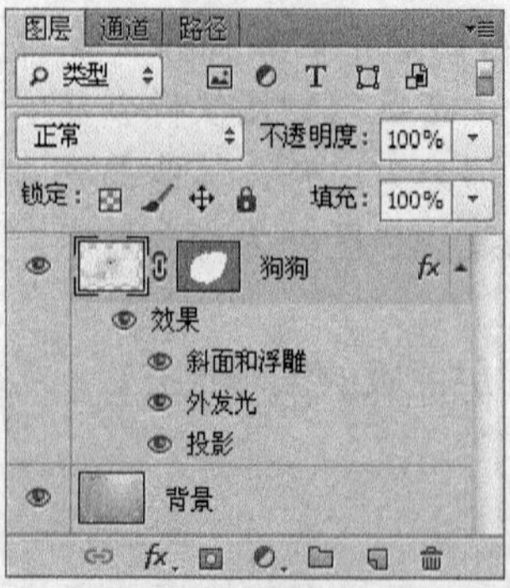

图7-22　矢量蒙版图层

图7-23　添加蒙版效果

- 在【图层】调板中选择添加了矢量蒙版的图层，单击【图层】调板底部的【添加图层样式】图标 fx.，在弹出的菜单中选择任意一个命令，打开【图层样式】对话框，即可为矢量蒙版添加各种样式。图 7-23 所示为矢量蒙版添加了【投影】和【描边】效果。
- 创建了矢量蒙版之后，还可以使用路径编辑工具对路径进行编辑，从而改变蒙版的遮盖区域。首先要选择矢量蒙版，使用【路径选择】工具，可以选择矢量图形将其移动或删除；选择【编辑】/【变换路径】下的各种命令，可以对矢量蒙版进行各种变换操作，以此改变蒙版的形状。
- 选择矢量蒙版所在的图层，选择【图层】/【栅格化】/【矢量蒙版】命令，可以栅格化矢量蒙版，将其转换为图层蒙版。
- 选择矢量蒙版所在的图层，选择【图层】/【矢量蒙版】/【删除】命令，可以删除矢量蒙版。

7.1.7 快速蒙版

在工具箱下方有一个【进入快速蒙版】按钮，单击按钮，将以快速蒙版的方式进行编辑，此时所进行的操作对图像本身不产生作用，而是对当前在图像中产生的快速蒙版进行编辑。再次单击按钮，将退出快速蒙版的编辑模式，此时所进行的操作对当前图像起作用。

一、 快速蒙版与图层蒙版的区别

本小节所讲的快速蒙版与 7.1.5 小节所讲的图层蒙版并不是同一种功能，读者在学习时要注意区分。

使用图层蒙版需要在【通道】调板中保存蒙版，它的主要功能是根据蒙版中颜色的变化使其所在层图像的相应位置产生透明效果。

而使用快速蒙版时，【通道】调板中会出现一个临时的快速蒙版通道，但操作结束后不在【通道】调板中保存该蒙版，而是直接生成选区。快速蒙版常被用来创建各种特殊选区，从而制作出特别的图像效果。

二、 使用快速蒙版创建选区

使用快速蒙版创建选区有以下几个基本步骤。

1. 打开或新建一幅图像。
2. 单击工具箱下方的【进入快速蒙版】按钮，进入快速蒙版编辑状态。
3. 利用工具箱中的工具或菜单命令编辑快速蒙版，例如使用工具或工具等对快速蒙版进行编辑。
4. 单击工具箱中的【退出快速蒙版】按钮，回到标准编辑模式，此时图像中出现利用快速蒙版创建的选区，下面再进行的编辑操作将重新对图像起作用。

三、 设置快速蒙版选项

双击工具箱中的按钮，弹出的【快速蒙版选项】对话框如图 7-24 所示。

- 点选【被蒙版区域】单选项，快速蒙版中不显示色彩的部分将作为最终的选区；点选【所选区域】单选项，快速蒙版中显示色彩的部分作为最终的选区。
- 【颜色】色块决定快速蒙版在【图像】窗口中显示的色彩。【不透明度】值决定快速蒙版的最大不透明效果值。

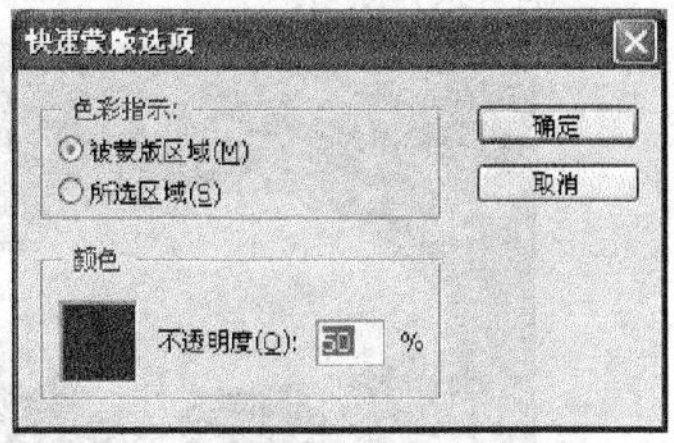

图7-24 【快速蒙版选项】对话框

7.2 范例解析——创意图片制作

该例通过创意照片的制作介绍蒙版与通道的基本使用方法，其基本步骤是首先使用通道抠取图像，然后使用蒙版与图层的混合模式将两幅图片进行重新组合。本例的最终效果如图 7-25 所示。

1. 选择【文件】/【打开】命令或按 Ctrl+O 键，打开配套光盘“Map”目录下的“蓝天.jpg”文件。
2. 选择【文件】/【存储为】命令或按 Ctrl+Shift+S 键，将文件命名为“创意照片.psd”保存。
3. 再次选择【文件】/【打开】命令，打开配套光盘“Map”目录下的“鱼.jpg”文件。
4. 在【通道调板】中，单击【红】通道，拖曳【红】通道到调板下侧的按钮上，如图 7-26 和图 7-27 所示。

图7-25 创意图片最终效果

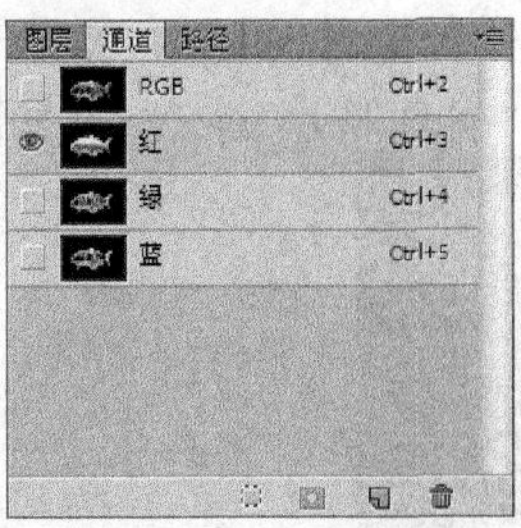

图7-26 单击【红】通道

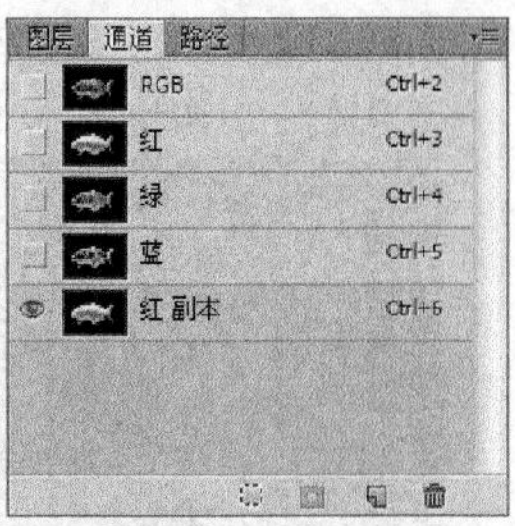

图7-27 复制【红】通道

5. 选择【图像】/【调整】/【色阶】命令或按 Ctrl+L 键，弹出【色阶】对话框，如图 7-28 所示。调整对话框中的滑块位置，如图 7-29 所示。

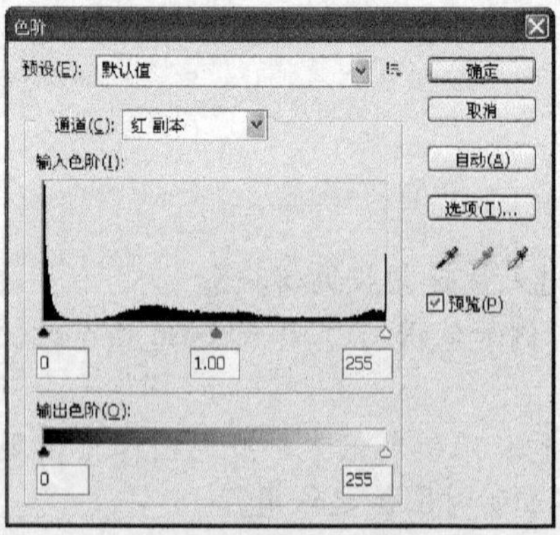

图7-28　【色阶】对话框

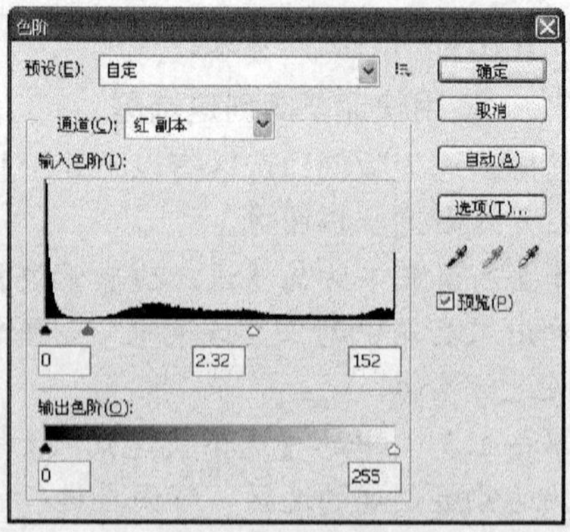

图7-29　调整滑块位置

6. 设置色阶后的图像效果如图 7-30 所示。单击工具箱中的工具，涂抹掉多余的白色，如图 7-31 所示。

图7-30　图像效果

图7-31　涂抹掉多余的白色

7. 按住 Ctrl 键单击【红副本】通道，选择“鱼”，如图 7-32 所示。使用工具将选择区域涂白，如图 7-33 所示。然后再次按住 Ctrl 键，单击【红副本】通道。

图7-32　选择“鱼”

图7-33　将选区涂白

8. 单击【通道】调板中的【RGB】通道，返回【图层】调板，选择【选择】/【修改】/【羽化】命令，设置【羽化半径】为“5”，效果如图 7-34 所示。
9. 利用工具拖曳鱼图像到“创意照片.psd”文件中，如图 7-35 所示。

图7-34　被选中的“鱼”

图7-35　拖曳“鱼”图像到“创意照片.psd”文件中

10. 复制背景层，调整图层叠放次序，如图 7-36 所示。更改“背景 副本”图层的混合模式为“滤色”，如图 7-37 所示。

图7-36 调整图层叠放次序

图7-37 更改图层混合模式

11. 激活“背景 副本”图层，单击【图层】调板下侧的按钮，效果如图 7-38 所示。

12. 设置背景色为黑色，选择工具箱中的工具，设置选项栏中的【不透明度】参数为“40%”，在图像中涂抹，如图 7-39 所示。

图7-38 添加图层蒙版后的效果

图7-39 使用【橡皮擦】工具涂抹

13. 激活“鱼”图层，选择【图像】/【调整】/【色彩平衡】命令，弹出【色彩平衡】对话框，参数的设置如图 7-40 所示，效果如图 7-41 所示。

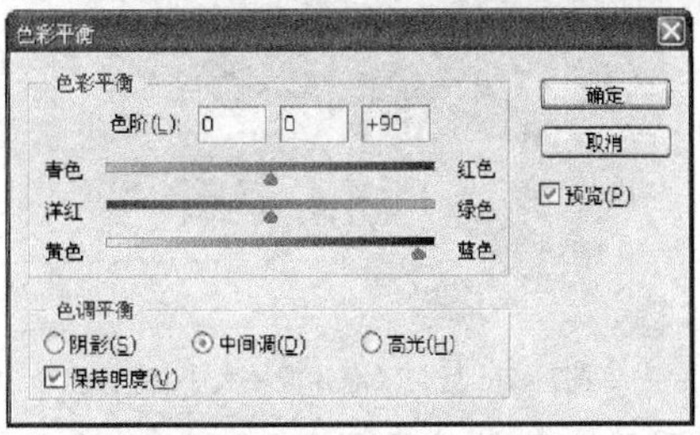

图7-40 【色彩平衡】对话框

图7-41 调整色彩平衡后的效果

14. 激活“背景”图层，选择【滤镜】/【扭曲】/【波浪】命令，弹出【波浪】对话框，具体参数的设置如图 7-42 所示。单击 确定 按钮，效果如图 7-43 所示。

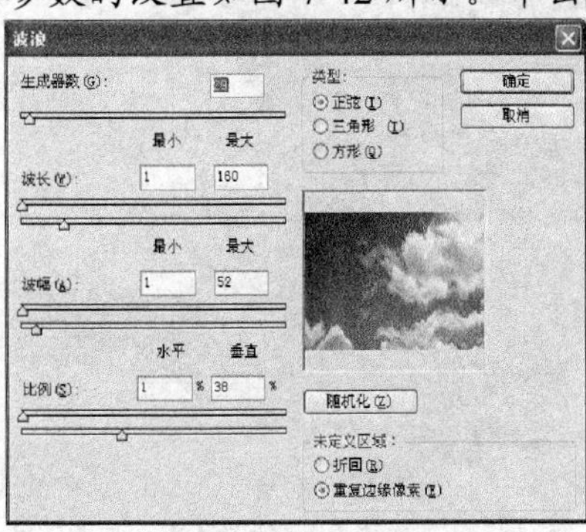

图7-42 【波浪】对话框

图7-43 选择【波浪】命令后的效果

15. 新建一个图层，绘制圆形选区，填充色为浅蓝色（R:150,G:190,B:200），在【图层】调板中调整【不透明度】参数为“40%”，添加图层样式如图 7-44 所示，添加后的效果如图 7-45 所示。

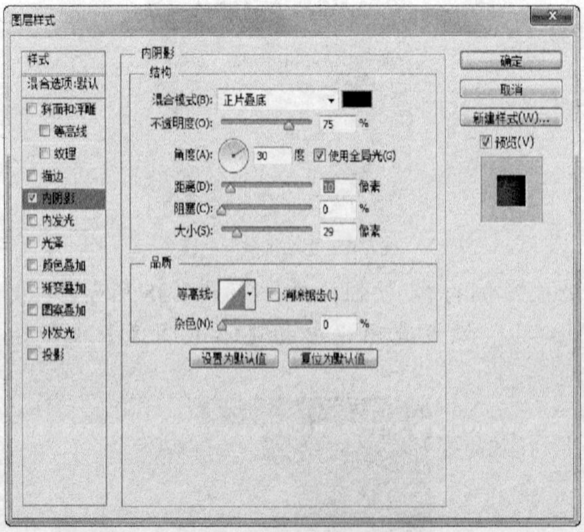

图7-44　添加图层样式

图7-45　选择【内阴影】命令后的效果

16. 按 Ctrl+D 键，取消选区。使用 工具绘制高光部分，如图 7-46 所示。复制“气泡”图层，并改变大小及位置，如图 7-47 所示。

图7-46　给气泡添加高光

图7-47　复制气泡并调整大小和位置

17. 合并 3 个“气泡”图层，并对其进行色彩平衡调整，参数的设置如图 7-48 所示，创意图片效果如图 7-49 所示。

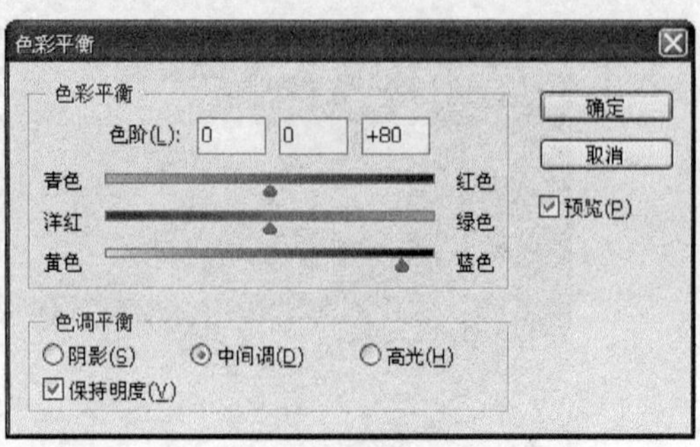

图7-48　【色彩平衡】对话框参数设置

图7-49　选择【色彩平衡】命令后的效果

7.3 课堂实训——艺术相框制作

下面通过课堂实训再来巩固一下本章所学的知识，加强练习使用通道和蒙版以及前面所学的各种工具和命令，来创建出丰富多彩的图像效果。

本次实训将学习如何使用【通道】命令来制作个性漂亮的相框，最终效果如图 7-50 所示。

图7-50 艺术相框效果

本次实训要求读者制作一种撕纸的效果，读者可根据此例举一反三，做出更加丰富多变的相框效果，以达到灵活运用通道及滤镜命令的目的。该练习的制作流程图如图 7-51 所示。

【操作步骤提示】

1. 新建一个名为“艺术相框”的图像文件，参数设置如图 7-51 左上角所示。
2. 打开本书配套光盘“Map”目录下的“艺术相框素材.jpg”文件，将其拖入到“艺术相框”文件中，并调整大小和位置。
3. 使用【多边形套索】工具绘制如图 7-51 右上角所示的选区。
4. 在【通道】调板的下方单击【将选区存储为通道】按钮，把选区保存起来。选中新建的通道，按Ctrl+D键取消选区。
5. 选择【滤镜】/【滤镜库】/【画笔描边】/【喷溅】命令，弹出【喷溅】滤镜对话框，设置【喷色半径】为“23”，【平滑度】为“14”。
6. 在【通道】调板的下方单击【将通道作为选区载入】按钮，得到不规则选区。将选区反选，并按下Delete键删除选中部分的图像。
7. 为“图层 1”添加【投影】图层样式，参数的设置如图 7-51 中步骤 7 所示。
8. 选择【文件】/【存储】命令，保存文件。本例完成后，保存在附盘“最终效果”目录中。

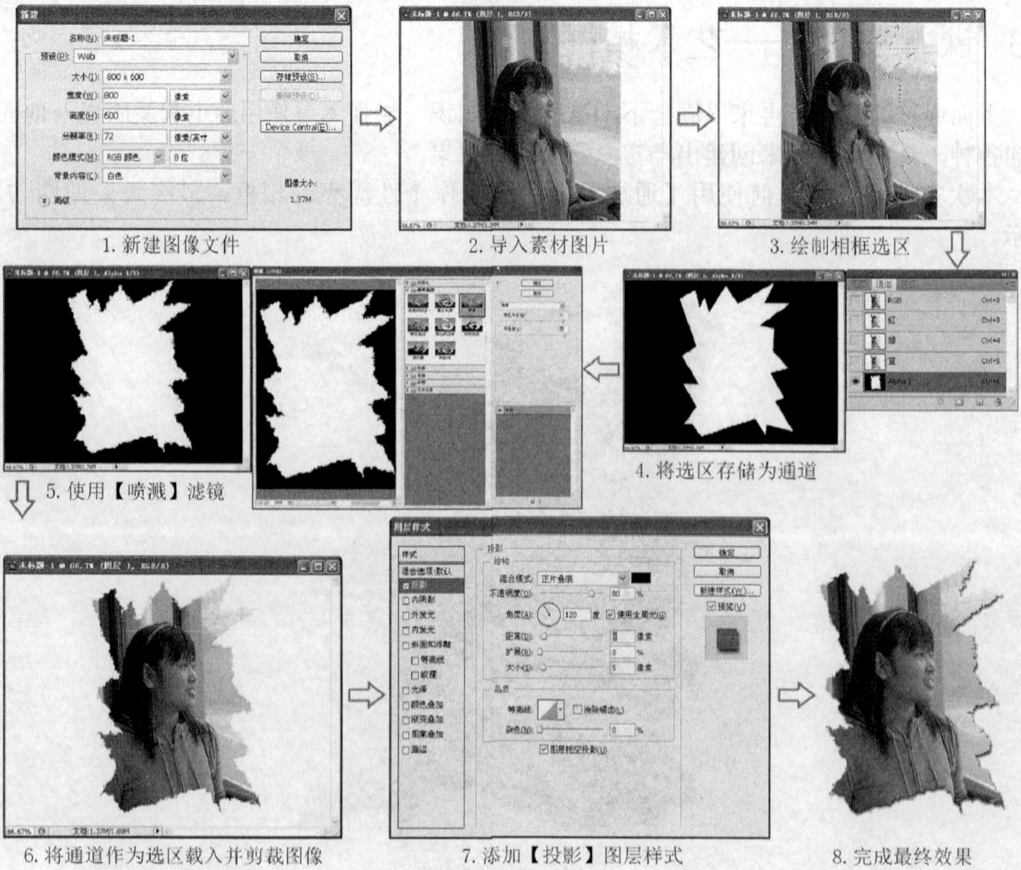

图7-51　制作流程示意图

7.4　综合案例——老照片风格装饰画的制作

读者可以利用本章所学的命令，制作出各种风格的装饰画。本节将结合多种知识设计制作一幅老照片风格的装饰画，通过练习使读者重点掌握蒙版命令和图层混合模式等命令在装饰画制作中的用法。该例的最终效果如图 7-52 所示。

图7-52　老照片风格装饰画效果

【操作步骤提示】

1. 选择【文件】/【打开】命令，打开本书配套光盘“Map”目录下的“仙人掌.jpg”文件。
2. 选择【文件】/【存储为】命令，将当前图像命名为“装饰画.psd”保存。
3. 双击背景图层，在弹出的【新建图层】对话框中修改【名称】为“仙人掌”，单击 确定 按钮，将背景图层转化为普通图层。
4. 新建“图层 黑色”图层，填充图层为亮橘色（R:246,G:156,B:0），并调整图层到最底层。
5. 新建“图层 褐色”图层，填充图层为褐色（R:74,G:52,B:8），并调整图层到最顶层，再在【图层】调板左上角的 正常 下拉列表中选择“颜色”。
6. 新建“图层 杂点”图层，填充图层为灰色（R:170,G:170,B:170），选择【滤镜】/【杂色】/【添加杂色】命令，弹出【添加杂色】对话框，设置【数量】为“30”，勾选【单色】复选项。
7. 在【图层】调板左上角的 正常 下拉列表中选择“颜色加深”，效果如图 7-53 所示。
8. 选择“仙人掌”图层为当前图层，利用工具在图像中创建一个如图 7-54 所示的选区。

图7-53　图层混合后的效果

图7-54　创建选区

9. 选择【选择】/【修改】/【羽化】命令，弹出【羽化选区】对话框，将【羽化半径】值修改为“80”。
10. 单击【图层】调板底部的按钮，将自动创建填充好的蒙版，效果如图 7-55 所示。
11. 新建“图层 划痕”图层，并调整图层到“仙人掌”图层之上。
12. 选择工具，参照图 7-56 所示设置画笔，参照图 7-57 所示绘制随意效果的划痕。

图7-55　创建蒙版效果（1）

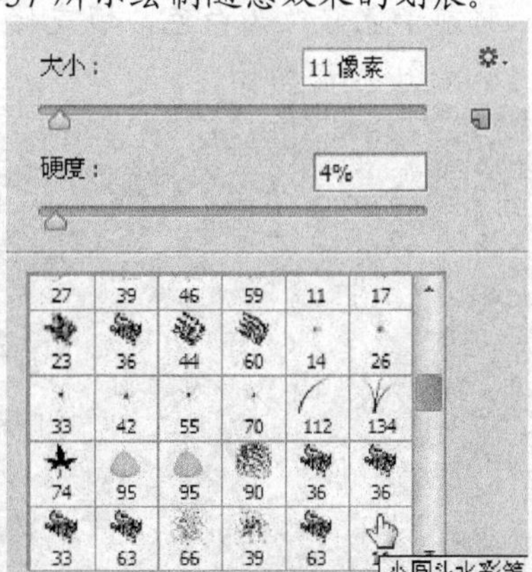

图7-56　画笔设置

13. 选择◯工具，将【羽化】值修改为“20”，在图像中创建一个如图 7-58 所示的选区。

图7-57　绘制划痕

图7-58　绘制选区

14. 单击【图层】调板底部的◯按钮，将自动创建填充好的蒙版，效果如图 7-59 所示。
15. 新建“图层 文字”图层，并调整图层到“图层 划痕”图层之上，然后输入如图 7-60 所示的文字。

图7-59　创建蒙版效果（2）

图7-60　输入文字

16. 参照步骤 12～步骤 13 为文字添加划痕效果，效果如图 7-61 所示。
17. 新建“图层 文字发光”图层，并调整到“图层 文字”图层之上。
18. 载入“图层 文字”的选区，选择【选择】/【修改】/【扩展】命令，将选区扩展量设置为“2 px”，并将选区进行羽化，【羽化半径】设置为“5”。
19. 将前景色修改为白色，填充修改后的选区，并将【图层不透明度】修改为“55”，效果如图 7-62 所示。

图7-61　文字划痕效果

图7-62　修改图层不透明度后的效果

20. 新建“图层 文字 2”图层，输入段落文字，效果如图 7-63 所示。
21. 复制“仙人掌”图层，并调整图层到所有图层之上。
22. 将复制后的图层的蒙版删除，并将图层混合模式设置为“柔光”，完成后的效果如图 7-64 所示。

图7-63 输入段落文字

图7-64 最终效果

7.5 课后作业

打开本书配套光盘“Map”目录下的“人物 02.jpg”文件，使用蒙版命令来制作一种遮罩效果，最终效果如图 7-65 所示。读者也可根据此例举一反三，做出更加丰富多变的遮罩效果，以达到灵活运用选区创建工具和蒙版命令的目的。操作时请参照本书配套光盘“课后作业”目录下的“蒙版遮罩效果.psd”文件。

图7-65 蒙版遮罩效果

该例的制作流程图如图 7-66 所示。

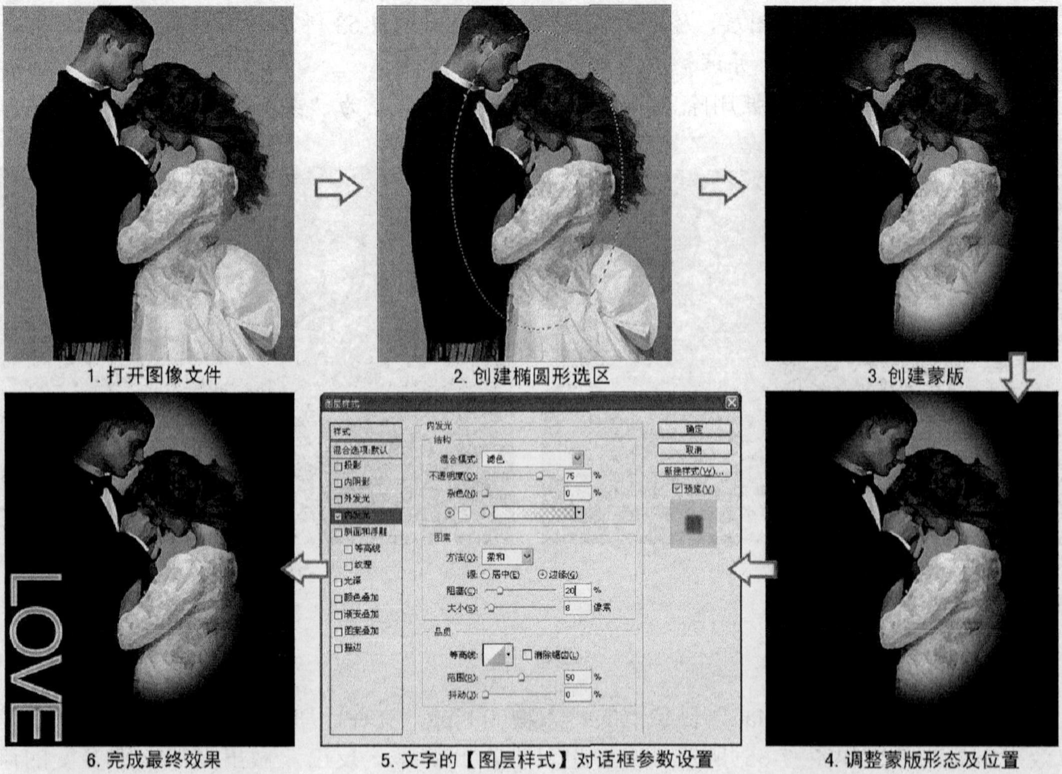

图7-66 制作流程示意图

【操作步骤提示】

(1) 选择【文件】/【打开】命令，打开本书配套光盘“Map”目录下的“人物 02.jpg”文件。选择【文件】/【存储为】命令，将当前图像命名为“蒙版遮罩效果.psd”保存。

(2) 双击背景图层，在弹出的【新建图层】对话框中修改【名称】为“人物”，单击 确定 按钮，将背景图层转化为普通图层。

(3) 新建“图层 1”，填充图层为黑色，并调整到最底层。

(4) 选择“人物”图层为当前图层，单击工具箱中的按钮，将【羽化】值修改为“20”，在图像中创建一个如图 7-66 步骤 2 所示的选区。

(5) 单击【图层】调板底部的按钮，将自动创建填充好的蒙版，效果如图 7-66 步骤 3 所示。

(6) 单击图层缩略图与蒙版缩略图中间的图标，取消图层与蒙版的链接关系。

(7) 单击蒙版缩略图，使缩略图的白边显示出来，利用工具移动蒙版以观察图像区域，查看蒙版的遮罩效果。也可按 Ctrl+T 键，调整蒙版的形态。读者可参照图 7-66 右下角所示调整蒙版的遮罩效果。

(8) 新建一个图层，选择工具，添加文字，设置字体为“Arial”、字体大小为“120 点”。为文字图层添加【内发光】图层样式，调整参数如图 7-66 所示。

第8章　图层的高级应用

本章将主要介绍图层的高级应用，这部分内容对于制作一些特殊效果的图像非常有用，特别适用于制作一些有立体效果和特殊形状的图像。另外，这些内容也是 Photoshop CC 中相对较难理解的一部分，读者可以通过做练习边操作边理解。

【学习目标】

- 掌握使用图层样式的方法。
- 掌握使用图层混合模式的方法。
- 学习图层组和图层剪贴组的用法。
- 掌握智能对象的用法。

8.1　功能讲解

在第 3 章中简单介绍了图层的基本概念和基本功能，但图层的功能远远不止这些。本节将学习图层的高级应用，包括图层样式、图层混合模式、图层组和图层剪贴组等内容。使用图层的高级功能可以使图像获得更加出色的效果。

8.1.1　图层样式

在前面介绍图层类型时曾经讲过，在【图层】调板上某层右侧出现【效果层】图标 fx. 时，该图层就是一个效果层，在效果层中可以产生立体、发光及填充等效果。所说的效果层实际上就是应用了图层样式的图层。下面就来介绍如何对一个图层应用图层样式。

一、　使用图层样式

选择【图层】/【图层样式】/【混合选项】命令，或双击图层缩略图或图层名称右侧的空白处，或单击【图层】调板底部的【添加图层样式】图标 fx.，均可弹出【图层样式】对话框，如图 8-1 所示。对话框左侧为图层样式选项列表区，在该对话框中可以设置多个图层样式；中间为参数设置区，在此可以设置各个图层样式的参数，从而获得不同的图层样式效果；右侧为预览区，用户能够在设置参数时实时预览到参数调整对整体效果的影响。

【混合选项】默认的图层样式包括【投影】、【内阴影】、【外发光】、【内发光】、【斜面和浮雕】、【光泽】、【颜色叠加】、【渐变叠加】、【图案叠加】及【描边】等 10 种效果，选中不同的选项后，相应的参数设置及选项栏会随之更新，通过设置不同的参数会产生不同的图层样式效果。

在【图层样式】对话框左侧单击【样式】选项，右侧更新为 Photoshop CC 提供的默认样式列表，如图 8-2 所示。单击相应的样式就可将其应用到当前图层中，单击列表中的 ⊠ 图标可以取消当前图层应用的样式。

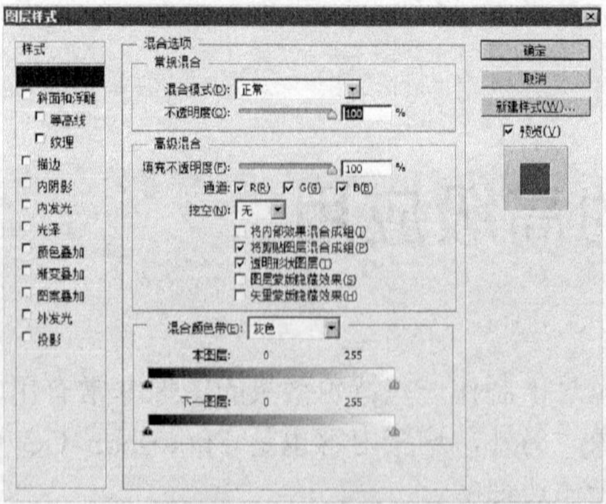

图8-1　【图层样式】对话框

图8-2　图层样式列表

二、　保存图层样式

除了 Photoshop CC 自带的预设图层样式外，用户还可以将已设置好的图层样式定义为新的预设样式，可以在其他文件或以后的工作中调入使用，以便于提高工作效率。

选择【窗口】/【样式】命令，即可打开【样式】调板，【样式】调板用来保存、管理和应用图层样式。图 8-3 所示为原【样式】调板和新添加样式后的【样式】调板。

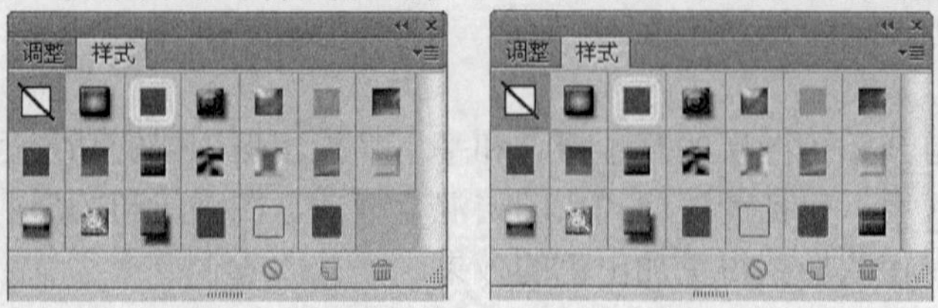

图8-3　【样式】调板

三、　【图层】/【图层样式】命令

选择【图层】/【图层样式】命令，弹出如图 8-4 所示的子菜单，其中【投影】命令左侧有一个“√”，这表示当前图层已应用【投影】样式。一个图层中可能同时使用多种图层样式效果，如果要取消某一种效果，只要再次单击相应的菜单命令，将其左侧的“√”取消即可。

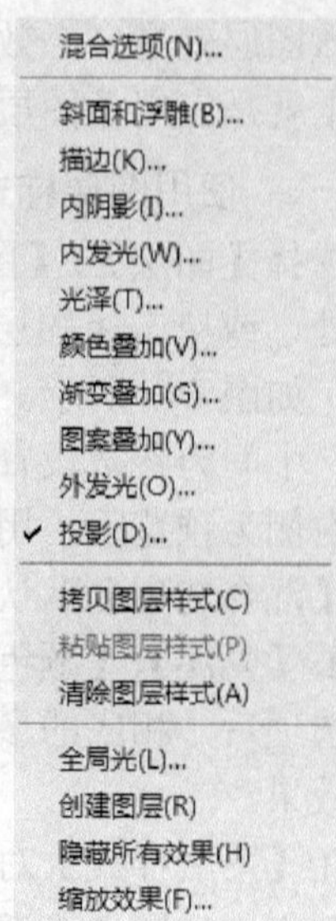

图8-4　【图层】/【图层样式】命令

四、　复制、粘贴和清除图层样式

在 Photoshop CC 中，图层样式与图像、文字一样，也可以对其进行复制和粘贴的操作，图 8-4 中的第 3 组命令就是对图层样式进行复制、粘贴和清除操作。除了在同一文件的不同图层间进行图层样式的复制、粘贴外，还可以在不同文件的图层间进行。

五、　图层样式的全局设置

除了对图层样式中的各个效果进行单独设置外，还有一些可以对整体效果进行设置的命令，这些命令称为图层样式的全局设置命令。图 8-4 所示的最后一组命令就是对图层样式进行全局设置的命令。

8.1.2 图层混合模式

一个图层混合模式将决定当前图层中的像素与其下面图层中的像素以何种模式进行混合。在【图层】调板左上角有一个图层混合模式下拉列表 正常 ，在此列表中包括 6 组共 25 种图层混合模式选项，选择不同的选项可以将当前图层设为不同的混合模式，从而使其产生不同的效果，但不会对图像造成任何破坏。

在下面介绍图层模式的时候，会反复使用 3 个术语：基色、混合色和结果色。为了使读者能够更好地理解这部分内容，首先对这 3 个术语进行介绍。

- 基色：是指当前图层之下的图层颜色。
- 混合色：是指当前图层的颜色。
- 结果色：是指混合后得到的颜色。

下面就来具体介绍一下各种图层模式。

一、 两种基本模式

(1) 【正常】模式：在【正常】模式下编辑或绘制的每个像素，都将直接成为结果色。这是默认的模式，也就是图像原来的状态，效果如图 8-5 所示。降低不透明度可以使其与下面的图层混合。在处理位图或索引颜色图像时，【正常】模式也称为“阈值”。

(2) 【溶解】模式：使用【溶解】模式，Photoshop 会将当前图层中部分结果色以基色和混合色进行随机替换，替换的程度取决于该像素的不透明度。使用【溶解】模式往往在图像中产生杂点的效果，如图 8-6 所示。

图8-5 【正常】模式

图8-6 【溶解】模式

二、 下面 5 种模式能使图像产生变暗的效果

(1) 【变暗】模式：使用【变暗】模式，当前图层中的图像会选择基色或混合颜色中较暗的部分作为结果色，比混合色亮的像素将被替换，而比混合色暗的像素不改变，从而使整个图像产生变暗的效果，如图 8-7 所示。

(2) 【正片叠底】模式：【正片叠底】模式根据混合图层图像的颜色，将底层图像表现得灰暗。使用【正片叠底】模式的图层查看每个通道中的颜色信息，是把基色与混合色相乘，将任何颜色与黑色相乘产生黑色，将任何颜色与白色相乘则颜色保持不变。这段内容较难理解，读者只要记住【正片叠底】模式产生的结果颜色总是相对较暗即可，效果如图 8-8 所示。

(3) 【颜色加深】模式：【颜色加深】模式是将两个图层的颜色混合得暗一些，混合后通过增加对比度加强深色区域，底层图像的白色保持不变，使得图像整体变得鲜亮，效果如图 8-9 所示。

图8-7　【变暗】模式（参见光盘）

图8-8　【正片叠底】模式（参见光盘）

图8-9　【颜色加深】模式

(4)　【线性加深】模式：【线性加深】模式通过减小亮度使基色变暗以反映混合色，在混合图层图像的颜色变暗时，背景色也将变暗。两个颜色混合时，颜色将保持比较清晰的状态，两个图像都能均等地表现，效果如图 8-10 所示。

(5)　【深色】模式：【深色】模式通过比较混合色和基色的所有通道值的总和，并从中选择最小的通道值来创建结果颜色，从而使整个图像产生变暗的效果，如图 8-11 所示。

图8-10　【线性加深】模式

图8-11　【深色】模式

三、 下面 5 种图层模式能使图像产生变亮的效果

(1)　【变亮】模式：【变亮】模式与【变暗】模式相反，它是通过比较基色与混合色，将比混合色暗的像素替换，而比混合色亮的像素不改变，从而使整个图像产生变亮的效果，如图 8-12 所示。

(2)　【滤色】模式：【滤色】模式与【正片叠底】模式是相反的，它是查看每个通道的颜色信息，并将混合色的互补色与基色相乘。读者不能理解它的计算方法也没关系，只要记住【滤色】模式产生的结果颜色总是相对较亮，效果与多个幻灯片交互投影的效果相似即可，如图 8-13 所示。

(3)　【颜色减淡】模式：【颜色减淡】模式与【颜色加深】模式相反，使用【颜色减淡】模式的图层查看每个通道中的颜色信息，使基色变亮以反映混合颜色，与黑色混合则不发生变化，效果如图 8-14 所示。

图8-12　【变亮】模式

图8-13　【滤色】模式

图8-14　【颜色减淡】模式

(4)　【线性减淡】模式：使用【线性减淡】模式的图层查看每个通道中的颜色信息，并通过增加亮度使基色变亮以反映混合色，与黑色混合则不发生变化，效果如图 8-15 所示。

(5)　【浅色】模式：此模式通过比较混合色和基色的所有通道值的总和，并从中选择最大的通道值来创建结果颜色，从而使整个图像产生变亮的效果，效果如图 8-16 所示。

图8-15 【线性减淡】模式

图8-16 【浅色】模式

四、 不是单纯地将图像变暗或变亮的图层模式

下面 7 种图层模式的计算方法相对较复杂，它们不是单纯地将图像变暗或变亮，而是根据图像的具体情况进行不同的处理。

(1) 【叠加】模式：根据紧临当前图层的下一层图层的颜色，使当前图层与其下层图层的颜色产生不同的混合，同时保持下层图层的亮度和暗度，使当前图层产生一种透明的效果，如图 8-17 所示。

(2) 【柔光】模式：此模式产生的效果与将发散的聚光灯照在图像上相似，它可能使当前颜色变暗，也可能使其变亮。如果当前的混合色比 50%灰色亮，则图像会变亮；如果比 50%灰色暗，则图像会变暗。在使用【柔光】模式的图层中用纯黑色或纯白色作画，会产生明显较暗或较亮的区域，但不会产生纯黑色或纯白色的区域，效果如图 8-18 所示。

图8-17 【叠加】模式

图8-18 【柔光】模式

(3) 【强光】模式：此模式产生的效果与将耀眼的聚光灯照在图像上相似，它是根据混合色的亮度对当前颜色执行【正片叠底】模式或【屏幕】模式，效果如图 8-19 所示。

(4) 【亮光】模式：【亮光】模式是通过增加或减小图像对比度来加深或减淡颜色。如果混合色比 50%灰色亮，则通过减小对比度使图像变亮；如果混合色比 50%灰色暗，则通过增加对比度使图像变暗，效果如图 8-20 所示。

图8-19 【强光】模式

图8-20 【亮光】模式

(5) 【线性光】模式：【线性光】模式通过减小或增加亮度来加深或减淡颜色，具体取决于混合色。如果混合色比 50%灰色亮，则通过增加亮度使图像变亮；如果混合色比 50%灰色暗，则通过减小亮度使图像变暗，效果如图 8-21 所示。

(6) 【点光】模式：使用此模式可以根据混合色的不同而产生不同的替换颜色的效果。如果混合色比 50%灰色亮，则替换比混合色暗的像素，而不改变比混合色亮的像素；如果混合色比 50%灰色暗，则替换比混合色亮的像素，而不改变比混合色暗的像素。效果如图 8-22 所示。

(7)　【实色混合】模式：【实色混合】模式取消了中间色的效果，混合的结果只包含纯色，如图 8-23 所示。

图8-21　【线性光】模式

图8-22　【点光】模式

图8-23　【实色混合】模式

五、　根据颜色的变化对基色和混合色进行混合产生结果色的模式

(1)　【差值】模式：【差值】模式是从背景图像的色调中减去混合图层图像的色调来表现两个色调的互补色。混合图层图像的色调越高，效果表现得就越强烈。与白色混合会使基色产生反相的效果，与黑色混合不产生变化，效果如图 8-24 所示。

(2)　【排除】模式：使用此模式可以产生一种与【差值】模式相似但对比度较低的效果。与白色混合会使基色产生反相的效果，与黑色混合不产生变化，效果如图 8-25 所示。

(3)　【减去】模式：使用此模式可以查看每个通道中的颜色信息，并从基色中减去混合色。在 8 位和 16 位图像中，任何生成的负片值都会剪切为零，效果如图 8-26 所示。

(4)　【划分】模式：使用此模式可以查看每个通道中的颜色信息，并从基色中划分混合色，效果如图 8-27 所示。

图8-24　【差值】模式

图8-25　【排除】模式

图8-26　【减去】模式

六、　利用基色和混合色的不同属性产生结果色的模式

(1)　【色相】模式：此模式是用基色的亮度和饱和度以及混合色的色相创建结果色，但不会影响其亮度和饱和度。对于黑色、白色和灰色区域，该模式不起作用，效果如图 8-28 所示。

图8-27　【划分】模式

图8-28　【色相】模式

图8-29　【饱和度】模式

(2)　【饱和度】模式：此模式是用基色的亮度和色相以及混合色的饱和度创建结果色，但不会影响其亮度和色相。在“0”饱和度（也就是灰色）的区域上使用此模式不会产生变化，效果如图 8-29 所示。

(3)　【颜色】模式：此模式是用基色的亮度、混合色的色相和饱和度创建结果色，这样可保留图像中的灰阶，并且对于给单色图像上色和给彩色图像着色都会非常有用，效果如

图 8-30 所示。

(4) 【明度】模式：此模式是用基色的色相和饱和度以及混合色的亮度创建结果色，但不会影响其色相和饱和度，它产生的效果与【颜色】模式相反，如图 8-31 所示。

图8-30 【颜色】模式

图8-31 【明度】模式

8.1.3 图层组和图层剪贴组

下面来介绍图层组和图层剪贴组的相关内容。

一、 图层组

图层组是图层的组合，它的作用相当于 Windows 系统资源管理器中的文件夹，主要用于组织和管理连续图层。图层组的基本操作与图层相似，一般也都是利用【图层】调板和菜单命令进行。这部分内容比较简单，读者可以对照前面所介绍的对图层的基本操作，对图层组进行创建、删除及复制等基本操作。单击【图层】调板下方的【创建新组】按钮，或选择【图层】/【新建】/【组】命令，就可以建立一个新的图层组。

在【图层】调板中，图层组名称左侧显示图标，如图 8-32 所示。单击图标左侧的按钮，该图层组中的图层会在【图层】调板中折叠起来，此时按钮转换为按钮。再按按钮，该图层组中所包含的图层会展开显示，此时按钮转换为按钮。

图8-32 图层组的效果

在【图层】调板中，图层组中图层的缩略图向内缩进，如图 8-32 中的【组内图层】所示。拖曳图层组外的图层至图层组层上，释放鼠标左键即可将组外的图层移动至图层组内。拖曳图层组内的图层至图层组层上，释放鼠标左键即可将组内的图层移动至图层组外。

用户可以将图层组展开，单独编辑其中的图层，包括将图层移出或移入图层组；也可以将图层组看作一个整体，像处理图层一样查看、选择、复制、移动或更改图层组中图层的堆叠顺序，甚至可以将图层蒙版应用于图层组。

二、 图层剪贴组

所谓图层剪贴组，就是用基底层（基底层是指图层剪贴组中最下方的图层）充当整个组的蒙版。也就是说，一个图层剪贴组的不透明度是由基底层的不透明度来决定的。

下面通过一个实例来演示图层剪贴组的作用。

1. 选择【文件】/【打开】命令，打开本书配套光盘“Map”目录下的“剪贴组.psd”图像文件。如图 8-33 所示，文件有两个图层，左面的图层是一幅风景，中间的图层是一朵花，并且花朵图层中没有像素的部分为透明。

风景图层

花朵图层

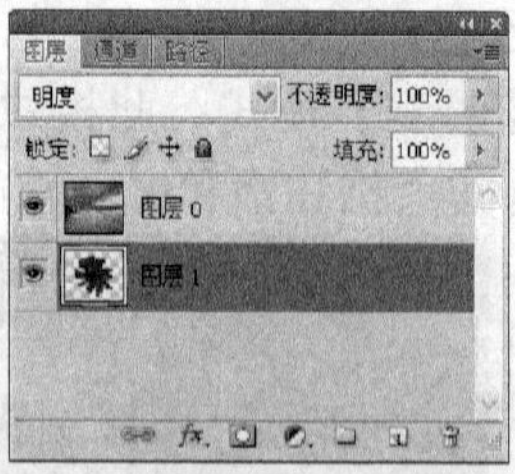

【图层】调板

图8-33　图层剪贴组效果

2. 选择“图层 0”为当前图层，选择【图层】/【创建剪贴蒙版】命令。“图层 0”与“图层 1”形成剪贴蒙版关系，【图层】调板的状态如图 8-34 所示，产生的效果如图 8-35 所示。

图8-34　【图层】调板

图8-35　最终效果

在一个有多个图层的文件中，可以同时存在多个剪贴组，一个剪贴组中也可以包含两个以上的图层，但在同一个剪贴组中的图层必须是相邻的。

在【图层】调板中，基底层名称有下划线，覆在上面的图层的缩略图是向右缩进的，显示剪贴组图标。

图层编组和取消图层编组的方法主要有以下 3 种。下面所说的前一图层是指【图层】调板中当前图层下面的一个图层。

(1) 利用【图层】/【创建剪贴蒙版】命令或【释放剪贴蒙版】命令，对图层进行编组和取消编组。

(2) 利用键盘快捷键对图层进行编组和取消编组。按 Ctrl+G 键可以将当前图层与其前一图层编组；按 Ctrl+Shift+G 键可以取消当前的图层编组。

(3) 在【图层】调板中利用快捷方式对图层进行编组和取消编组。按住 Alt 键，在【图层】调板中将鼠标光标移动至要编组两个图层间的边线上，当鼠标光标变为形状时，单击鼠标即可将这两个图层编组；按住 Alt 键，在【图层】调板中将鼠标光标移动至一个剪贴组中相邻两层的边线上，当鼠标光标变为形状时，单击鼠标可以将这两层之后的图层编组取消。

8.1.4 智能对象

在 Photoshop 中，用户可以通过转换一个或多个图层来创建智能对象。建立智能对象相当于建立了一个新的文件，对它进行处理时，不会直接应用到对象的原始数据，因此不会对原始数据造成任何破坏。在【图层】调板中双击智能对象的符号，就能在 Photoshop 中创建一个新文件图像，对新图像进行编辑后保存，原文件中的智能对象也会自动更新。

在 Photoshop 中，不但可以将图层转化为智能对象，而且也可以将 Illustrator 中的矢量图形通过复制、粘贴到 Photoshop 中，弹出如图 8-36 所示的【粘贴】对话框，点选【智能对象】单选项，即可建立“矢量智能对象”。在 Photoshop 中，双击【图层】调板中“矢量智能对象”图层的缩略图，即可在 Illustrator 中打开该对象，对矢量对象进行编辑后保存，Photoshop 中的“矢量智能对象”也会得到更新。

选择【图层】/【智能对象】命令，弹出如图 8-37 所示的子菜单，选择【转换为智能对象】命令后，可以将普通的图层转换为智能对象。

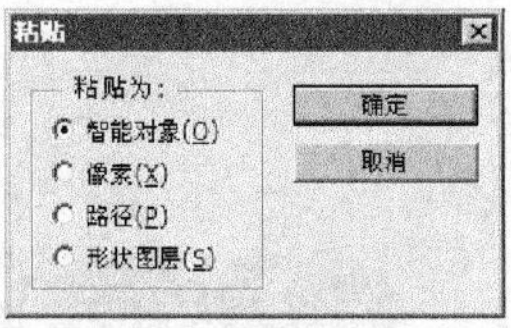

图8-36 【粘贴】对话框

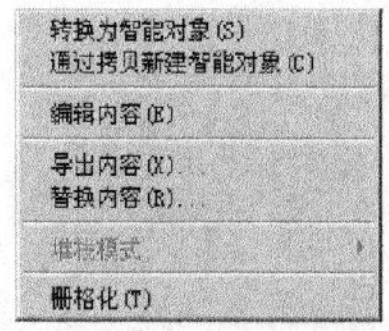

图8-37 【图层】/【智能对象】子菜单

8.2 范例解析——制作水晶质感按钮

图形用户界面设计（GUI 设计）伴随着计算机技术的发展而日趋成熟，而按钮则是一切软件图形界面中不可缺少的元素之一，新颖、直观与否的按钮设计直接决定了一套 GUI 设计的是否成功，近年来异常火热的苹果风格 GUI 的水晶按钮便是最为典型的例证，如图 8-38 所示。不同质感与形状的按钮可以产生不同的视觉效果，本节将介绍如何制作不同质感的圆角矩形按钮。

图8-38 水晶风格按钮

首先来学习制作一个水晶质感的按钮，最终效果如图 8-39 所示。

图8-39 水晶质感按钮最终效果

下面先来绘制按钮轮廓。

1. 新建一个大小为“400 px × 200 px”、分辨率为“100 px”的文件，并将其命名为“水晶按钮”。
2. 在空白文件上新建一个名为“按钮轮廓”的图层，再在【路径】调板中新建一个名为“按钮轮廓”的路径。
3. 选择工具箱中的工具，将属性栏中的【半径】设置为“60 px”，绘制出如图 8-40 下图所示的圆角矩形。
4. 保持“按钮轮廓”图层处于被选中状态，将【图层】调板切换至【路径】调板，单击【路径】调板下方的按钮，将“按钮轮廓”路径转化为选区，如图 8-38 上图所示。

添加光影渐变子层，并赋予其图层样式。

5. 按下 Ctrl+G 键，将“按钮轮廓”图层转化为一个图层组的子层，将图层组更名为“水晶按钮”，如图 8-41 所示。
6. 保持“按钮轮廓”图层处于被选中状态，设置前景色为浅绿色（R:162,G:247,B:30），背景色为深绿色（R:89,G:139,B:10），利用 工具为该层填充渐变效果，如图 8-42 所示。

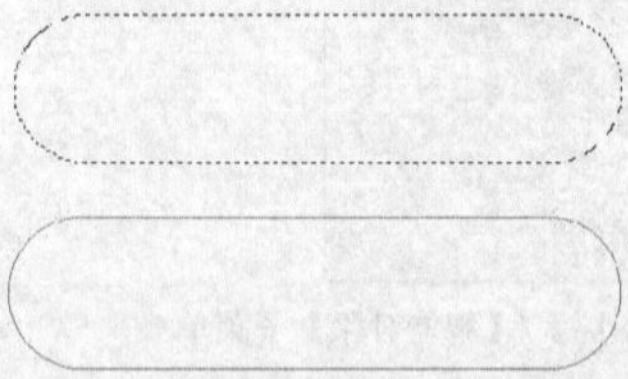

图8-40　绘制按钮轮廓并转化为选区

图8-41　创建图层组

图8-42　进行渐变操作（1）

7. 双击【图层】调板中的“按钮轮廓”图层，或选中该图层后再选择【图层】/【图层样式】命令，或双击“按钮轮廓”图层缩略图，在弹出的【图层样式】对话框中设置各项参数，如图 8-43、图 8-44、图 8-45 和图 8-46 所示。

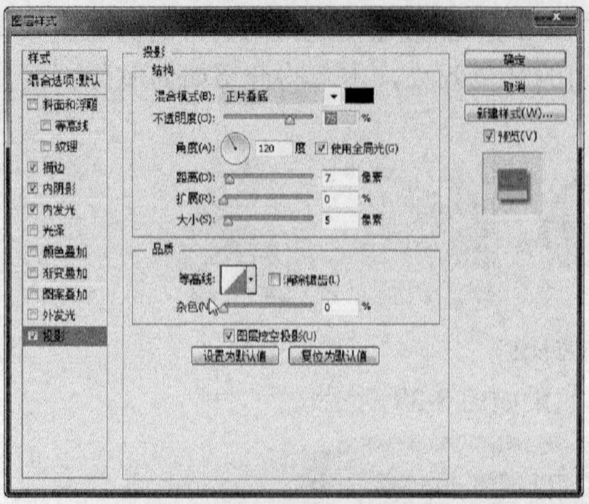

图8-43　【投影】选项参数设置

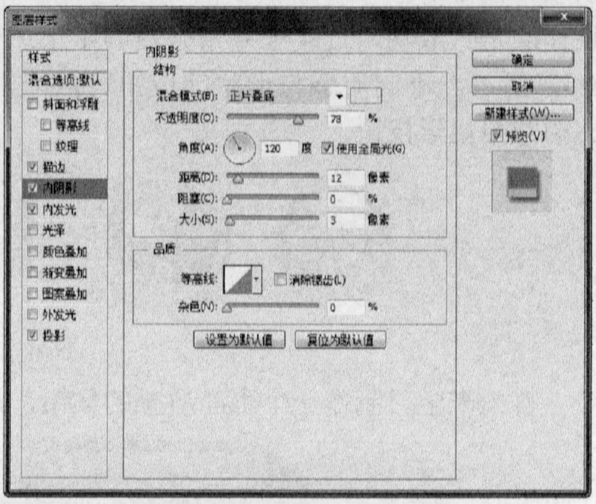

图8-44　【内阴影】选项参数设置

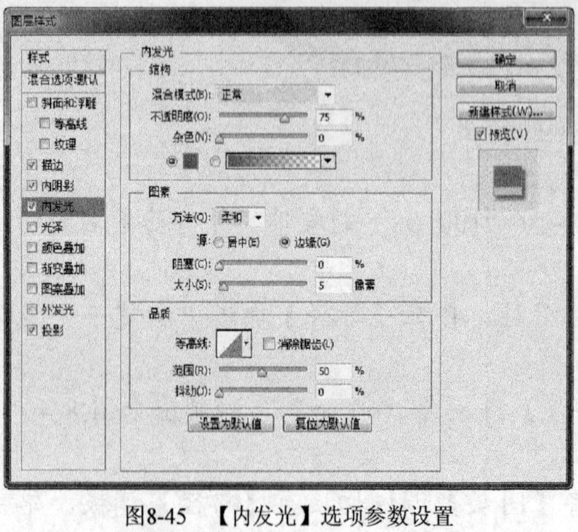

图8-45　【内发光】选项参数设置

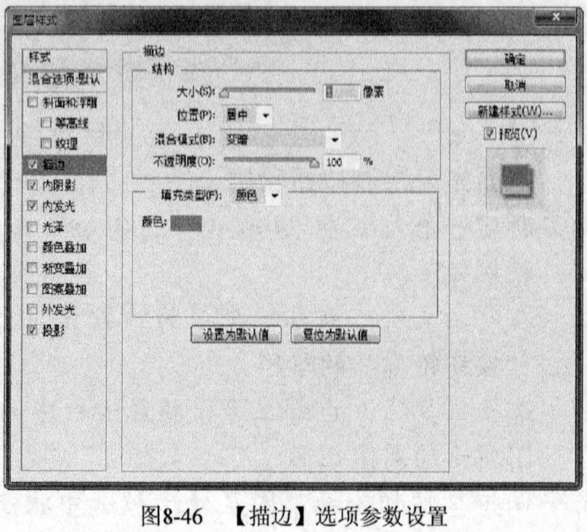

图8-46　【描边】选项参数设置

8. 单击 确定 按钮，关闭【图层样式】对话框，得到的效果如图 8-47 所示。

下面练习添加高光，增强质感。

9. 在“按钮轮廓”图层之上新建一个名为“高光”的图层，然后选择工具，在属性栏中设置【半径】为“20 px”，绘制出如图 8-48 所示的圆角矩形，并将其填充为白色，以此作为高光区域。

此时的高光区域过于呆板，没有通透性，因此需要局部改变其透明度。

10. 保持“高光”的图层处于被选中状态，单击【图层】调板下方的【添加图层蒙版】按钮，同时将前景色及背景色分别设置为白色与黑色，然后使用工具在高光区域由上至下拖曳出渐变效果，得到如图 8-49 所示的渐变透明效果。

图8-47 添加图层样式之后的效果

图8-48 创建高光区域（1）

图8-49 得到透明度渐变的高光效果

由于按钮底部边缘与阴影的衔接过于生硬，因此需要再进行暗部加深处理。

11. 选择【路径】调板，选择前边创建的“按钮轮廓”路径，按住 Ctrl 键的同时单击“按钮轮廓”路径，此时会发现轮廓路径被作为选区载入了。
12. 选择工具，利用键盘上的方向键将该选区向下移动 3 个像素，如图 8-50 所示。
13. 按住 Ctrl+Alt 键不放，单击“按钮轮廓”路径，此时选区与路径的公共部分被减去，如图 8-51 所示。

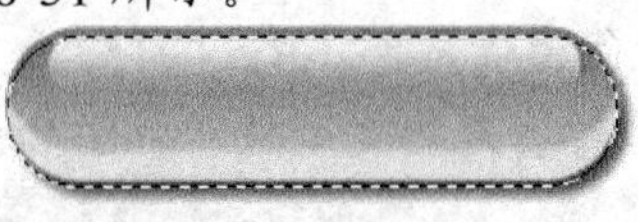
图8-50 载入并移动选区

图8-51 选区与路径的差集

14. 回到【图层】调板，新建一个名为“暗部加深”的图层，并将其填充为深绿色（R:93,G:134,B:27），最后使用工具将图像向上移动 3 个像素，如图 8-52 所示。
15. 选择【滤镜】/【模糊】/【高斯模糊】命令，在弹出的【高斯模糊】对话框中设置【半径】为“2.4”，得到如图 8-53 所示的暗部加深效果。

图8-52 填充并移动选区

图8-53 执行【高斯模糊】命令后的效果

按钮效果的制作基本完成，下面来练习添加文字效果。

16. 选择工具，在水晶按钮上输入绿色文字“CRYSTAL”（R:89,G:135,B:16），如图 8-54 所示。然后将该文字图层复制一份，并将位于下方的文字图层中的文字颜色改为白色（R:242,G:251,B:226），再将该文字图层的【不透明度】改为“63%”，如图 8-55 所示。

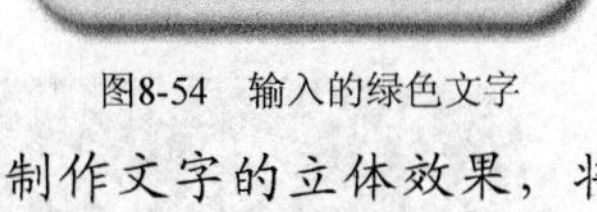

图8-54 输入的绿色文字

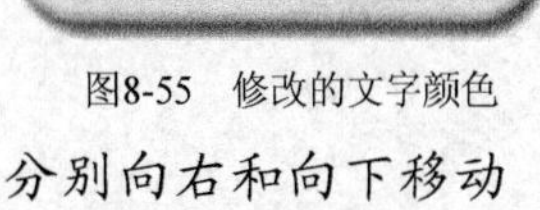

图8-55 修改的文字颜色

17. 为了制作文字的立体效果，将位于下方的文字图层分别向右和向下移动 1 个像素单位，然后分别为上下两个文字图层应用【图层样式】命令，相应的参数设置分别如图 8-56 和图 8-57 所示。

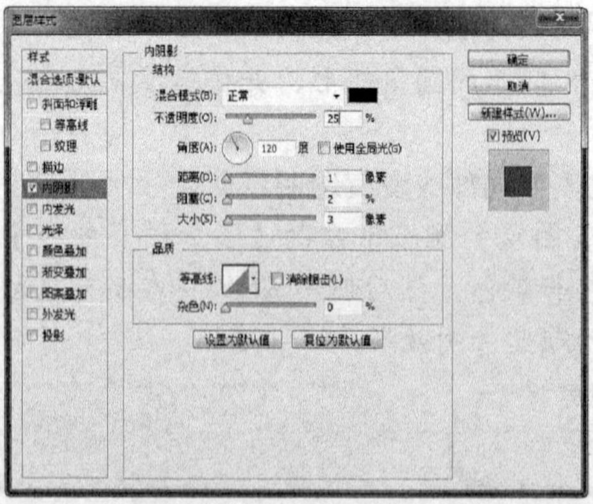

图8-56　为上方的文字图层应用【内阴影】样式

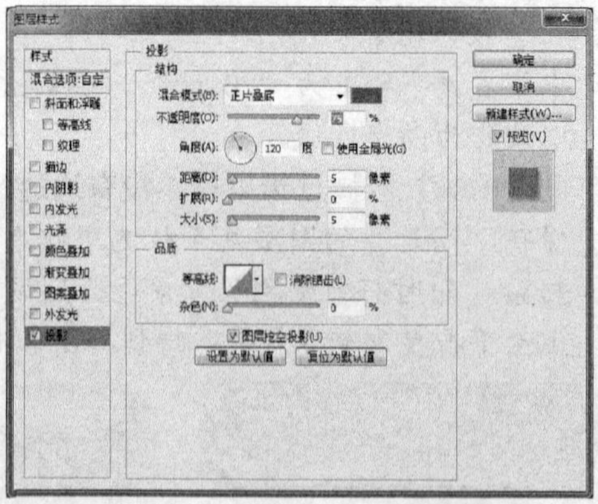

图8-57　为下方的文字图层应用【投影】样式

18. 至此，便完成了一个晶莹剔透的水晶按钮，最终效果如图 8-58 所示。读者也可以参考本书配套光盘“最终效果”目录下的“水晶按钮.psd”文件。

接下来学习制作一个金属质感的按钮，以巩固对不同材质效果的认识，最终效果如图 8-59 所示。首先来绘制金属按钮的轮廓，方法与绘制水晶按钮的完全相同。

19. 按下 Ctrl+G 键，将“按钮轮廓”图层转化为一个图层组的子层，将图层组更名为“金属按钮”。

20. 保持“按钮轮廓”图层处于被选中状态，设置前景色为浅蓝色（R:5,G:153,B:190），背景色为深蓝色（R:3,G:108,B:134），然后使用工具填充渐变效果，如图 8-60 所示。

图8-58　水晶按钮最终效果

图8-59　金属按钮最终效果

图8-60　进行渐变操作（2）

21. 给“按钮轮廓”图层添加图层样式。双击【图层】调板中的“按钮轮廓”图层或选中该图层，然后选择【图层】/【图层样式】命令，在弹出的【图层样式】对话框中设置各选项及参数，如图 8-61 所示，得到如图 8-62 所示的投影效果。

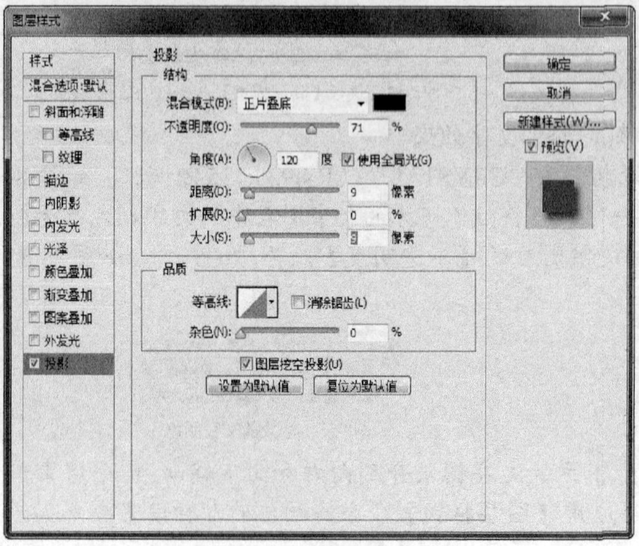

图8-61　【投影】选项参数设置（1）

图8-62　应用【投影】样式后的效果

22. 在“按钮轮廓”图层之上新建一个名为“高光”的图层，选择工具，在属性栏中设置【半径】为“20 px”，绘制出如图 8-63 所示的圆角矩形，并将其填充为白色，以此作为高光区域。

由于所要制作的是类似于磨砂金属的效果，因而不可能产生类似电镀效果的生硬的条状高光，所以必须进行模糊处理。

23. 保持“高光”图层处于选中状态，选择【滤镜】/【模糊】/【高斯模糊】命令，在弹出的【高斯模糊】对话框中设置【半径】值为“3.0”，得到如图 8-64 所示的边缘模糊的高光效果。

图8-63 创建高光区域（2）

图8-64 得到边缘模糊的高光效果

同样，由于按钮底部边缘与阴影的衔接过于生硬，因此也要进行暗部加深处理。

24. 使用与前文制作“暗部加深”选区相同的方法建立如图 8-65 所示的选区，并将其填充为深蓝色（R:0,G:79,B:100）。
25. 此时可以看出暗部补充的部分与按钮下部的衔接过于生硬，再次执行【高斯模糊】命令进行模糊处理，在弹出的【高斯模糊】对话框中设置【半径】值为“1.2”，得到如图 8-66 所示的效果。

图8-65 创建暗部补充选区

图8-66 得到柔和的暗部补充效果

由于金属效果是强高光与强反光共同作用的结果，因此需要为按钮添加反光效果。

26. 建立如图 8-67 所示的选区，并将其填充为白色，以此作为反光的基本形状。
27. 再次执行【高斯模糊】命令，对新建的选区进行模糊处理，在弹出的【高斯模糊】对话框中设置【半径】值为“3.2”，同时将反光所在图层的【不透明度】修改为“94%”，最后得到金属按钮的基本效果，如图 8-68 所示。

图8-67 创建选区

图8-68 金属按钮的基本效果

下面来为按钮添加文字效果。

28. 选择 T. 工具，在金属按钮上输入蓝色（R:39,G:103,B:119）文字“METAL”，如图 8-69 所示。
29. 将该文字图层复制一份，并将位于下方的文字图层的文字颜色改为白色，根据光影关系将两个文字图层调整为如图 8-70 所示的位置关系。

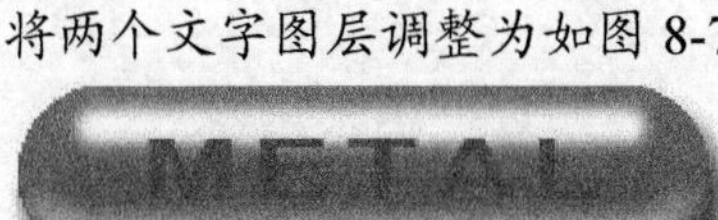

图8-69 创建文字图层

图8-70 调整位置后的文字

30. 对蓝色文字的图层应用【图层样式】/【内阴影】命令，以强化文字的蚀刻效果，具体参数设置如图 8-71 所示。

31. 至此，便完成了金属按钮的制作，最终效果如图 8-72 所示。读者也可以参考本书配套光盘“最终效果”目录下的“金属按钮.psd”文件。

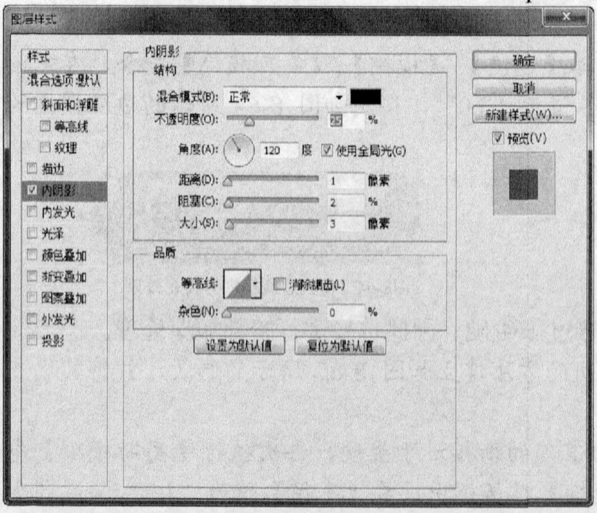

图8-71　【内阴影】选项参数设置

图8-72　金属按钮最终效果

通过本节的练习，读者会发现金属按钮与水晶按钮的制作方法基本相同，其差别就在于金属表面较为光滑，会形成较清晰的高光与反光区域。水晶效果是在反光的基础上突出其光滑、透光的特点。希望读者在今后的材质表现当中多多观察、细细体会，制作出更加逼真的材质按钮。

8.3　课堂实训——制作水晶字效果

下面通过课堂实训再来巩固一下本次课程所学的知识，加强练习如何使用多种图层样式以及前面所学的各种工具和命令，为图层应用丰富多样的图层效果，创建出丰富的图像效果。

本次实训要求读者利用图层样式命令、【文字】工具及【滤镜】命令等制作晶莹剔透的水晶字效果，以达到灵活运用图层样式命令的目的。最终效果如图 8-73 所示。

图8-73　水晶文字效果

该练习的制作流程示意图如图 8-74 所示。

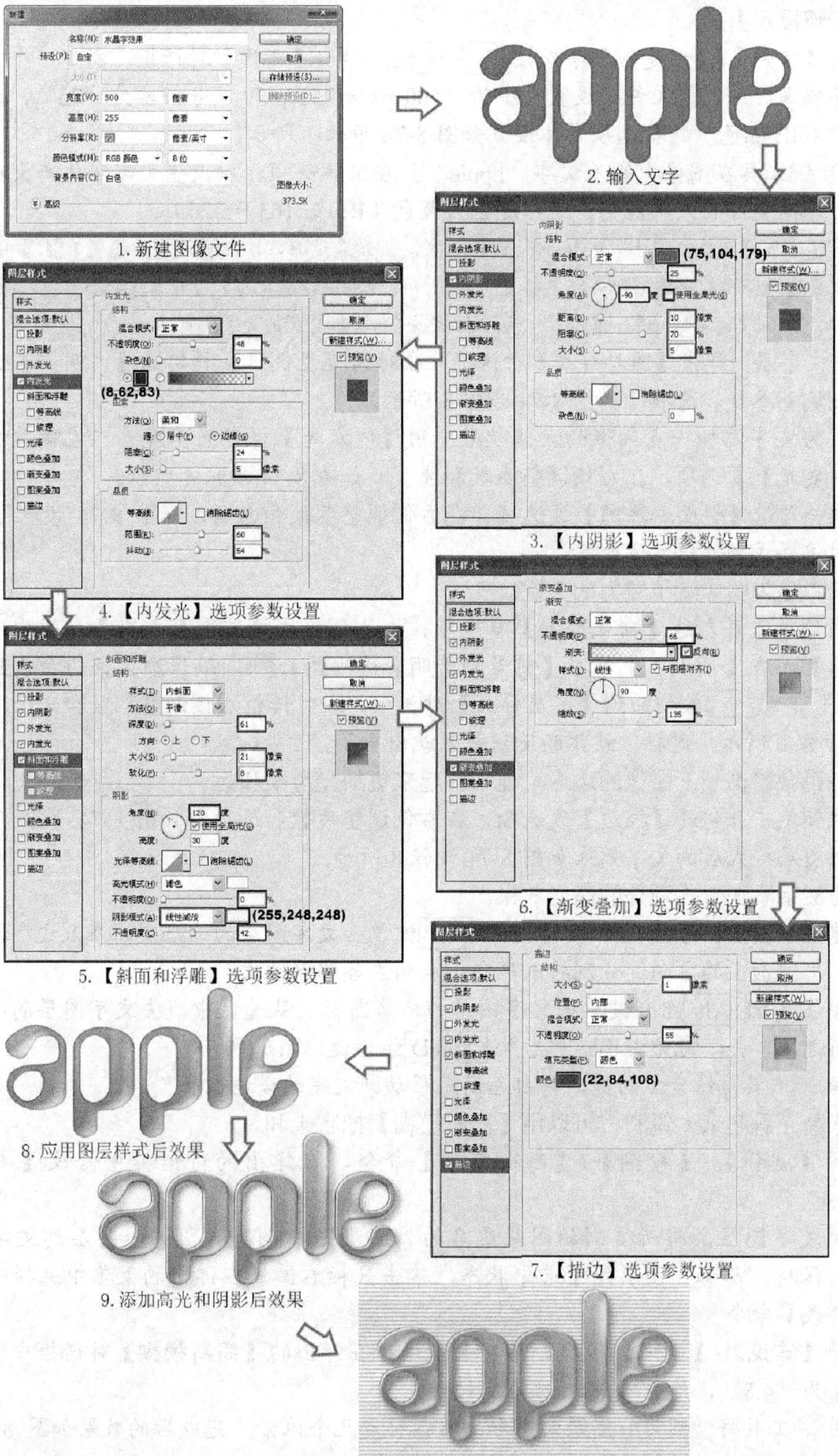

图8-74　制作流程示意图（参见光盘彩图效果）

【操作步骤提示】

1. 执行【文件】/【新建】命令或按 Ctrl+N 键，弹出【新建】对话框，新建一个名为“水晶字效果”的图像文件，设置大小为“500 px × 255 px”，分辨率为“72”，颜色模式为“RGB 颜色”。各选项具体设置如图 8-74 步骤 1 所示。
2. 利用 T 工具在图像中输入文字“apple”。在工具选项栏中设置文字字体与大小，文字大小根据文件的大小调整，文字颜色为蓝色（R:0,G:163,B:226）。

要点提示　字体最好选择类似于“Asimov”这样的字体，如果没有，读者也可自行设置，尽量用较为粗大且边角圆滑的字体来代替，这样能得到较好的效果。读者也可以打开本书配套光盘“最终效果”目录下的“水晶字效果.psd”文件，该文件提供了一个栅格化的文字图像。

3. 双击文字层，弹出【图层样式】对话框，在对话框左侧单击并勾选【内阴影】选项，在右侧调整参数和选项，如图 8-74 步骤 3 所示。
4. 接着为文字添加一点细微的立体效果，用【内发光】样式来实现。在左侧单击并勾选【内发光】复选项，在右侧调整参数和选项，如图 8-74 步骤 4 所示。
5. 单击并勾选【斜面和浮雕】复选项，在右侧调整参数和选项，如图 8-74 步骤 5 所示，利用该样式制作出立体效果。

   这一步是为图像赋予魔力的关键。
6. 在左侧单击并勾选【渐变叠加】复选项，在右侧单击【渐变】渐变条，弹出【渐变编辑器】，在【预设】中单击【前景到透明】选项图标，编辑渐变条为白色到透明，单击 确定 按钮回到【图层样式】对话框，在对话框右侧调整参数和选项，如图 8-74 步骤 6 所示。这样，液体的反射效果就出来了。

   最后稍微修饰一下图像的边缘，使它看起来更加光滑柔和。
7. 在左侧单击并勾选【描边】复选项，在右侧调整参数和选项，如图 8-74 步骤 7 所示，应用图层样式后的文字效果如图 8-74 步骤 8 所示。

   再为文字添加一些额外的高光效果。
8. 新建一个图层，选择 [] 工具，按住 Ctrl 键单击文字图层的缩略图，载入文字图层的选区，用键盘上的方向键分别将选区向上和向左各移动两次。
9. 再按住 Ctrl+Alt 组合键单击文字图层的缩略图标，从选区中减去文字图层的选区，得到新选区，并填充为白色，然后按 Ctrl+D 组合键取消选区。
10. 选择 工具，结合方向键，将白色高光移动到文字的合适位置。

    如果高光看起来太锐利，可以用【高斯模糊】把它柔和。
11. 选择【滤镜】/【模糊】/【高斯模糊】命令，在弹出的对话框中修改【半径】为“0.4”。
12. 复制文字图层，将新复制的图层更名为“阴影”，调整“阴影”图层到文字图层下方，保持“阴影”图层处于选中状态，单击鼠标右键，在弹出的菜单中选择【清除图层样式】命令。
13. 选择【滤镜】/【模糊】/【高斯模糊】命令，在弹出的【高斯模糊】对话框中修改【半径】为“4.8”，然后单击 确定 按钮。
14. 利用 工具将“阴影”图层向下和向右各移动几个像素。完成后的效果如图 8-74 步骤 9 所示。
15. 新建一个图层，并调整至最底层，填充图层颜色为浅灰色（R:210,G:210,B:210）。

16. 设置前景色为浅灰色（R:210,G:210,B:210），背景色为白色。选择【滤镜】/【素描】/【半调图案】命令，弹出【半调图案】对话框，修改【大小】为“1”，【对比度】为“26”，【图案类型】为“直线”，然后单击 确定 按钮，最终效果如图 8-74 步骤 10 所示。
17. 选择【文件】/【存储】命令，保存文件。

8.4 综合案例——软件界面设计

本节将主要使用【图层样式】命令、【钢笔】工具、【减淡】及【加深】工具、【文字】工具等制作一个公司员工管理系统软件的登录界面，通过练习使读者重点掌握图层样式命令的使用方法。该例的最终效果如图 8-75 所示。

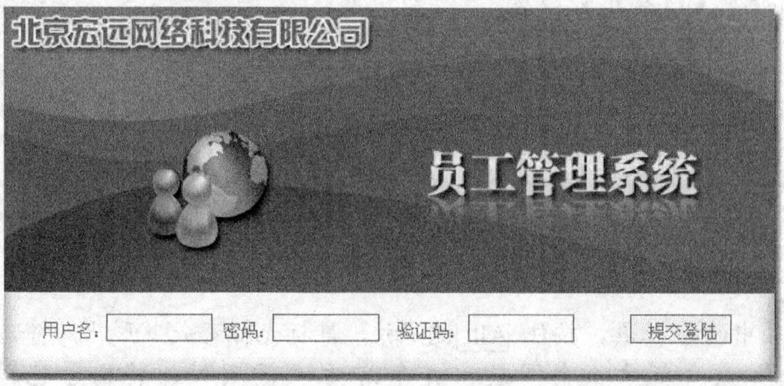

图8-75　软件界面设计最终效果

该案例制作流程示意图如图 8-76 所示。

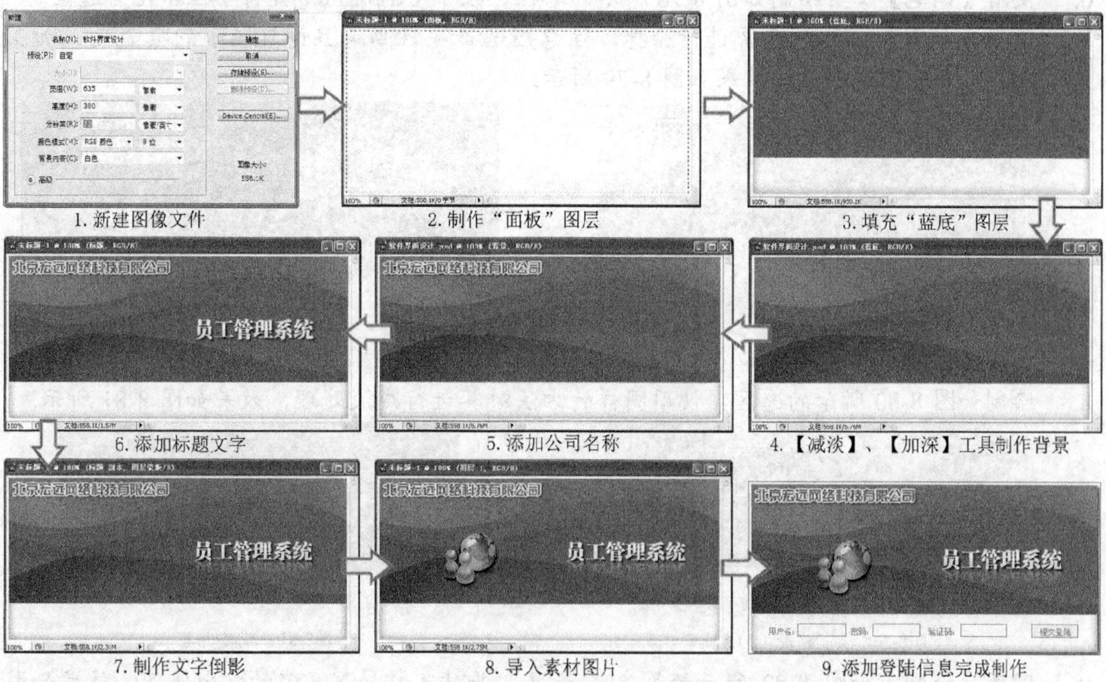

图8-76　制作流程图

【操作步骤提示】

1. 执行【文件】/【新建】命令或按 Ctrl+N 键，弹出【新建】对话框，新建一个名为“软件界面设计.psd”的文件，各选项具体设置如图 8-76 步骤 1 所示。
2. 按下 Ctrl+A 键，将背景图层全选，使用【选择】/【修改】/【收缩】命令将选区收缩“4 px”。新建一个图层，并命名为“面板”，在“面板”图层中填充白色，再按 Ctrl+D 键将选区取消。
3. 单击【图层】调板下方的【添加图层样式】按钮 fx，为“面板”图层添加【内发光】图层样式，参数的设置如图 8-77 所示，其中自发光颜色为深蓝色（R:33,G:114,B:205）。
4. 按住 Ctrl 键，并用鼠标右键单击【图层】调板中的“面板”图层缩略图，将“面板”图层载入选区。

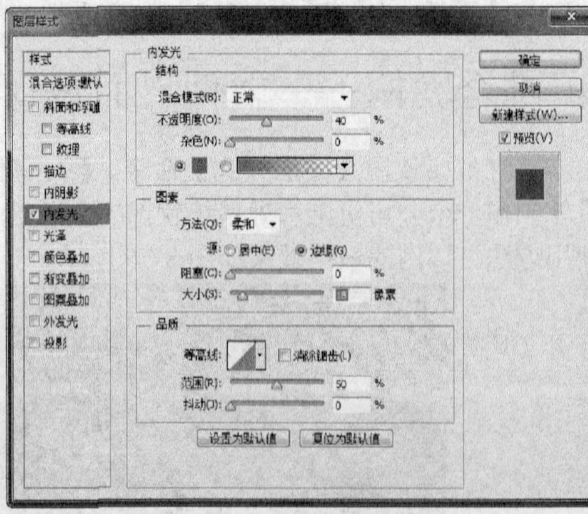

图8-77　【内发光】图层样式参数设置

5. 选择工具箱中的 工具，按住 Alt 键不放，鼠标光标变成 形状，将选区从底部向上剪去约 60 px。新建一个图层，并命名为“蓝底”，将前景色设置为深蓝色（R:33,G:114,B:205），并使用前景色填充此图层，效果如图 8-78 所示。
6. 使用【钢笔】工具绘制如图 8-78 所示的路径，按下 Ctrl+Enter 键将路径转化为选区。
7. 使用【加深】工具对选区进行涂抹，注意应选择柔性画笔且设置较小的曝光度。加深修饰完成后取消选区，效果如图 8-79 所示。

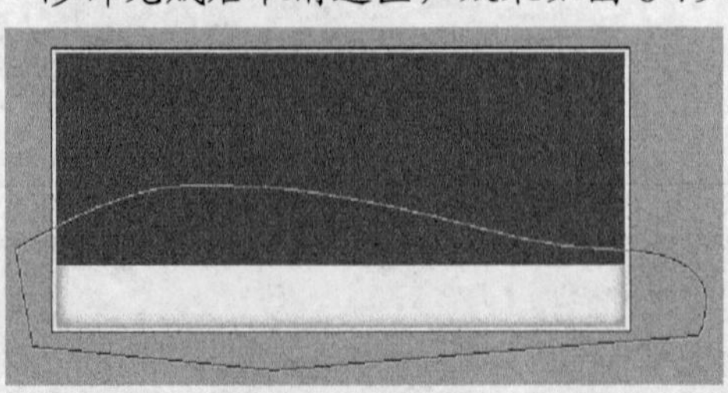

图8-78　绘制路径（1）

图8-79　加深修饰

8. 绘制如图 8-80 所示的选区，使用同样的方法对其进行减淡处理，效果如图 8-81 所示。

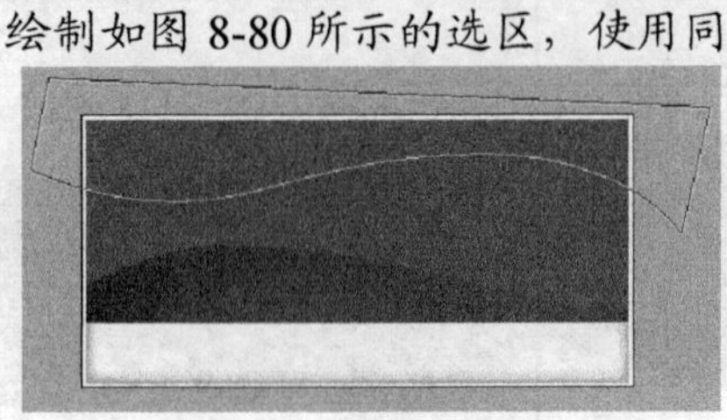

图8-80　绘制路径（2）

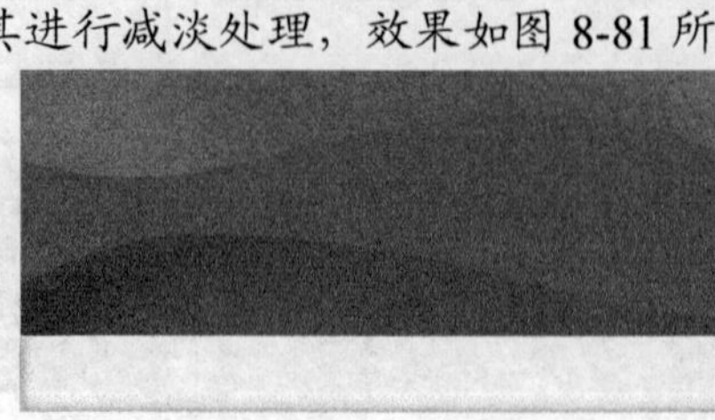

图8-81　减淡处理

9. 同理，绘制出如图 8-82 所示的第 3 个选区，并对其做加深减淡的综合处理，效果如图 8-83 所示。

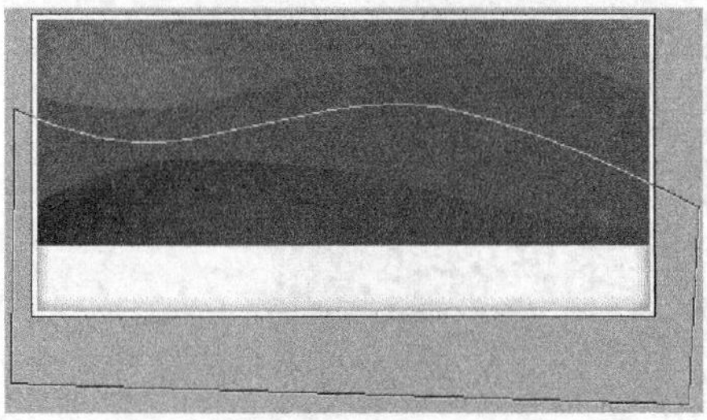

图8-82 绘制路径（3）

图8-83 加深减淡处理

10. 使用【文字】工具在左上角输入公司名称，设置字号为“24 点”，颜色为白色。为此文字图层分别添加【描边】和【投影】的图层样式，参数使用默认设置，效果如图 8-84 所示。
11. 选择【横排文字蒙版】工具，设置字号为“42 点”，在适当位置输入文字“员工管理系统”，按 Ctrl+Enter 键确定输入，如图 8-85 所示。

图8-84 输入公司名称

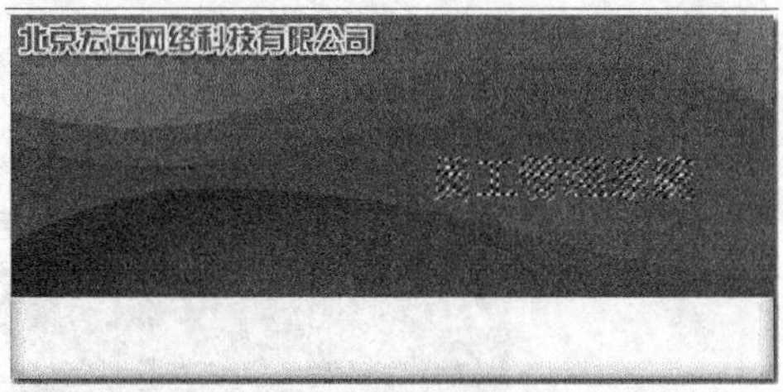

图8-85 输入大标题蒙版

12. 新建“标题”图层，调整渐变颜色，如图 8-86 所示。
13. 使用调整好的渐变竖向填充选区。取消选区后，再使用【移动】工具调整位置，为该图层添加【投影】图层样式，参数使用默认设置，效果如图 8-87 所示。

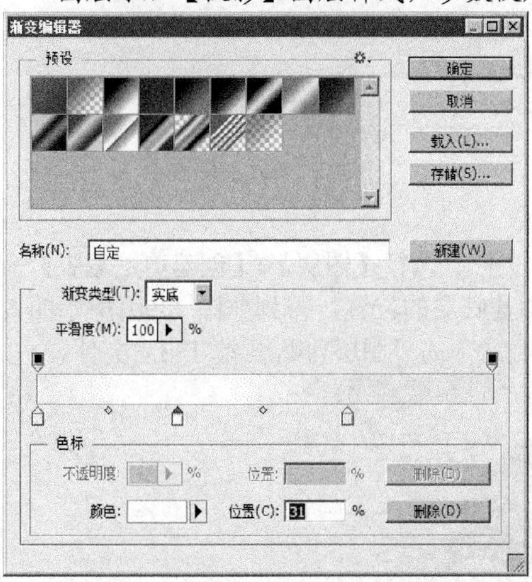

图8-86 调整渐变

图8-87 制作标题

14. 选中“标题”图层，按 Ctrl+J 键将其复制，使用【编辑】/【变换】命令将复制的图层进行垂直翻转，并移动到原文字下方。
15. 为复制的图层添加蒙版，使用黑白渐变填充蒙版，调整出倒影效果，如图 8-88 所示。

图8-88　制作倒影效果

16. 打开本书配套光盘“Map”目录下的“软件界面设计素材.png”文件，将其拖入“软件界面设计”文件中，并调整大小和位置。
17. 在下方的空白区域输入登录信息文字，设置字号为“14 点”，颜色为深蓝色。
18. 使用【矩形选框】工具绘制矩形选区，并对其进行描边，宽度设为“1 px”，这样就做出了文本框的效果。用同样的方法制作出其他 3 个文本框。选中“面板”图层，为其添加【投影】图层样式，最终效果如图 8-89 所示。

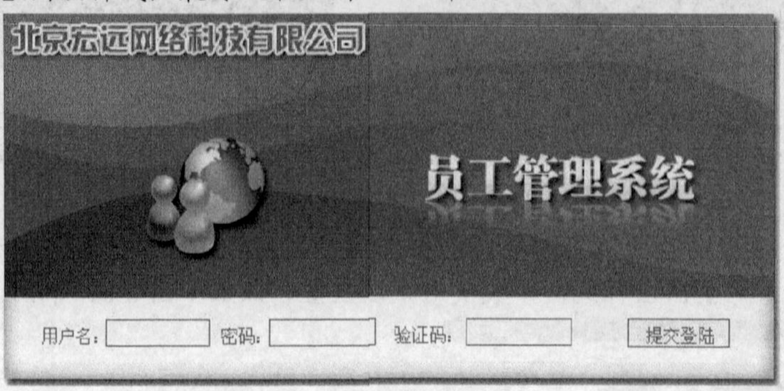

图8-89　最终效果

8.5 课后作业

1. 打开本书配套光盘“Map”目录下的“海.tif”文件，执行【图层】/【创建剪贴蒙版】命令，使两个图层形成剪贴蒙版关系，适当移动基底层的位置，得到如图 8-90 所示的效果。操作时请参照本书配套光盘“课后作业”目录下的“图层剪贴组练习.tif”文件。

图8-90　图层剪贴组效果

2. 打开本书配套光盘“Map”目录下的“小草.jpg”文件，在其上面添加一个半透明效果，如图 8-91 所示。操作时请参照本书配套光盘“课后作业”目录下的“半透明效果练习.psd”文件。

图8-91 半透明效果

【操作步骤提示】

(1) 打开本书配套光盘“Map”目录下的“小草.jpg”文件，选择【圆角矩形】工具，将圆角【半径】设置为“5 px”，绘制一个圆角矩形路径。

(2) 将路径转换为选区，按下 Ctrl+J 键将选区，同时复制生成一个新的图层。

(3) 选择新建的图层，为其添加【外发光】图层样式，参数的设置如图 8-92 所示，效果如图 8-93 所示。

(4) 将此图层载入选区，按住 Alt 键将选区下部减去一部分。

(5) 新建一个图层并填充白色，在【图层】调板中将该图层的【不透明度】值更改为“30%”。

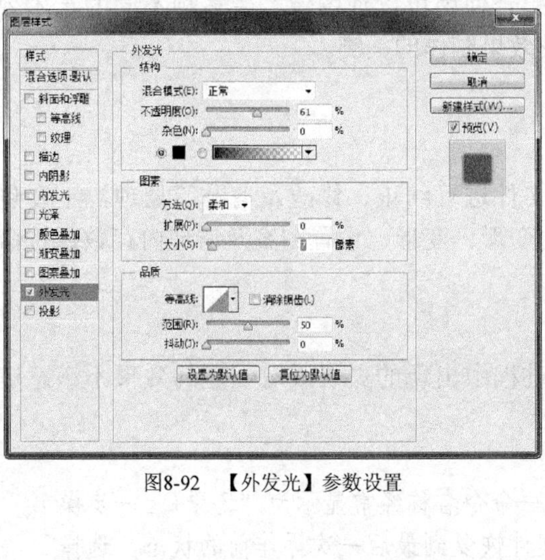

图8-92 【外发光】参数设置

图8-93 外发光效果

第9章 图像编辑和图像颜色调整

本章主要介绍 Photoshop CC 菜单中的图像编辑和图像的颜色调整命令，它们是 Photoshop CC 菜单命令中比较重要的两个部分。在前几章的实例制作中使用过其中的部分命令，相信读者学起来会比较轻松。

【学习目标】

- 掌握图像编辑命令的用法。
- 掌握图像与画布调整命令的用法。
- 掌握图像颜色调整命令的用法。

9.1 功能讲解

编辑命令主要是对图像进行各种处理，包括图像的撤销与恢复、图像的复制、图像的填充与描边、图像的变换、图像与画布的调整等；调整命令主要是对图像或图像的某一部分进行颜色、亮度、饱和度以及对比度等的调整，使图像产生多种色彩上的变化。另外，在对图像的颜色进行调整时，一定要注意选区的添加与运用。

在图像的处理过程中，将工具和菜单命令配合使用可以使图像产生多种不同的艺术效果，熟练掌握这些命令也是读者进行图像处理及效果制作的关键。

9.1.1 图像编辑

【编辑】菜单中的命令，主要用于对图像文件进行纠正、修改及剪贴等处理，主要包括撤销、复制、粘贴、清除、填充、描边、自由变形、变形、设置图案及清理内存数据等命令。下面将重点介绍几种常用的功能。

一、 撤销与恢复操作

撤销和恢复命令，主要是对图像编辑处理过程中出现的失误或对创建的效果不满意进行复原和重做。

(1) 利用菜单命令撤销和恢复。

- 【编辑】/【还原】命令：在菜单中，这一命令名称经常显示为“还原+上一步操作名称”，此命令的主要功能是将图像文件恢复到最后一次操作前的状态，选择该命令后，该选项变成“重做+上一步操作名称”命令。快捷键为 Ctrl+Z。
- 【前进一步】命令：在图像中有被撤销的操作时，每次选择该命令，向前重做一步操作。快捷键为 Shift+Ctrl+Z。
- 【后退一步】命令：每次选择该命令，向后撤销一步操作。快捷键为 Alt+Ctrl+Z。

- 【文件】/【恢复】命令：选择这一命令可以直接将图像文件恢复到最后一次保存时的状态。

(2) 使用【历史记录】调板。

在实际应用中，经常会遇到需要撤销多步操作的情况，为此，Photoshop CC 提供了功能更加强大的【历史记录】调板功能。

【历史记录】调板主要用于记录操作步骤以及该操作下的图像状态，使用【历史记录】调板可以回到前面操作的图像状态。它是 Photoshop 中重要的控制调板之一，它除了可以完成前面所提到的撤销操作的功能，还可以对制作的中间效果进行提取和保存。

如果屏幕上没有显示【历史记录】调板，可以选择【窗口】/【历史记录】命令，将其显示出来。【历史记录】调板及其功能介绍如图 9-1 所示。

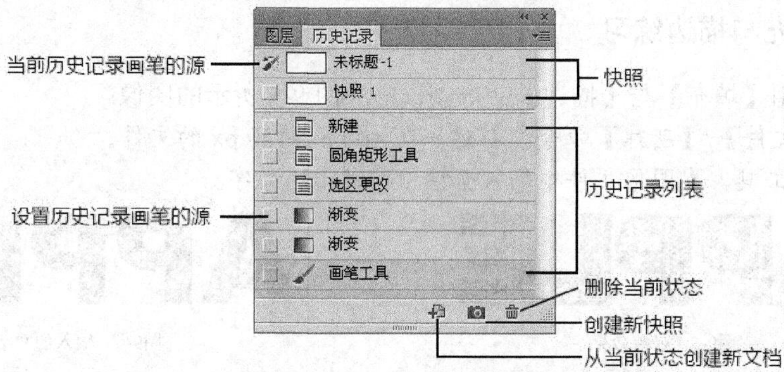

图9-1 【历史记录】调板

单击【历史记录】调板右上角的按钮，弹出的菜单如图 9-2 所示。

- 选择【新建快照】命令，弹出的【新建快照】对话框如图 9-3 所示。可以在【名称】文本框中设置快照的名称。
- 单击【历史记录选项】命令，弹出的【历史记录选项】对话框如图 9-4 所示。

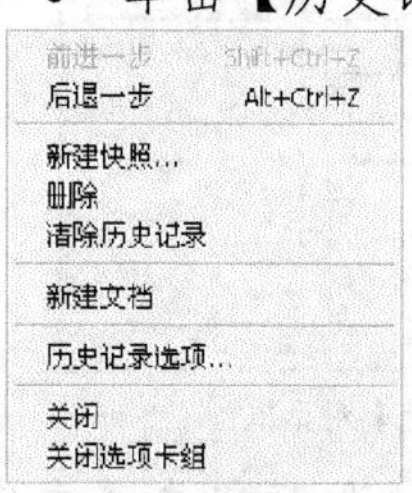

图9-2 【历史记录】调板菜单

图9-3 【新建快照】对话框

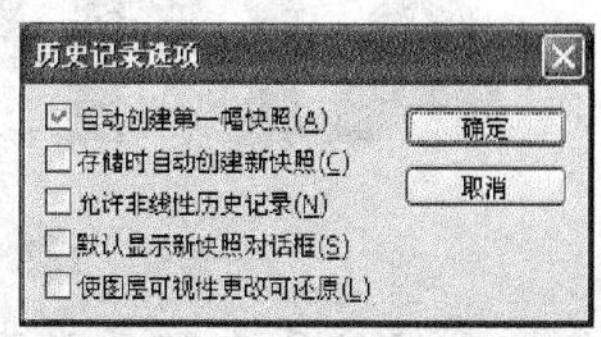

图9-4 【历史记录选项】对话框

历史记录的保存不是无限的，选择 Photoshop 菜单栏中的【编辑】/【首选项】/【性能】命令，在弹出的【首选项】对话框中可以修改【历史记录状态】值。使用【历史记录】调板不仅可以撤销多步操作，而且还可以对图像制作过程中的中间效果进行保存，这在实际应用中是非常重要的，可以大大提高工作的灵活性。

二、 图像的拷贝与粘贴

图像的拷贝与粘贴命令主要包括【剪切】、【拷贝】、【合并拷贝】、【粘贴】及【选择性粘贴】等命令，这些命令在实际工作中使用非常频繁，而且经常配合使用，希望读者要牢固掌握。

其中【剪切】、【拷贝】和【粘贴】命令的功能比较明确，这里不做介绍，下面简单介绍【合并拷贝】和【选择性粘贴】/【贴入】命令的功能。

- 【合并拷贝】命令：此命令主要用于图层文件。将所有图层中的内容复制到剪贴板中，进行粘贴时，将其合并到一个图层粘贴。
- 【选择性粘贴】/【贴入】命令：使用此命令时，当前图像文件中必须有选区。可将剪贴板中的内容粘贴到当前图像文件中，并将选区设置为图层蒙板。

三、 图像的填充与描边

使用【编辑】/【填充】命令，可以将选定的内容按指定的模式填入图像的选区内或直接将其填入图层内。使用【编辑】/【描边】命令可以用前景色沿选区边缘描绘指定宽度的线条。这两个命令非常简单，但是在具体工作中使用比较频繁，因此需要读者熟练掌握。

填充与描边练习

下面利用【填充】与【描边】命令制作出如图 9-5 所示的图像。

1. 选择【文件】/【新建】命令，新建一个 400 px×150 px 的文件。
2. 选择 T 工具，在图像文件中输入如图 9-6 所示的文字。

图9-5　最终效果

图9-6　输入的文字

3. 选择【图层】/【栅格化】/【文字】命令，将文字图层转化为普通图层。
4. 按住 Ctrl 键，单击【图层】调板中文字图层的缩略图，将其载入选区，如图 9-7 所示。
5. 选择【编辑】/【填充】命令，弹出如图 9-8 所示的【填充】对话框。

图9-7　载入选区

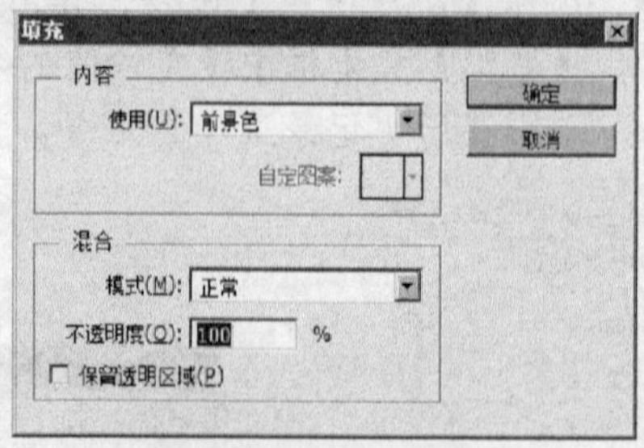

图9-8　【填充】对话框

6. 在【填充】对话框中的【使用】下拉列表中选择【图案】选项，然后单击【自定图案】选项右侧的·按钮，在弹出的【图案】面板中选择如图 9-9 所示的图案。
7. 选择图案后，单击 确定 按钮，填充图案后的效果如图 9-10 所示。

图9-9　【图案】调板

图9-10　填充效果

8. 将前景色设置为黑色，然后选择【编辑】/【描边】命令，弹出【描边】对话框，参数的设置如图 9-11 所示。

9. 单击 确定 按钮，描边后的效果如图 9-12 所示，按 Ctrl+D 键取消选区。

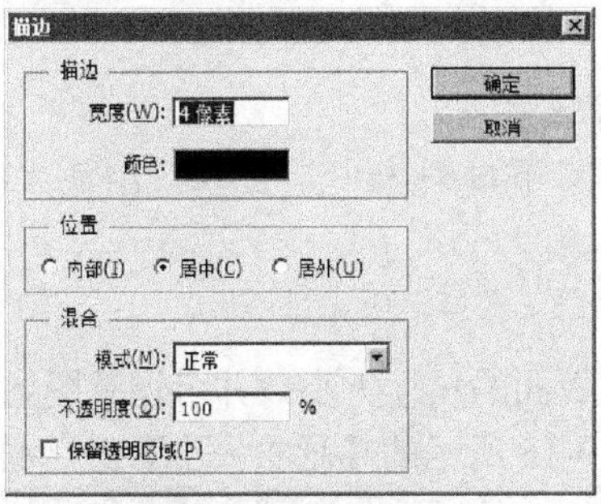

图9-11 【描边】对话框

图9-12 描边效果

10. 再按住 Ctrl 键，单击文字图层的缩略图，重新载入选区，如图 9-13 所示。
11. 将前景色设置为浅灰色（R:130,G:130,B:130），然后选择【编辑】/【描边】命令，弹出【描边】对话框，将【宽度】设置为“2px”，其他参数不变，描边后的最终效果如图 9-5 所示。

图9-13 载入选区

四、 图像的变换

图像的变换命令在实际的工作过程中经常运用，熟练掌握此类命令，可以绘制出立体感较强的图像效果，希望读者能够牢固掌握。

- 【自由变换】命令：在自由变换状态下，以手动方式将当前图层的图像或选区做任意缩放、旋转等自由变形操作。这一命令使用在路径上时，会变为【自由变换路径】命令，对路径进行自由变换。
- 【变换】命令：主要包括【缩放】、【旋转】、【斜切】、【扭曲】、【透视】、【变形】、【旋转 180 度】、【旋转 90 度（顺时针）】、【旋转 90 度（逆时针）】、【水平翻转】及【垂直翻转】等命令。这一命令使用在路径时，会变为【变换路径】命令，以对路径进行单项变换。

9.1.2 图像与画布调整

图像与画布调整命令主要包括【图像大小】、【画布大小】及【图像旋转】等命令，这几个命令比较简单，但在实际工作中使用非常频繁，希望读者熟练掌握。

一、 调整图像大小

在 Photoshop 中，可以利用【图像】/【图像大小】命令重新设定图像文件的尺寸大小和分辨率。选择要调整的图像，然后选择【图像】/【图像大小】命令，弹出如图 9-14 所示的【图像大小】对话框，各部分功能介绍如下。

- 【像素大小】类参数和【文档大小】类参数主要用于设置修改后图像的大小，这两组参数只要修改其中的一组，另一组会随之发生相应的变化。
- 如果图像带有应用了样式的效果层，那么勾选【缩放样式】复选项 ⚙. 可以在缩放图像的同时缩放样式效果。【缩放样式】选项 只有在选中【约束长宽比】选项 时才能使用。

- 选中【约束长宽比】选项，可对图像进行等比例缩放。
- 勾选【重新采样】复选项☑重新采样(S):，可以在其下拉列表中选择修改图像大小时使用的插值方法。

二、 调整画布大小

利用【图像】/【画布大小】命令可以重新设定图像版面的尺寸大小，并可调整图像在版面上的放置。选择【图像】/【画布大小】命令，弹出如图 9-15 所示的【画布大小】对话框。

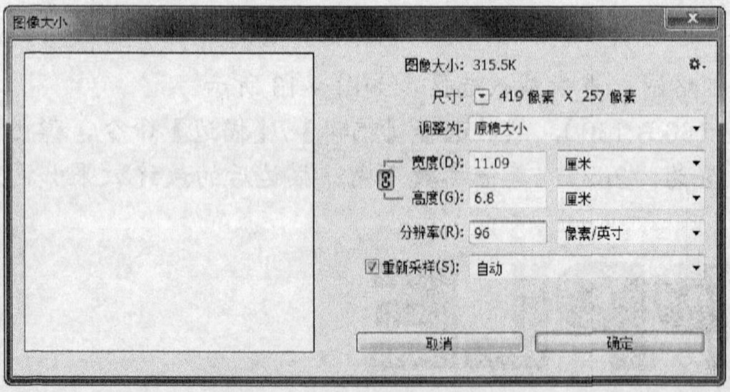

图9-14 【图像大小】对话框

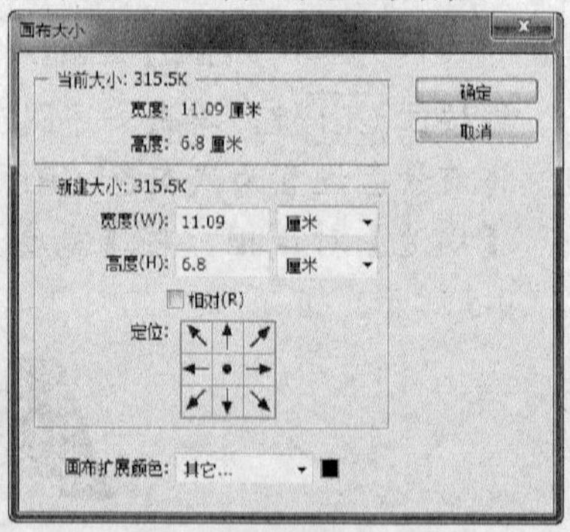

图9-15 【画布大小】对话框

【当前大小】类参数主要显示画布当前的尺寸大小，【新建大小】类参数主要用于设置修改后画布的大小。

三、 图像旋转

利用【图像】/【图像旋转】命令可以调整图像版面的角度，并且文件中的所有图层、通道以及路径都会一起旋转或翻转。

要特别注意【图像】/【图像旋转】命令和【编辑】/【变换】命令的区别。【图像】/【图像旋转】命令旋转的是整个图像，包括所有的图层、通道和路径。而【编辑】/【变换】命令旋转的只是当前图层或路径，而不是整个图像。

9.1.3 图像颜色调整

选择【图像】/【调整】命令，系统将弹出如图 9-16 所示的【调整】菜单命令。这部分命令比较重要，主要用于调整图像的色调、亮度、对比度以及饱和度等，利用它们能够调制出漂亮的色彩画面效果来，如果要快速调整图像的颜色和色调，则可以使用【图像】菜单下【自动色调】、【自动对比度】、【自动颜色】命令。下面将详细介绍这部分命令。

一、 【自动色调】命令

使用【图像】/【自动色调】命令可以增强图像的对比度。在像素值平均分布并且需要以简单的方式增加对比度的特定图像中，该命令可以提供较好的结果。

二、 【自动对比度】命令

使用【图像】/【自动对比度】命令可以自动调整图像的对比度，使高光部分更亮，阴影部分更暗。

三、【自动颜色】命令

使用【图像】/【自动颜色】命令可以自动校正偏色图像，从而调整图像的对比度和颜色。

四、【亮度/对比度】命令

使用【亮度/对比度】命令可以调整图像的亮度和对比度值，从而调整图像的色调。

五、【色阶】命令

使用【色阶】命令可以调整图像的阴影、中间调和高光的强度级别，从而校正图像的色调范围和色彩平衡。选择【色阶】命令，弹出的【色阶】对话框如图 9-17 所示。

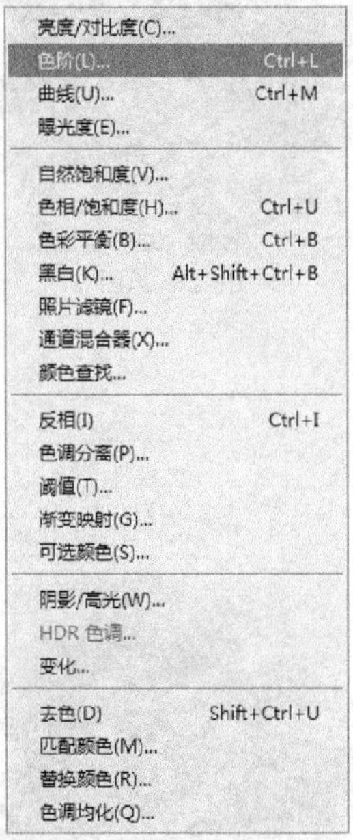

图9-16 【图像】/【调整】菜单命令

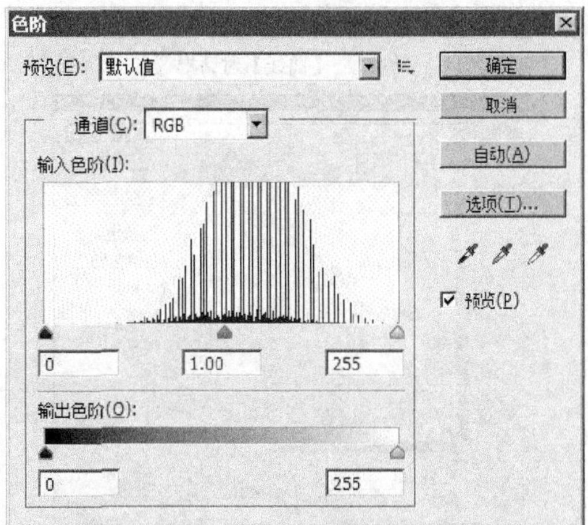

图9-17 【色阶】对话框

图 9-18 所示为调整前的原图，图 9-19 所示为【色阶】对话框设置图，图 9-20 所示为调整后的效果。

图9-18 原图

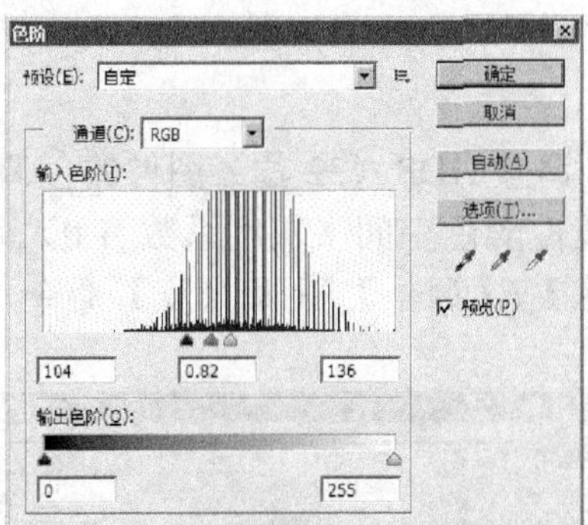

图9-19 【色阶】对话框参数设置

图9-20 调整后的效果

六、【曲线】命令

使用【曲线】命令，可以利用曲线调整图像各通道的明暗数量。选择【图像】/【调整】/【曲线】命令，弹出的【曲线】对话框如图 9-21 所示。图 9-22 所示为调整前的原图，

图 9-23 所示为【曲线】对话框，图 9-24 所示为调整后的效果。

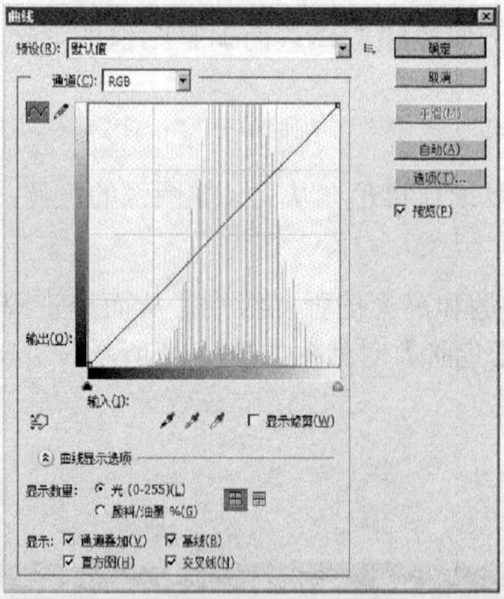

图9-21　【曲线】对话框

图9-22　原图

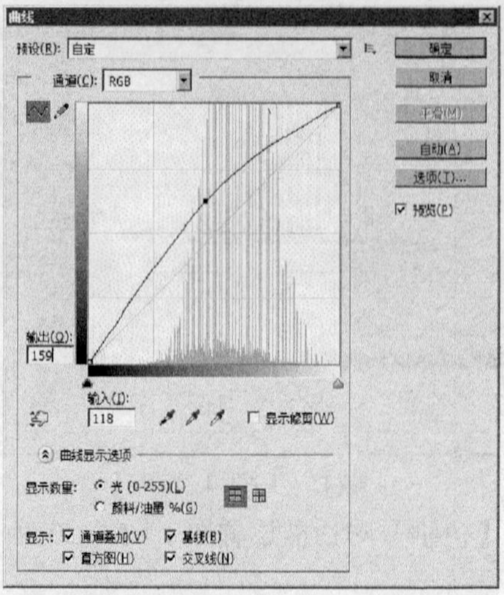

图9-23　【曲线】对话框参数设置

图9-24　调整后的效果

七、　【曝光度】命令

使用【曝光度】命令可以调整 HDR（32 位）图像的色调，也可以调整 8 位和 16 位图像的色调。曝光度是通过在线性颜色空间（灰度系数 1.0）而不是图像的当前颜色空间选择计算而得出的。选择【图像】/【调整】/【曝光度】命令，弹出的【曝光度】对话框如图 9-25 所示。

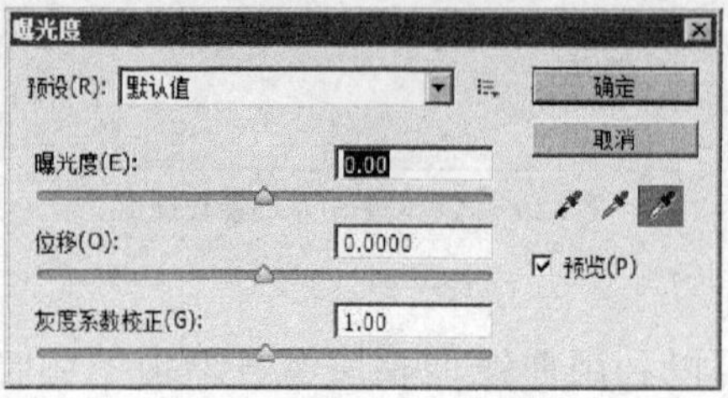

图9-25　【曝光度】对话框

八、【自然饱和度】命令

使用【自然饱和度】命令可以调整图像的饱和度，并且在颜色接近最大饱和度时能最大限度地减少修剪。选择【图像】/【调整】/【自然饱和度】命令，弹出的【自然饱和度】对话框如图 9-26 所示。

九、【色相/饱和度】命令

【色相/饱和度】命令主要用于调整图像中单个颜色成分的色相、饱和度和明度，或者同时调整图像中的所有颜色。选择菜单栏中的【图像】/【调整】/【色相/饱和度】命令，弹出的对话框如图 9-27 所示。

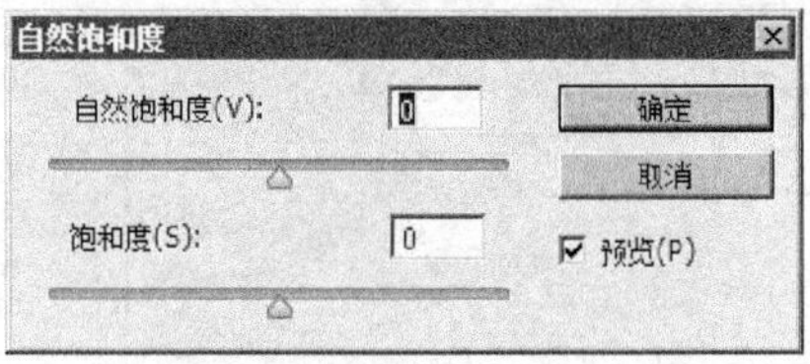

图9-26 【自然饱和度】对话框

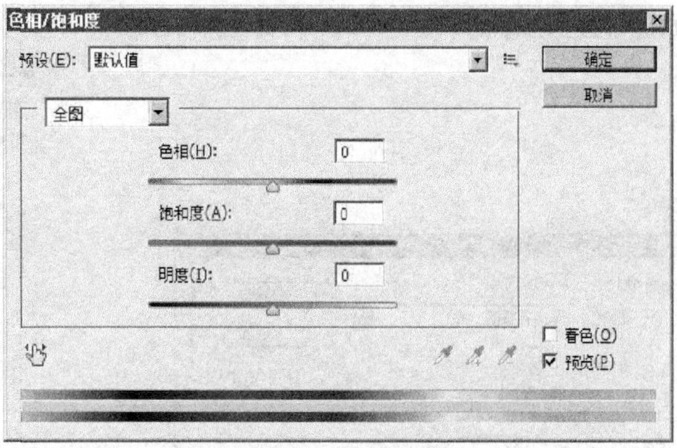

图9-27 【色相/饱和度】对话框

十、【色彩平衡】命令

【色彩平衡】命令主要用于更改图像的整体颜色，可以在彩色图像中改变颜色的混合比例，进行整图的色彩校正。选择【图像】/【调整】/【色彩平衡】命令，弹出的【色彩平衡】对话框如图 9-28 所示。

十一、【黑白】命令

【黑白】命令可以调整 6 种不同颜色（红、黄、绿、青、蓝、洋红）的亮度值，从而制作出高质量的黑白照片，还可以制作各种不同颜色的单色照片。

选择【图像】/【调整】/【黑白】命令，弹出的对话框如图 9-29 所示。

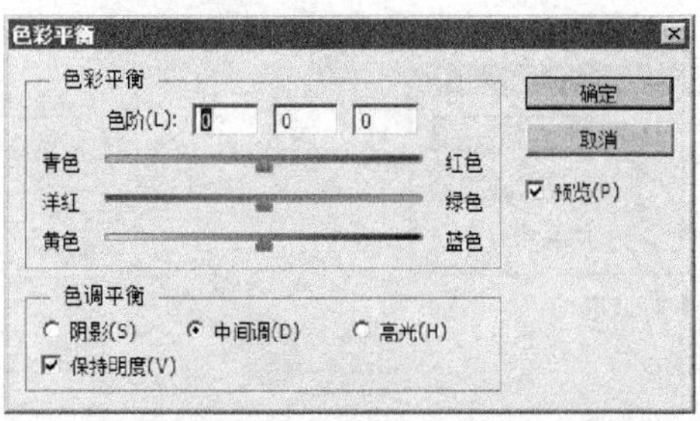

图9-28 【色彩平衡】对话框

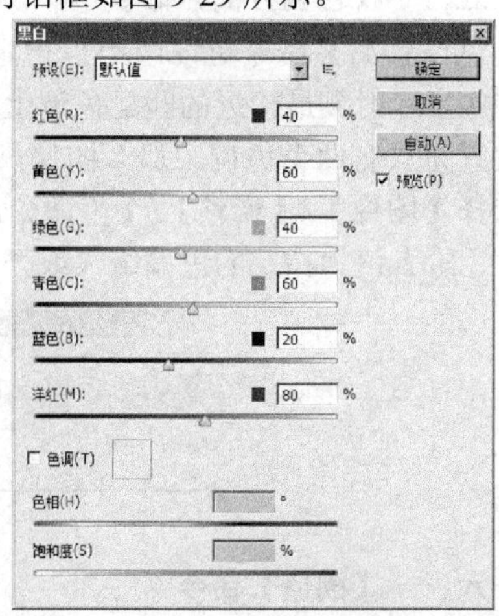

图9-29 【黑白】对话框

十二、【照片滤镜】命令

【照片滤镜】命令是模拟在相机镜头前面加彩色滤镜，以便调整通过镜头传输的光的色彩平衡和色温，使胶片曝光。该命令还允许用户选择预设的颜色或者自定义的颜色向图像应用色相调整。选择【图像】/【调整】/【照片滤镜】命令，弹出的对话框如图 9-30 所示。

十三、【通道混和器】命令

【通道混和器】命令是使用当前颜色通道的混合来修改颜色通道，从而达到改变图像颜色的目的。选择【图像】/【调整】/【通道混和器】命令，弹出的【通道混和器】对话框的内容会根据图像模式的不同而产生相应的变化，以 RGB 图像为例，【通道混和器】对话框如图 9-31 所示。

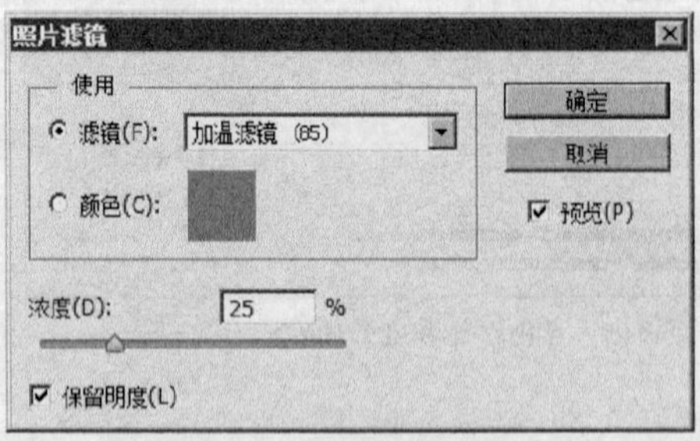

图9-30　【照片滤镜】对话框

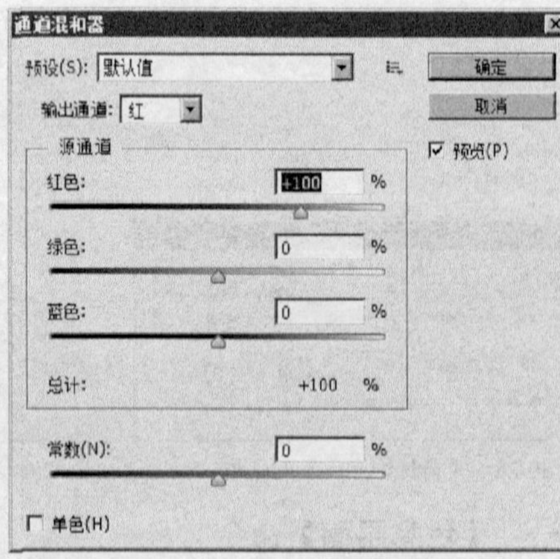

图9-31　【通道混和器】对话框

十四、【反相】命令

利用【反相】命令可以得到图像的反相效果，即图像中的颜色和亮度全部反转，转换为 256 级中相反的值。例如，如果原像素颜色的 R、G、B 值分别为“200”、“50”、“30”，那么反转后它的 R、G、B 值分别为“55”、“205”、“225”；如果原图像像素的亮度级为“100”，那么反转后该像素的亮度级为“155”。

十五、【色调分离】命令

【色调分离】命令可以由用户指定图像中每个通道的色调级（或亮度值）的数目，并将这些像素映射到最接近的匹配色调上，在照片中创建特殊效果。例如，将 RGB 图像中的通道设置为只有两个色调，那么图像只能产生 6 种颜色，即两个红色、两个绿色和两个蓝色。选择【图像】/【调整】/【色调分离】命令，弹出的【色调分离】对话框如图 9-32 所示。【色阶】值为指定的色调级（或亮度值）数目。

图9-32　【色调分离】对话框

十六、【阈值】命令

使用【阈值】命令可以删除图像的色彩信息，将一个灰度或彩色图像转换为高对比度的黑白图像。此命令是将一定的色阶指定为阈值。所有比该阈值亮的像素会被转换为白色，所有比该阈值暗的像素会被转换为黑色。选择【图像】/【调整】/【阈值】命令，弹出的【阈值】对话框如图 9-33 所示。

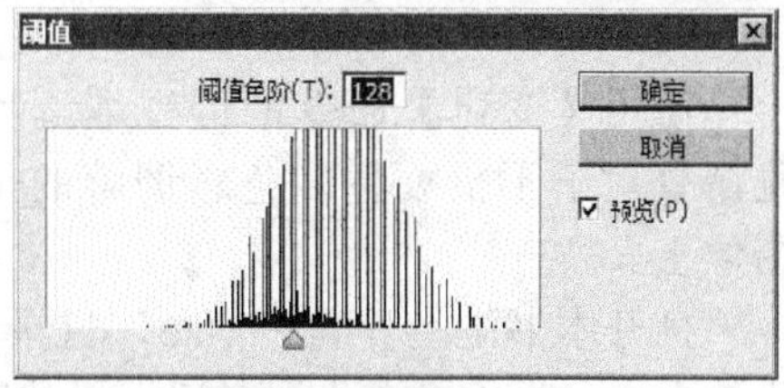

图9-33 【阈值】对话框

拖曳【阈值】对话框中直方图下方的滑块或修改上方的【阈值色阶】值，可以得到用户需要的阈值。图 9-34 所示为调整前的原图，图 9-35 所示为调整后的效果。

图9-34 原图

图9-35 修改后的效果

十七、 【渐变映射】命令

利用【渐变映射】命令可以使用指定的渐变填充颜色，在图像中按图像灰度级由暗至亮取代原图的颜色。选择【图像】/【调整】/【渐变映射】命令，弹出的对话框如图 9-36 所示。

十八、 【可选颜色】命令

使用【可选颜色】命令可以对指定的颜色进行精细调整，但不会影响其他主要颜色，以校正不平衡问题。使用【可选颜色】命令校正颜色是高档扫描仪和分色程序使用的一项技巧，可在图像中的每个加色（减色）的原色成分中增加（减少）印刷颜色的量。

选择【图像】/【调整】/【可选颜色】命令，弹出的对话框如图 9-37 所示。

图9-36 【渐变映射】对话框

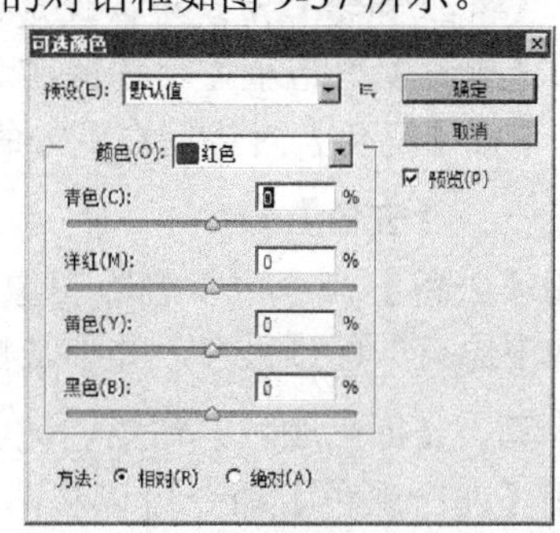

图9-37 【可选颜色】对话框

十九、 【阴影/高光】命令

【阴影/高光】命令不是简单地使图像变暗或变亮，而是基于阴影或高光中的周围像素（局部相邻像素）增亮或变暗。该命令允许分别控制阴影和高光，适合用于校正由强逆光而形成剪影的照片，或者校正由于太接近相机闪光灯而有些发白的焦点。【阴影/高光】命令的默认值设置为修复具有逆光问题的图像。

选择【图像】/【调整】/【阴影/高光】命令，弹出的【阴影/高光】对话框如图 9-38 所示。【阴影】类和【高光】类下的参数类似。

二十、【变化】命令

使用【变化】命令能可视地调整图像或选区的色彩平衡、对比度、亮度和饱和度。此命令对于不需要精确色彩调整的平均色调图像最有用，但该命令不能使用在索引颜色图像上。

打开本书配套光盘“Map”目录下的“海螺.jpg”文件。选择【图像】/【调整】/【变化】命令，弹出【变化】对话框，如图 9-39 所示。

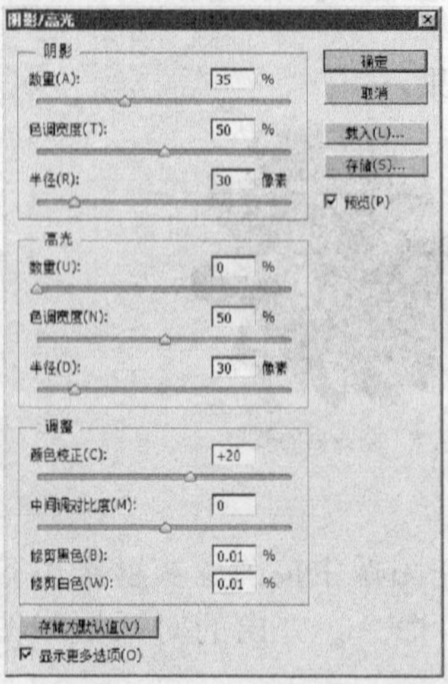

图9-38　【阴影/高光】对话框

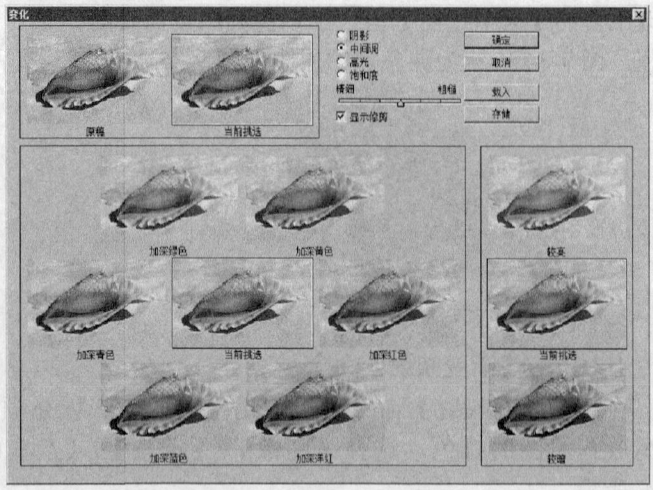

图9-39　【变化】对话框

- 【原稿】缩略图显示原始图像的效果，【当前挑选】缩略图显示进行调整后的图像效果。
- 点选【阴影】、【中间调】或【高光】单选项可调整图像的暗区、中间区域或亮区。点选【饱和度】单选项，可以更改图像中的色相度数。
- 【精细/粗糙】滑块可以设定每次调整的程度。
- 【变化】对话框左下方的 7 个加色缩略图显示当前图像增加某色后的效果。单击【变化】对话框右下方的 3 个缩略图，可以调整图像的亮度。

二十一、【去色】命令

使用【去色】命令可以删除图像的颜色，使图像以灰色显示。但使用【去色】命令只是将图像中原有的色彩丢弃，并不是将图像的颜色模式修改为灰度。

二十二、【匹配颜色】命令

使用【匹配颜色】命令可以将两个图像或同一图像中两个图层的颜色和亮度相匹配，使其颜色和亮度协调一致。其中需要改变颜色和亮度的图像称为“目标图像”，而要采样的图像称为“源图像”。该命令比较适合使多个图片的颜色保持一致，下面通过一个简单的练习来介绍该命令。

【匹配颜色】命令练习

1. 打开本书配套光盘“Map”目录下的“水果.jpg”文件和“海螺.tif”文件。

   在本例中，要将“水果.jpg”文件中的颜色修改为“海螺.tif”文件中波浪的蓝色效果。

2. 选择【文件】/【存储为】命令，将“水果.jpg”文件另命名为“匹配颜色.jpg”保存。

3. 选择【图像】/【调整】/【匹配颜色】命令，在【匹配颜色】对话框中设置选项和参数如图 9-40 所示。
4. 单击【匹配颜色】对话框中的 确定 按钮，匹配颜色后的效果如图 9-41 所示。
5. 选择【文件】/【存储】命令，将所做的修改保存。

二十三、【替换颜色】命令

使用【替换颜色】命令可以选择并修改图像中特定的颜色。当图像窗口存在图像文件时，选择【图像】/【调整】/【替换颜色】命令，弹出的对话框如图 9-42 所示。

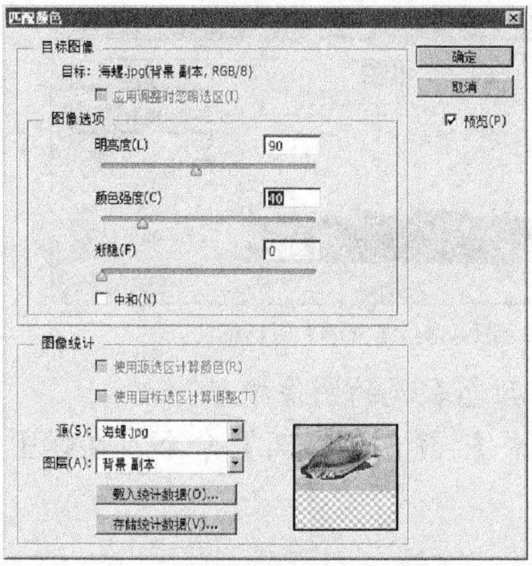

图9-40 【匹配颜色】对话框参数设置

图9-41 匹配颜色后的效果

图9-42 【替换颜色】对话框

二十四、【色调均化】命令

使用【色调均化】命令可以重新分布像素的亮度值。软件将每个通道中最亮和最暗的像素定义为白色和黑色，然后按比例在整个灰度范围中重新分配中间像素值，使图像中的明暗更均匀地分布。

9.2 范例解析——数码照片的商务应用

本节将以普通的数码照片为基础，运用 Photoshop CC 强大的颜色调整功能，制作出非常个性的简历或宣传页。图 9-43 所示是一张登山者的照片，俯视拍摄角度，画面富有一定的构成感。图 9-44 所示的最终效果展示了以此照片制作的简历封面。

图9-43 原始照片素材

图9-44 实例最终效果

1. 首先打开本书配套光盘“Map”目录下的“攀岩素材.jpg”文件，可以看到图像中勇敢的登山者，如图 9-43 所示。
2. 按下 Ctrl+J 键，将原始素材创建一份副本，然后选择【图像】/【调整】/【去色】命令，得到一张完全无色的黑白照片。再次按下 Ctrl+J 键，将该黑白照片图层复制一份，如图 9-45 所示。
3. 选择位于“背景”图层上方的黑白照片图层，选择【图像】/【调整】/【阈值】命令，在弹出的【阈值】对话框中设置参数，如图 9-46 所示。

图9-45　得到黑白照片并原地复制一份

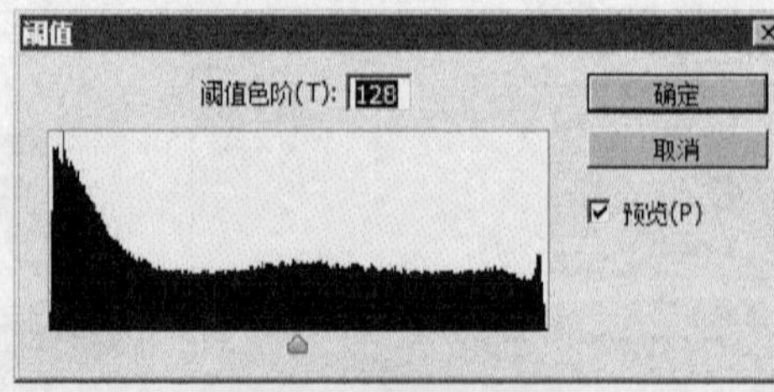

图9-46　【阈值】对话框

4. 单击 确定 按钮，得到如图 9-47 所示的黑白两种颜色表现的图像效果。
5. 选择位于最上方的黑白照片图层，选择【图像】/【调整】/【色调分离】命令，在弹出的【色调分离】对话框中设置参数，如图 9-48 所示。

图9-47　得到粗犷的黑白反差效果

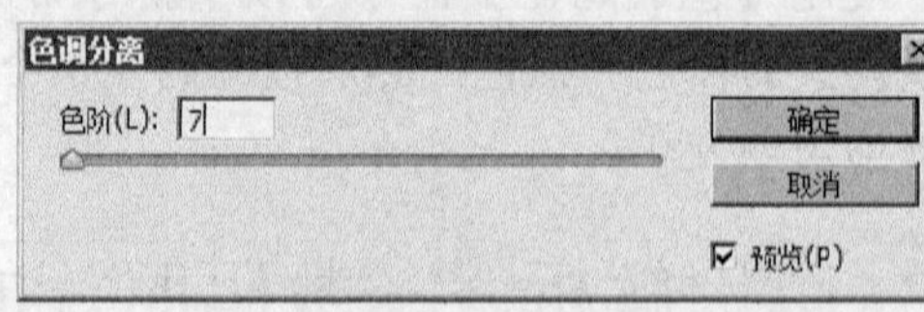

图9-48　【色调分离】对话框

6. 单击 确定 按钮，得到如图 9-49 所示的灰色色调分离的效果。
7. 将两个应用不同色调效果的黑白照片图层进行效果叠加。确保最上层的黑白照片图层处于被选择状态，然后在图层混合模式中选择“正片叠底”，如图 9-50 所示。

图9-49　【色调分离】后的黑白照片效果（参见光盘）

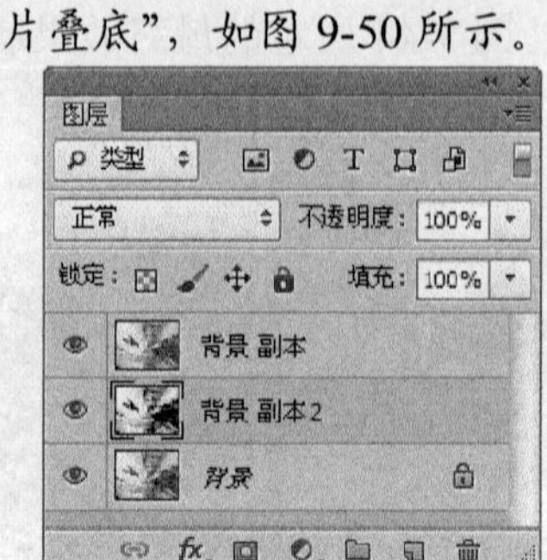

图9-50　进行图层混合操作

8. 此时两个图层进行了效果的叠加，得到如图 9-51 的高级混合效果。
9. 在所有图层之上建立一个新图层，并将其填充粉色（R:255,G:172,B:180），读者也可选择自己喜欢的颜色，然后将该图层的混合模式改为“正片叠底”，至此，基本完成简历或宣传页的背景，如图 9-52 所示。

图9-51　图层混合叠加后的效果（参见光盘）

图9-52　基本完成简历或宣传页的背景（参见光盘）

10. 选择【字体】工具，在简历封面背景上输入“RESUME”英文字样，字体选择“Sakkal Majalla”（可以根据自己的喜好选择不同字体），字体颜色选用白色，按下 Ctrl+T 键将文字放大到合适的大小并调整位置，设置字体的【不透明度】为“75%”，如图 9-53 所示。
11. 选择【文件】/【打开】命令，打开人物头像素材图片，使用【移动】工具将图片移动到简历封面上方，按 Ctrl+T 键将图片缩小，并将其置于“RESUME”字样的上方，最终效果如图 9-54 所示。

图9-53　插入英文字体效果（参见光盘）

图9-54　插入人物图片效果（参见光盘）

12. 选择【钢笔】工具，在字体和人物照片的周围绘制个性边框，绘制完毕后按下 Ctrl+Enter 键将路径转化为选区，然后选择【编辑】/【描边】命令，设置描边的宽度为 2 个像素，描边颜色为白色。具体设置如图 9-55 所示。
13. 至此，简历的封面制作完成，最终效果如图 9-56 所示。

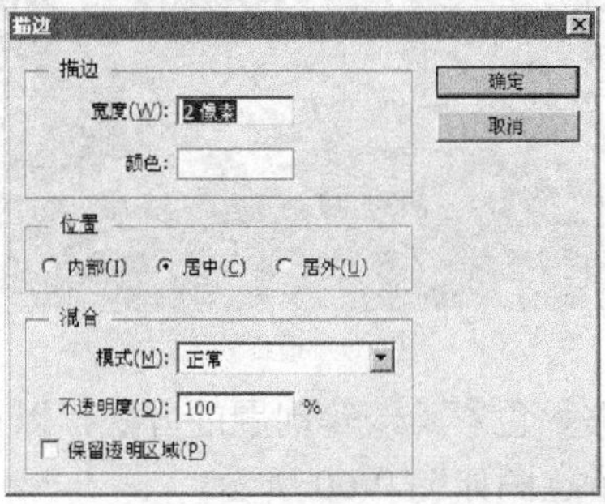

图9-55　描边参数设置

图9-56　简历封面最终效果

14. 读者还可以根据自己的需要更改简历封面的颜色，制作不同色彩风格的简历，如图 9-57 所示。

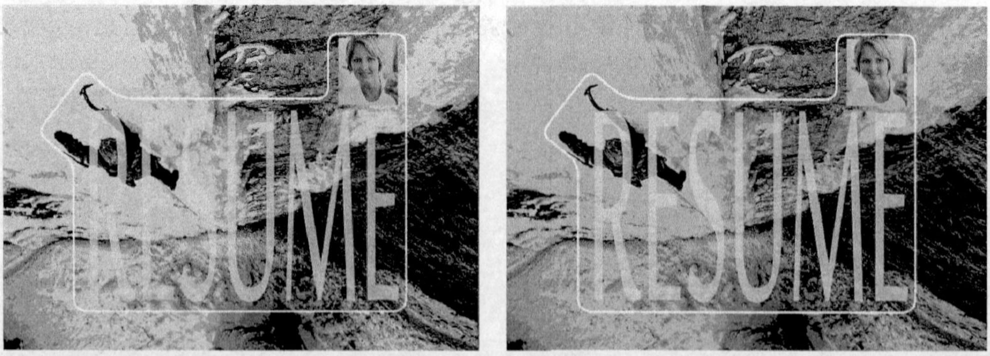

图9-57　不同色彩最终效果

在这个实例中，仅仅使用了【阈值】与【色调分离】两个命令，并配合图层间的混合模式，便快速地制作出极具个性的简历封面。通过改变填充图层的色相，便可得到不同色彩风格的简历封面，读者可以根据已经做好的简历封面背景，制作风格统一的一系列简历内容页面，让自己的简历极具个性，富有设计感。

9.3　课堂实训——照片的色彩调整

下面通过课堂实训再来巩固一下本章所学的知识，加强练习如何运用图像编辑调整命令和图像颜色调整命令修整图像。

使用数码相机拍照时，由于角度、天气等不同的情况，拍出来的照片在色彩、明暗上也会出现不少问题，例如色彩失真、画面偏灰、亮度和对比度不够等。这些问题都可以用 Photoshop CC 来解决。

本节将学习利用【图像】菜单中的【自动色阶】、【自动对比度】及【自动颜色】等命令，对石像进行色彩调整。若需要进一步调整，还要用到【色阶】、【亮度/对比度】、【色相/饱和度】等命令。最初效果和最终效果如图 9-58 和图 9-59 所示。

图9-58　最初效果

图9-59　最终效果

本次实训要求读者掌握解决照片偏灰、对比度不够、色彩暗淡等问题的方法，以达到灵活运用图像颜色调整命令的目的。该练习的制作流程示意图如图 9-60 所示。

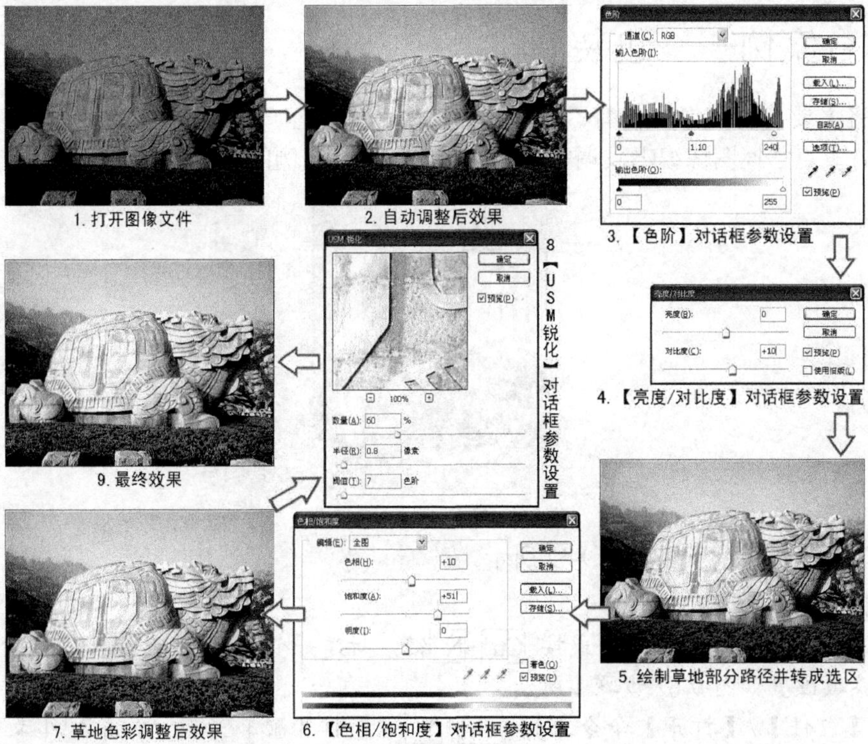

图9-60　制作流程示意图

【操作步骤提示】

1. 选择【文件】/【打开】命令或按 Ctrl+O 键，打开配套光盘“Map”目录下的“石像.jpg”文件。
2. 首先选择【图像】/【调整】下的【曲线】命令进行初步调整。这时照片还是有点暗淡，可以选择【图像】/【调整】/【色阶】命令或按 Ctrl+L 键，进行细微的手动调整。

现在图像变的明亮起来，不过整体画面比较灰，亮部与暗部的对比度不够。接下来就为其调整对比度。

3. 选择【图像】/【调整】/【亮度/对比度】命令，弹出【亮度/对比度】对话框，参数的设置如图 9-60 步骤 4 所示。

   下面来调整草地的颜色。

4. 使用工具沿草地部分绘制路径，单击【路径】调板中的【将路径作为选区载入】按钮，将路径转换成选区。选择【选择】/【修改】/【羽化】命令，【羽化半径】设为“10”，将选区羽化。
5. 选择【图像】/【调整】/【色相/饱和度】命令或按 Ctrl+U 键，弹出【色相/饱和度】对话框，参数设置如图 9-60 步骤 6 所示。

   接下来修整照片左下角的阴影。

6. 选择工具，修改选项栏内的【修补】为“源”，圈选阴影并拖曳至明亮处。反复操作直至满意为止（按 Ctrl+Shift+Z 键返回上一步操作）。
7. 最后选择【滤镜】/【锐化】/【USM 锐化】命令，参数的设置如图 9-60 步骤 8 所示。
8. 选择【文件】/【存储】命令，保存文件。本例完成后，保存在附盘“最终效果”目录中。

9.4　综合案例——包装制作

本节将主要使用图像的裁剪、变换及描边等命令制作一个茶叶包装的立体效果，通过练习使读者重点掌握图像编辑及调整命令的使用方法。该例的最终效果如图 9-61 所示。

图9-61　包装设计的最终效果

该练习制作流程示意图如图 9-62 所示。

【操作步骤提示】

1. 选择【文件】/【新建】命令或按 Ctrl+N 键，新建一个名为“包装设计.psd”的文件，各项参数设置如图 9-62 步骤 1 所示。
2. 选择【文件】/【打开】命令或按 Ctrl+N 键，打开配套光盘“Map”目录中的“茶园.jpg”文件，单击工具箱中的【带有菜单栏的全屏模式】按钮，切换显示模式。
3. 利用工具绘制路径，如图 9-62 步骤 2 所示。选择工具，将鼠标光标放置在锚点上，拖曳鼠标光标，调整路径形态。

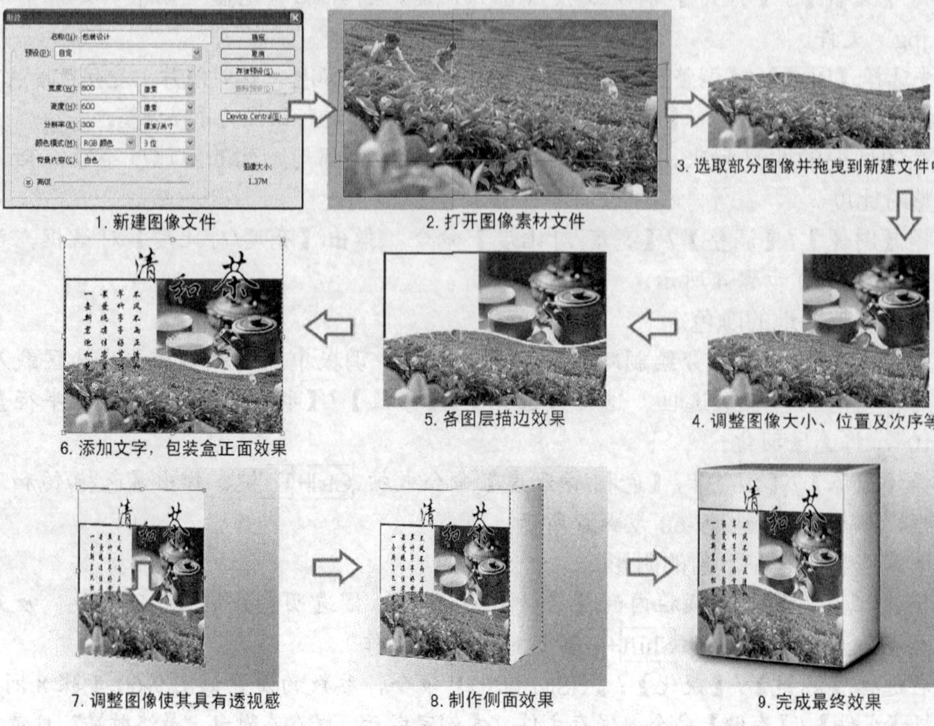

图9-62　制作流程图

4. 单击【路径调板】下侧的【将路径作为选区载入】按钮，选择工具，然后按住 Shift 键拖曳图像到“包装设计.psd”中。
5. 选择【文件】/【打开】命令或按 Ctrl+O 键，打开配套光盘“Map”目录中的“品茶.jpg”文件。
6. 选择工具，拖曳图像到“包装设计.psd”文件中，然后调整图像大小与位置；在【图层调板】中，调整图层的叠放次序，同时选中“茶园”图层和“品茶”图层，单击选项栏上的按钮进行右对齐。
7. 新建一图层，利用工具绘制矩形选区，如图 9-63 所示。
8. 选择【选择】/【变换选区】命令，按 Ctrl++ 键放大图像，进行精细的调整。
9. 选择【编辑】/【描边】命令，弹出【描边】对话框，设置描边颜色为红色（R:131,G:37,B:47），其他各项设置如图 9-64 所示。描边效果如图 9-65 所示。

图9-63　绘制矩形选区

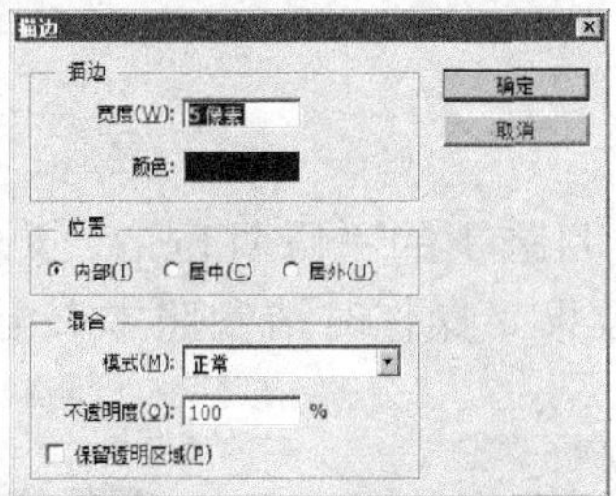

图9-64　【描边】对话框设置（1）

图9-65　描边效果

10. 调整图层叠放次序，如图 9-66 所示。
11. 选中“茶园”图层为当前图层，选择【编辑】/【描边】命令，弹出【描边】对话框，设置描边颜色为白色，其他各项设置如图 9-67 所示。描边效果如图 9-68 所示。
12. 选择工具箱中的T工具，并设置字体为“华文行楷”，大小为“6 点”，输入的文字如图 9-68 所示。

图9-66　调整图层叠放次序

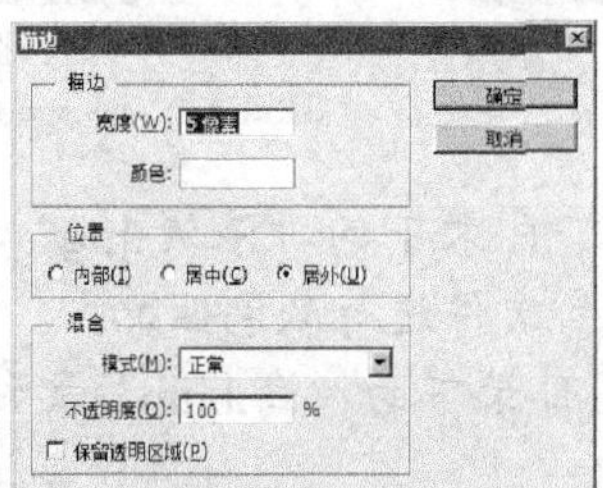

图9-67　【描边】对话框设置（2）

图9-68　输入文字

13. 选择【文件】/【打开】命令或按 Ctrl+O 键，打开配套光盘“Map”目录中的“清和茶.psd”文件，将“清和茶”拖曳到“包装设计.psd”文件中，然后按 Ctrl+T 键调整大小和位置。
14. 选中“清和茶”图层为当前图层，选择【编辑】/【描边】命令，弹出【描边】对话框，设置描边颜色为白色，其他设置不变。
15. 将上述图层合并。再新建一个图层，利用工具绘制矩形选区，选择【选择】/【变换选区】命令，进一步调整选区，然后按 Enter 键结束变换。
16. 选择【选择】/【反向】命令，按 Delete 键删除选区外的内容。然后反选，填充白色，作为包装盒正面的底色。

17. 调整图层叠放次序，然后合并图层。最后给“包装盒正面”描边，这样包装盒的正面就设计完成了。
18. 新建一个图层，填充【径向渐变】，如图 9-62 所示。
19. 选择【文件】/【变换】/【缩放】命令，调整图像长宽比例和位置。
20. 选择【文件】/【变换】/【斜切】命令，将鼠标光标移动到周边的小方框处，然后拖曳鼠标光标，使图像有透视感，按 Enter 键确认。
21. 在同一图层上，使用 ▭ 工具绘制路径，利用 ↖ 工具调整透视。
22. 在【路径】调板中转换成选区后填充线性渐变，并描边为灰色。用同样的方法绘制上表面，并填充灰色。
23. 使用 工具和 工具调整局部，使之具有光影效果。然后合并图层，最终效果如图 9-61 所示。

9.5 课后作业

1. 打开本书配套光盘“Map”目录下的“假期.bmp”文件，如图 9-69 所示，将其修改为如图 9-70 所示的傍晚效果。操作时请参照本书配套光盘“课后作业”目录下的“假期傍晚.tif”文件。

图9-69　原始照片素材（1）

图9-70　将图像修改为傍晚效果

【操作步骤提示】

(1) 先打开本书配套光盘“Map”目录下的“浪漫.jpg”文件，如图 9-71 所示，将“假期.bmp”文件根据“浪漫.jpg”文件进行颜色匹配。
(2) 再打开本书配套光盘“Map”目录下的“鸟.bmp”文件，如图 9-72 所示，利用通道功能将图像中的鸟图像选择出来。
(3) 将鸟图像复制到“假期.bmp”文件中。
(4) 再将鸟图像所在的层根据“假期.bmp”文件的背景进行颜色匹配。

图9-71　原始照片素材（2）

图9-72　原始照片素材（3）

2. 打开本书配套光盘“Map”目录下的“旧照片制作素材.jpg”文件，如图 9-73 所示，将其修改为如图 9-74 所示的旧照片效果。操作时请参照本书配套光盘“课后作业”目录下的“旧照片效果.psd”文件。

图9-73　原始照片素材（4）

图9-74　将图像修改为旧照片效果

【操作步骤提示】

(1) 打开原始照片文件后，将背景图层进行复制，选择【滤镜】/【纹理】/【颗粒】命令，将【强度】和【对比度】分别设置为“12”和“21”，选择【颗粒类型】为【垂直】选项，单击 确定 按钮。

(2) 选择【图像】/【调整】/【色相/饱和度】命令，将【色相】和【饱和度】分别设置为“–9”和“–20”，其他参数保持默认。

(3) 选择【图像】/【调整】/【亮度/对比度】命令，将【亮度】和【对比度】分别设置为“+30”和“+12”，其他参数保持默认。

(4) 选择【窗口】/【样式】命令，打开【样式】调板，选择【褪色相片】样式，对图像进行褪色处理。

第10章　滤镜的应用

滤镜是 Photoshop 中最具吸引力的的功能之一。所谓滤镜，是指一种特殊的软件处理模块，图像经过滤镜处理后可以产生特殊的艺术效果。智能滤镜是一种非破坏性的滤镜，它作为图层效果保存在【图层】调板中，用户可以利用智能对象中包含的原始图像数据随时重新调整这些滤镜。本章主要介绍 Photoshop CC 中各种滤镜的使用，一个有经验的设计师能够充分利用滤镜创作出各种奇妙的图像效果。

【学习目标】

- 掌握智能滤镜的使用方法。
- 掌握高级滤镜的使用方法。
- 掌握传统滤镜的使用方法。

10.1　功能讲解

Photoshop CC 中的滤镜大体可以分为两组。第一组滤镜较复杂，在弹出的对话框中可以综合使用参数、选项、功能按钮及鼠标产生特殊效果的图像，被称为高级滤镜；包括【滤镜库】、【自适应广角】、【镜头校正】、【液化】、【油画】和【消失点】等命令，被单独列出。第二组滤镜就是 Photoshop 的传统滤镜，也被称为标准滤镜，这类滤镜又有 13 大类，包括【风格化】滤镜、【模糊】滤镜、【扭曲】滤镜、【锐化】滤镜、【视频】滤镜、【像素化】滤镜、【渲染】滤镜、【杂色】滤镜、【其他】滤镜、【画笔描边】滤镜、【素描】滤镜、【纹理】滤镜和【艺术效果】滤镜。另外，【滤镜】菜单的最后一项是【Digimarc】命令，该组命令主要用于在图像中添加和读取水印（即图像信息），以保护图像版权。

Photoshop 除了自身拥有数量众多的滤镜外，还可以使用其他厂商生产的滤镜，这些滤镜被称为外挂滤镜，选择【滤镜】/【浏览联机滤镜】命令，可以在线浏览外挂滤镜，它们为 Photoshop 创建各种特殊效果提供了更多的解决方法。

10.1.1　【转换为智能滤镜】命令

智能滤镜是一种非破坏性的滤镜，可以像使用图层样式一样随时调整滤镜参数，隐藏或者删除，这些操作都不会对图像造成任何实质性的破坏。

选择需要应用滤镜的图层，选择【滤镜】/【转换为智能滤镜】命令，将所选图层转换为智能对象，然后再使用滤镜，即可创建智能滤镜。在 Photoshop 中，除了【镜头校正】、【抽出】、【液化】和【消失点】滤镜外，其他滤镜都可以用作智能滤镜。

10.1.2 【滤镜库】命令

在处理图像时，可能需要单独使用某一滤镜，或者使用多个滤镜，或者将某滤镜在图像中应用多次。使用【滤镜库】不但能轻松地一次性完成这几种设置，而且还可以预览图像应用多重滤镜后的效果。如果对预览效果感到满意，则可以将它应用于图像，但滤镜库并不提供【滤镜】菜单中的所有滤镜。【滤镜库】是一个整合了多个滤镜的对话框，它可以将多个滤镜同时应用于同一图像，或者对同一图像多次应用一个滤镜，甚至还可以使用对话框中的其他滤镜替换原有的滤镜。

打开本书配套光盘“Map”目录下的“风景 01.jpg”文件，选择【滤镜】/【滤镜库】命令，弹出的【滤镜库】对话框如图 10-1 所示。

图10-1 【滤镜库】对话框

在【滤镜库】对话框中，最左侧是预览区，用来预览图像应用滤镜的效果；中间是可以在滤镜库中使用的滤镜命令及其缩览效果，共包含 6 组可供选择的滤镜；右侧是参数设置区，上方是当前选择滤镜的参数选项，下方显示图像中正在应用的滤镜。

- 单击对话框右侧上方的按钮，可以将滤镜组隐藏，从而扩大图像预览区的空间；再次单击按钮，则可以将滤镜组显示出来。
- 单击对话框右侧下方的按钮，可以将滤镜效果隐藏；再次单击该按钮，可以将滤镜效果显示出来。
- 单击对话框右下角的【新建效果图层】按钮，可以将当前应用的滤镜效果复制；单击对话框右下角的【删除效果图层】按钮，可以将当前应用的滤镜效果删除。

要点提示 在【滤镜】菜单中选择【滤镜库】中所包含的滤镜命令，也可以调出【滤镜库】对话框。在后面的学习中将只介绍相应滤镜的参数，而不再重复【滤镜库】的功能。

10.1.3　【液化】命令

【滤镜】/【液化】命令主要是使图像产生特殊的扭曲效果。在【液化】对话框中，可以在左侧的工具列表中选择扭曲工具，在右侧扭曲选项的参数类下设置参数，在图像中拖曳鼠标光标或按住鼠标左键不放进行扭曲操作。

【液化】命令的参数较复杂，下面通过一个简单的练习来学习【液化】命令的使用。

练习使用【液化】命令

1. 打开本书配套光盘“Map”目录下的“液化练习.psd”文件。
2. 选择【滤镜】/【液化】命令，在弹出的【液化】对话框右侧设置参数值，如图 10-2 所示。

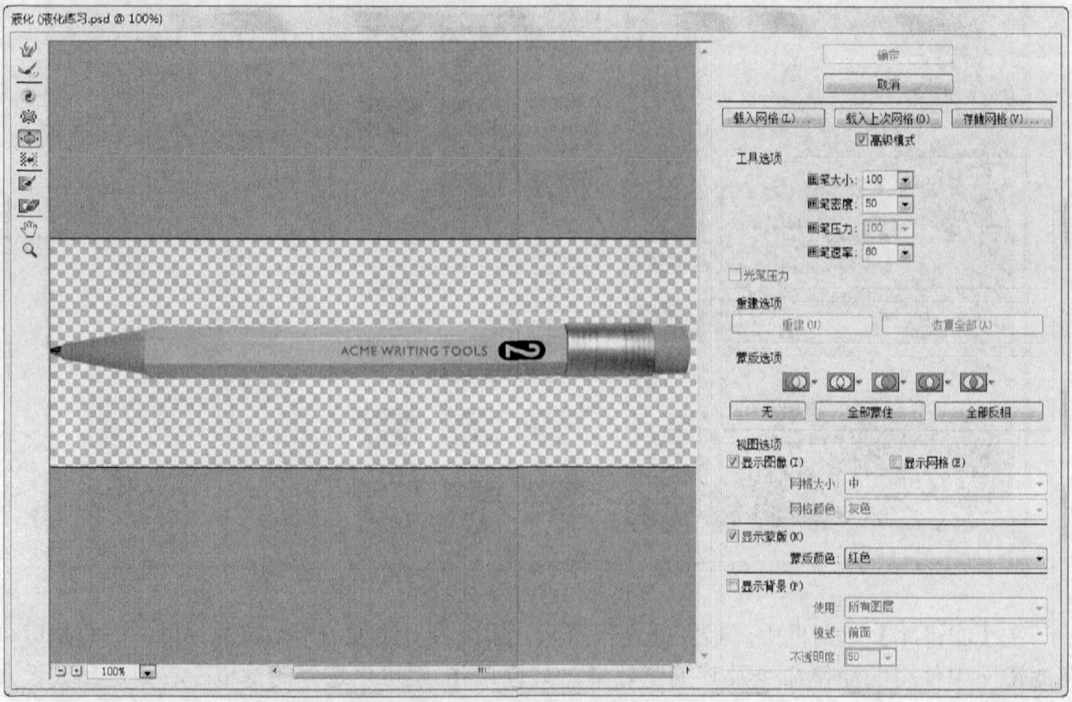

图10-2　【液化】对话框

在【液化】对话框中有几个重要的辅助工具和选项，介绍如下。

- 在【液化】对话框左上角选择【重建】工具，在图像中已变形的部分上拖曳鼠标光标，可以恢复原图的效果。这一工具的功能类似于工具箱中的【历史记录画笔】工具。
- 如果只修改图像中的一部分而不影响其他图像的效果，可以先选择【液化】对话框左侧的【冻结蒙版】工具，在要修改的图像周围拖曳鼠标光标创建红色区域，这个红色区域实际上是在图像中设置了蒙版，红色蒙版区域内的图像不受变形操作的影响，这样可以避免在变形时破坏其他部分图像。
- 如果当前图像中已经存在蒙版，在右侧的【蒙版选项】类下可以设置后添加蒙版与当前蒙版的计算方式。

- 选择【解冻蒙版】工具，在蒙版上拖曳鼠标光标可以将已设置为蒙版的区域取消。

下面来学习应用变形工具。

3. 在【液化】对话框右侧的工具选项中将的数值修改为“150”。
4. 在【液化】对话框左侧选择【顺时针旋转扭曲】工具。
5. 在【液化】对话框中间的图像预览图上，将鼠标中心的“+”对准笔尖前部，按住鼠标左键不放，图像开始以“+”为中心在画笔区域内顺时针旋转。
6. 旋转至需要的效果时释放鼠标左键，完成变形，如图 10-3 所示。

要点提示 选择工具，在图像中拖曳鼠标光标，旋转的中心随鼠标的移动而改变。按住 Alt 键不放，拖曳或按住鼠标左键时，图像逆时针旋转。按压时间的长短将影响变形效果，时间越长，变形越大。

7. 在【液化】对话框左侧选择【膨胀】工具。
8. 在【液化】对话框中间的图像预览图上，将鼠标中心的“+”对准铅笔头部分，按住鼠标左键不放，图像开始以“+”为中心在画笔区域内向外膨胀。
9. 图像膨胀至需要的效果时释放鼠标左键，完成变形，效果如图 10-4 所示。

图10-3　应用【顺时针旋转扭曲】工具

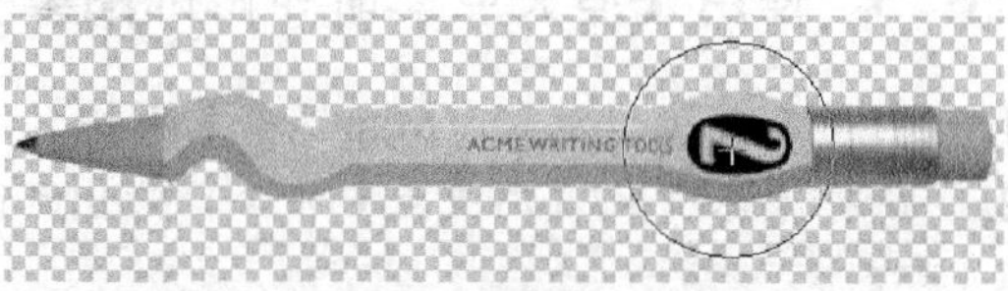
图10-4　应用【膨胀】工具

要点提示 在使用【液化】命令放大和缩小图像时，通常可以将【画笔大小】值设置为与要进行变形的图像直径相近的值，这样可以尽可能避免将不需要变形的图像破坏。

10. 单击【液化】对话框中的 确定 按钮，确认变形，最终效果如图 10-5 所示。选择【文件】/【存储为】命令，将当前图像另存。

图10-5　最终变形效果

【液化】命令常被用于对人物照片的修改中，适当使用【液化】命令中的功能，可以使人物显得更加漂亮，使人物的眼睛更大、鼻翼更纤巧、嘴更小、脸部轮廓更柔和、身材更纤细等。在一些特殊情况下，还可以对图像进行夸张变形，如特别放大或缩小某部分等。

10.1.4　【消失点】命令

利用【消失点】命令可以在有透视角度的图像中进行图像编辑与处理。通过使用【消失点】滤镜，来修饰、添加或移除图像中包含透视的内容。使用【消失点】命令修饰图案的前后效果如图 10-6 所示。

图10-6　使用【消失点】滤镜的前后效果

使用【消失点】命令修饰图案

1. 打开本书配套光盘“Map”目录下的“消失点练习.psd”文件。
2. 选择【滤镜】/【消失点】命令，弹出如图 10-7 所示的【消失点】对话框。

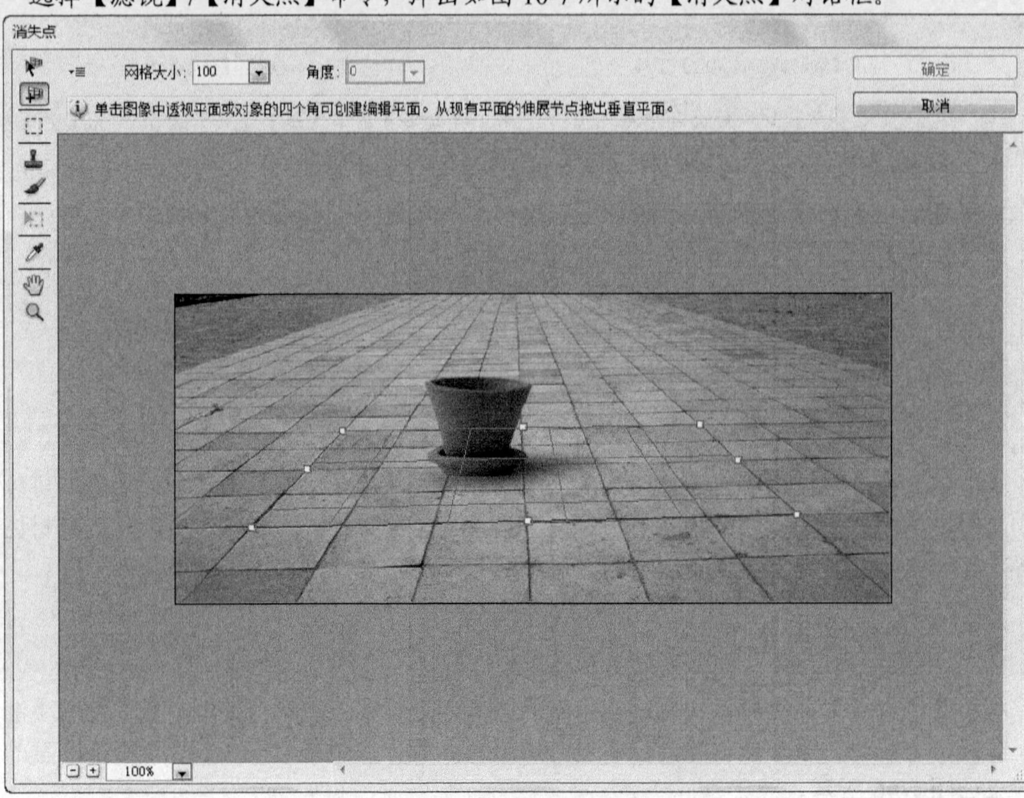

图10-7　【消失点】对话框

3. 单击对话框左侧工具栏中的按钮，在对话框的图像区域中，通过单击创建一个四边形的调节框，如图 10-8 所示。

图10-8 创建调节框

4. 单击对话框左侧工具栏中的按钮，参照图像的透视角度调整调节框，使透视角度匹配图像的透视角度，如图 10-9 所示。

图10-9 调整调节框

5. 单击对话框左侧工具栏中的按钮，将对话框顶部的 画笔大小: 100 修改为“15”，在图像区域中拖曳出如图 10-10 所示的选区。
6. 按住 Shift+Alt 键，拖曳选区到需要修饰的区域后释放，反复多次，修复后的图像效果如图 10-11 所示。

图10-10　拖曳选区

图10-11　修复后的图像效果

在【消失点】对话框中有几个重要的辅助工具和选项，介绍如下。

- 第一次对图像使用【消失点】工具时，在弹出的对话框中，默认状态只能使用【创建平面】工具，首先要使用该工具来定义图像的透视平面，通过依次单击，确定透视平面的 4 个角点，同时调整平面的大小和形状。按住 Ctrl 键拖移某个边节点可拉出与该平面相垂直的透视平面。
- 使用【编辑平面】工具可以选择、编辑、移动透视平面并调整透视平面。
- 【选框】工具的使用方法与工具箱中的工具类似。
- 【图章】工具的使用方法与工具箱中的工具类似。
- 选择【变换】工具，通过移动变换控件手柄来缩放、旋转和移动选区，类似在矩形选区上使用【自由变换】命令。用户也可以沿平面的垂直轴水平翻转浮动选区，或沿平面的水平轴垂直翻转浮动选区。按住 Alt 键拖移浮动选区可拉出选区的一份副本；按住 Ctrl 键拖移选区可使用源图像填充选区。

10.1.5　【风格化】滤镜组

【风格化】滤镜组中共有 9 种滤镜，其中【照亮边缘】滤镜并不在弹出选项中，而是存放于【滤镜库】中的【风格化】滤镜组内。【风格化】滤镜组主要通过置换像素和通过查找并增加图像的对比度，产生绘画、印象派或其他风格化画派作品的效果。应用【风格化】滤镜组后的效果如图 10-12 至图 10-20 所示。

【风格化】滤镜组中各滤镜的作用介绍如下。

- 【查找边缘】滤镜能自动搜索图像主要色彩的变化区域，强化其过渡像素，产生用彩色铅笔勾描轮廓的效果。此命令直接执行，没有对话框及可调参数。常将此滤镜与【编辑】/【渐隐】命令共同使用，生成铅笔素描效果。
- 【等高线】滤镜是在图像中围绕每个通道的亮区和暗区边缘勾画轮廓线，从而产生三原色的细窄线条。经常在这种效果基础上修改或制作卡通、漫画等。
- 【风】滤镜是按图像边缘中的像素颜色增加一些小的水平线产生起风的效果，此滤镜不具有模糊图像的效果，它只影响图像的边缘。常用此滤镜来创建火焰、冰雪和高速运动的效果。
- 【浮雕效果】滤镜通过勾划图像或选区的轮廓和降低周围色值来生成凸起或凹陷的浮雕效果。
- 【扩散】滤镜可以使图像中相邻的像素按规定的方式有机移动，使图像扩散，创建一种分离模糊效果，看起来有点像透过磨砂玻璃看图像的效果。
- 【拼贴】滤镜是将图像分裂成指定数目的方块并将这些方块从原位置上移动

一定的距离，产生不规则瓷砖拼凑成的图像效果。此滤镜没有预览功能，所以可能需要多次调试。

- 【曝光过度】滤镜产生图像正片和负片混合的效果，类似于摄影中增加光线强度产生的过度曝光效果。这是一个直接执行的命令，没有可调参数。
- 【凸出】滤镜就是将图像附着在一系列的三维立方体或方锥体上，产生特殊的 3D 效果。
- 【照亮边缘】滤镜搜索图像中主要颜色变化区域，加强其过滤像素以产生轮廓发光的效果。该滤镜是【风格化】滤镜中惟一存放于【滤镜库】中的滤镜。

图10-12 【查找边缘】滤镜效果

图10-13 【等高线】滤镜效果

图10-14 【风】滤镜效果

图10-15 【浮雕效果】滤镜效果

图10-16 【扩散】滤镜效果

图10-17 【拼贴】滤镜效果

图10-18 【曝光过度】滤镜效果

图10-19 【凸出】滤镜效果

图10-20 【照亮边缘】滤镜效果

10.1.6 【模糊】滤镜组

【模糊】滤镜组中共有 14 种滤镜，主要是将图像边缘过于清晰或对比度过于强烈的区域进行模糊，以产生各种不同的模糊效果，使图像看起来更朦胧一些。原图及应用【模糊】滤镜后的效果如图 10-21 至图 10-35（参见光盘）所示。

【模糊】滤镜组中各滤镜的作用介绍如下。

- 【场景模糊】滤镜可以通过添加控制点的方式，精确地控制景深形成范围、景深强弱程度，用于建立比较精确的画面背景模糊效果。
- 【光圈模糊】滤镜是通过创建一个范围，通过简单的设置形成一个景深模糊的效果。
- 【移轴模糊】滤镜用于创建移轴景深效果，通过控制点和范围设置，精准的控制移轴效果产生范围和焦外虚幻强弱程度。

- 【表面模糊】滤镜可以在保留边缘的同时模糊图像。此滤镜常用于创建特殊效果并消除杂色或粒度。
- 【动感模糊】滤镜只在单一方向上对图像像素进行模糊处理。它可以产生动感模糊的效果，模仿物体高速运动时曝光的摄影手法，一般较适用于运动物体处于画面中心、周围背景变化较少的图像。
- 【方框模糊】滤镜基于相邻像素的平均颜色值来模糊图像。它的对话框仅有【半径】一个选项，该值决定每个调整区域的大小。此值越大，图像越模糊。
- 【高斯模糊】滤镜是 Photoshop 中较常使用的滤镜之一，它是依据高斯曲线来调节图像的像素色值。【高斯模糊】对话框中只有一个【半径】选项，调整【半径】值可以控制模糊程度，从较微弱的模糊直至造成难以辨认的浓厚的图像模糊。
- 【进一步模糊】滤镜产生一个固定的较弱的模糊效果，它与后面的【模糊】滤镜效果相似，但其模糊程度是【模糊】滤镜的 3～4 倍。
- 【径向模糊】滤镜可以创建一种旋转或放射模糊的效果。

要点提示　【动感模糊】滤镜和【径向模糊】滤镜都可以用于表现动态效果，但【动感模糊】滤镜通常表现物体平面上的动态效果，【径向模糊】滤镜则可以表现物体纵深的动态效果。

- 【镜头模糊】滤镜向图像中添加模糊以产生更窄的景深效果，以便使图像中的一些对象在焦点内，而使另一些区域变模糊。例如可以将照片中的前景保持清楚，而使背景变得模糊。
- 【模糊】滤镜可以产生较为轻微的模糊效果，它的模糊效果是固定的，常用它来模糊图像边缘。
- 【平均】滤镜就是找出图像或选区中的平均颜色，然后用该颜色填充图像或选区。
- 【特殊模糊】滤镜可以产生一种清晰边界的模糊效果，它只对有微弱颜色变化的区域进行模糊，不对边缘进行模糊。也就是说，该滤镜能使图像中原来较清晰的部分不变，而原来较模糊的部分更加模糊。
- 【形状模糊】滤镜可以以一定形状为基础进行模糊处理。

图10-21　原图

图10-22　【场景模糊】滤镜效果

图10-23　【光圈模糊】滤镜效果

图10-24　【移轴模糊】滤镜效果

图10-25　【表面模糊】滤镜效果

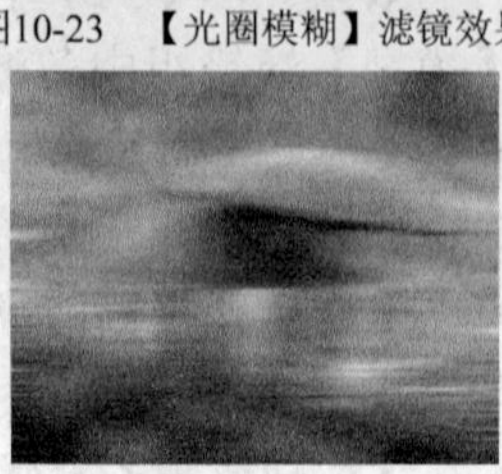
图10-26　【动感模糊】滤镜效果

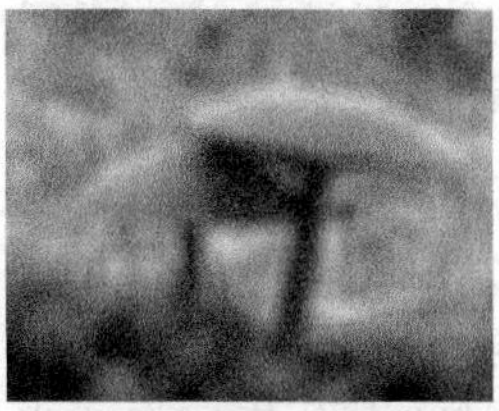

图10-27 【方框模糊】滤镜效果

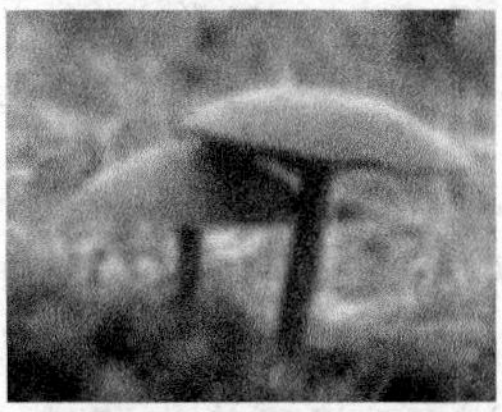

图10-28 【高斯模糊】滤镜效果

图10-29 【进一步模糊】滤镜效果

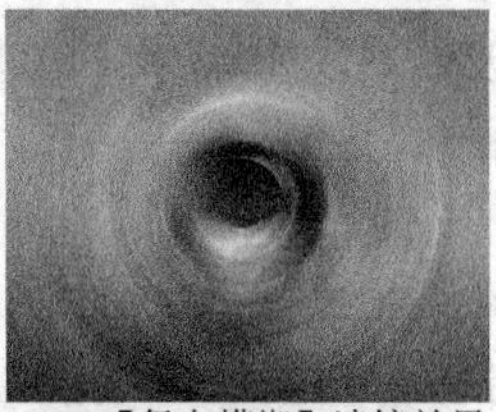

图10-30 【径向模糊】滤镜效果

图10-31 【镜头模糊】滤镜效果

图10-32 【模糊】滤镜效果

图10-33 【平均】滤镜效果

图10-34 【特殊模糊】滤镜效果

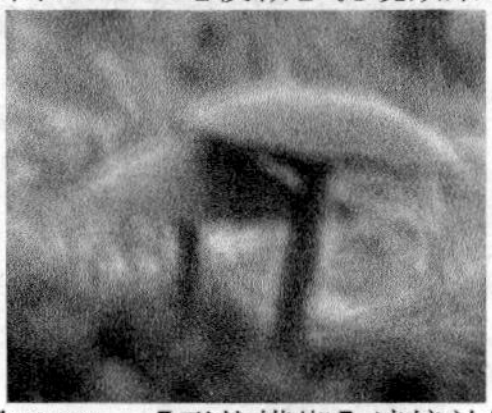

图10-35 【形状模糊】滤镜效果

10.1.7 【扭曲】滤镜组

选择【滤镜】/【扭曲】命令，弹出的子菜单如图 10-36 所示，这就是【扭曲】滤镜组，此组滤镜中共有 12 种滤镜，主要是将当前图层或选区内的图层进行各种各样的扭曲变形。原图及应用【扭曲】滤镜后的效果如图 10-37 至图 10-51（参见光盘）所示。

【扭曲】滤镜组中各滤镜的作用如下。

- 【波浪】滤镜是一种复杂的【扭曲】滤镜，也是一种精确的【扭曲】滤镜，它可以由用户来控制波动的效果，在图像上创建波状起伏的图案。常用来制作不规则扭曲的效果，如闪电、飘动的旗子、卷曲的纸等。
- 【波纹】滤镜可以产生水纹的涟漪效果，常被用来制作水面倒影等效果。
- 【玻璃】滤镜是 Photoshop CC【滤镜库】中的滤镜，它可以制作细小的纹理，生成一种透过玻璃看图像的效果。
- 【海洋波纹】滤镜也是 Photoshop CC【滤镜库】中的滤镜，它可以将随机分隔的波纹添加到图像表面，产生波纹涟漪效果。产生的波纹细小，边缘有较多抖动，使图像看起来就像是在水下面。
- 【极坐标】滤镜将图像坐标从平面坐标转换为极坐标，或从极坐标转换为平面坐标，它使图像产生一种极度变形的效果。经常把它作为图案设计工具或用它创建一些特殊效果的图像。
- 【挤压】滤镜在图像或选区中间生成一个向内或向外的凸起，它的效果有点像后面要讲的【球面化】滤镜，但它的凸起形态变形较严重。
- 【扩散亮光】滤镜也是 Photoshop CC【滤镜库】中的滤镜，是将背景色的光晕加至图像中较亮的部分，从而产生一种弥漫的光漫射效果。常用该滤镜表现强烈的光线，如强烈阳光照射的效果。对于整体较亮的图像，可以将背景色设置为白色，用此滤镜表现雾效。

- 【切变】滤镜可以根据在对话框中建立的曲线使图像产生弯曲效果。
- 【球面化】滤镜通过将选区折成球形、扭曲图像以及伸展图像以适合选中的曲线，使对象具有 3D 效果。它可以将图像中所选定的球形区域或其他区域扭曲膨胀或变形缩小，也可以在水平方向或垂直方向上进行单向球化。

经常使用【球面化】滤镜制作带有折射效果的球体效果，如玻璃球、金属球等。也可以利用该滤镜制作圆柱形或圆柱形表面的效果，如饮料罐、笔筒、酒瓶上的标签等。

- 【水波】滤镜可以模拟水面上产生起伏旋转的波纹效果。
- 【旋转扭曲】滤镜产生旋转的风轮效果，旋转的中心为图像或选区的中心。
- 【置换】滤镜是根据另一个“.psd”格式图像的明暗度将当前图像中的像素移动，从而产生变形的效果。

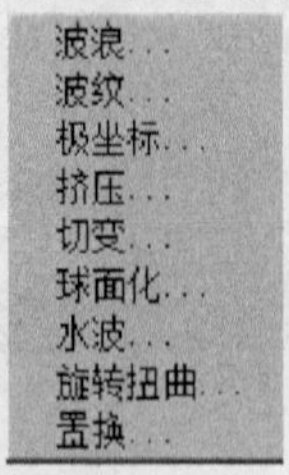

图10-36　【扭曲】滤镜组次级菜单

图10-37　原图（1）

图10-38　【波浪】滤镜效果

图10-39　原图（2）

图10-40　【挤压】滤镜效果

图10-41　【扩散亮光】滤镜效果

图10-42　【旋转扭曲】滤镜效果

图10-43　【波纹】滤镜效果

图10-44　【玻璃】滤镜效果

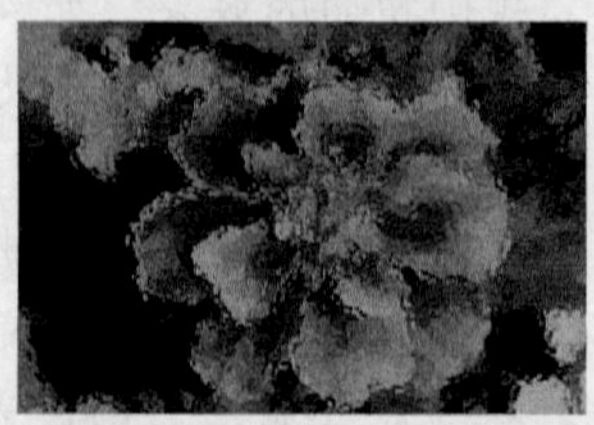

图10-45　【海洋波纹】滤镜效果

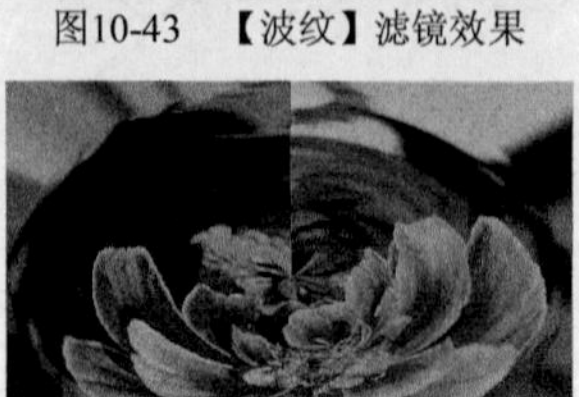

图10-46　【极坐标】滤镜效果

图10-47　【球面化】滤镜效果

图10-48　【水波】滤镜效果

图10-49 【置换】滤镜效果

图10-50 原图（3）

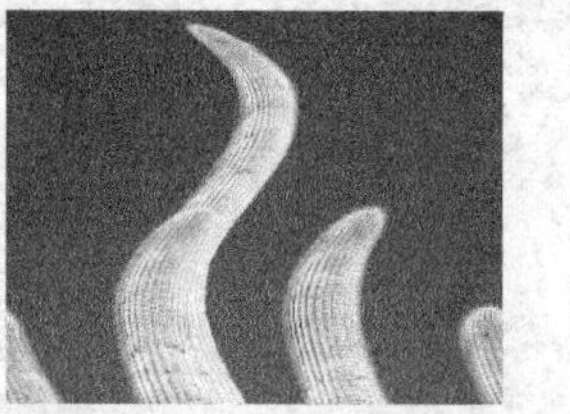
图10-51 【切变】滤镜效果

10.1.8 【锐化】滤镜组

【锐化】滤镜组中共有 6 种滤镜，主要通过增加相邻像素点之间的对比度来聚焦模糊的图像，使图像清晰化。图片应用【锐化】滤镜后的效果如图 10-52 至图 10-57（参见光盘）所示。

【锐化】滤镜组中各滤镜的作用介绍如下。

- 【USM 锐化】滤镜是【锐化】类滤镜中应用最多的一种滤镜，也是【锐化】类滤镜中惟一可控制其效果的滤镜。该滤镜在处理过程中使用模糊的遮罩，以产生边缘轮廓锐化的效果，它可以在尽可能少增加噪音的情况下提高图像的清晰度。
- 【防抖】滤镜是 Photoshop CC 中的一个新增滤镜，可以有效地降低由于抖动产生的模糊，得到较好的修正效果。打开一张图片后单击【滤镜】菜单，在下拉菜单中选择【锐化】/【防抖】命令，在弹出的【防抖】对话框中可以看到各种设置。【模糊临摹边界】选项可视为整个处理的最基础锐化，即由它先勾出大体轮廓，再由其他参数辅助修正，取值范围由 10~199，数值越大锐化效果越明显。当该参数取值较高时，图像边缘的对比会明显加深，并会产生一定的晕影，这是很明显的锐化效应。因此在取值时除了要保证画面足够清晰外，还要尽可能照顾到不产生明显晕影方可。
- 【进一步锐化】滤镜相当于连续多次使用下面的【锐化】滤镜，从而得到一种强化锐化的效果，提高图像的对比度和清晰度。
- 【锐化】滤镜作用于图像的全部像素，增加图像像素间的反差，对调节图像的清晰度起到一定的作用，但重复过多的锐化，会使图像粗糙。
- 【锐化边缘】滤镜的作用与【锐化】滤镜的作用相似，但它仅仅锐化图像的轮廓部分，以增加不同颜色之间的分界。这也是一个直接执行的命令。
- 【智能锐化】滤镜具有【USM 锐化】滤镜所没有的锐化控制功能，具有可设置的锐化计算方法，并可单独控制图像阴影和高光的锐化程度。

图10-52 【USM 锐化】滤镜效果

图10-53 【防抖】滤镜效果

图10-54 【进一步锐化】滤镜效果

图10-55　【锐化】滤镜效果

图10-56　【锐化边缘】滤镜效果

图10-57　【智能锐化】滤镜效果

10.1.9　【视频】滤镜组

【视频】滤镜组主要包括【NTSC 颜色】和【逐行】两个滤镜。此组滤镜属于 Photoshop 的外部接口程序，用来从摄像机输入图像或将图像输入到录像带上。这两个滤镜只有当图像要在电视或其他视频设备上播放时才会用到，所以在这里只做简单介绍。

【NTSC 颜色】滤镜转换图像中的色域，使之适合 NTSC（National Television Standards Committee，国家电视标准协议）视频标准色域以使图像可被电视机接收。

【逐行】滤镜是通过消除图像中的异常交错线来平滑影视图像，它删除从视屏捕捉的图像上的横向扫描线，利用复制或内插法置换失去的像素。

10.1.10 【像素化】滤镜组

选择【滤镜】/【像素化】命令，弹出的子菜单如图 10-58 所示，这就是【像素化】滤镜组，此组滤镜中共有 7 种滤镜，主要用来将图像分块或将图像平面化。它并不是真正地改变了图像像素点的形状，只是在图像中表现出某种基础形状的特征，以形成一些类似像素化的形状。原图及应用【像素化】滤镜后的效果如图 10-59 至图 10-66（参见光盘）所示。

【像素化】滤镜组中各滤镜的作用介绍如下。

- 【彩块化】滤镜是通过分组和改变示例像素为相似的有色像素块，生成手绘效果，或使现实主义图像变为抽象派绘画。此滤镜效果通过单击直接完成，不能人工调整参数控制其效果。
- 【彩色半调】滤镜是在图像中添加带有彩色半色调的网点，将图像中的每个颜色通道都转变成着色网点，网点的大小受其亮度影响。
- 【点状化】滤镜将图像分为随机的彩色斑点，空白部分由背景色填充。【点状化】滤镜的效果与【彩色半调】滤镜的效果相似，但【点状化】滤镜最终生成的是与原图像颜色一致的斑点，而不是各个通道的原色斑点。
- 【晶格化】滤镜是将图像中的像素分块，每块都使用同一种颜色，从而将原图像修改为以多边形的纯色色块组成的图像。
- 【马赛克】滤镜是通过将一个单元内的所有像素统一颜色来产生马赛克的效果。通常将此滤镜与【编辑】/【渐隐】功能结合使用，以得到理想的效果。
- 【碎片】滤镜是将图像复制为 4 份，再将它们平均和移位，从而形成一种不聚焦的“四重视”效果。【碎片】滤镜也是通过单击直接完成，不能控制效果。
- 【铜版雕刻】滤镜是用点、线条和笔划重新生成图像，产生镂刻的版画效果。它在【类型】框中总共提供了 10 种笔型选项。

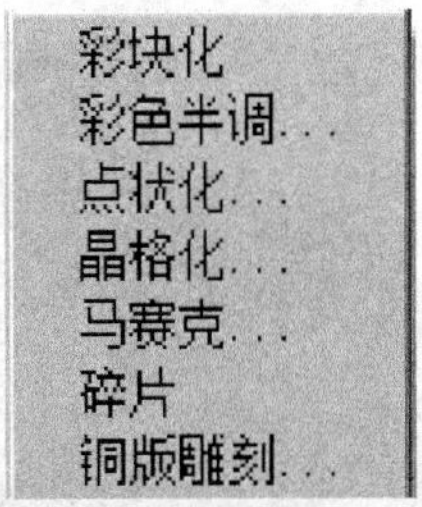

图10-58 【像素化】滤镜组子菜单

图10-59 原图

图10-60 【彩块化】滤镜效果

图10-61 【彩色半调】滤镜效果

图10-62 【点状化】滤镜效果

图10-63 【晶格化】滤镜效果

图10-64 【马赛克】滤镜效果

图10-65 【碎片】滤镜效果

图10-66 【铜版雕刻】滤镜效果

10.1.11 【渲染】滤镜组

【渲染】滤镜组中共有5种滤镜，主要用于改变图像的光感效果，例如模拟在图像场景中放置不同的灯光，可以产生不同的光源效果、夜景等，也可以与通道相配合产生一种特殊的三维浮雕效果。原图及应用【渲染】滤镜后的效果如图10-67至图10-72所示。

【渲染】滤镜组中各滤镜的作用介绍如下。

- 【分层云彩】滤镜是一个直接执行的命令，它的效果与原图像的颜色有关，所以它并不完全覆盖图像，而是相当于在图像中添加了一个差异色云彩效果。
- 【光照效果】滤镜可以在图像上添加一个特定的光源并可创建一种带阴影的3D效果。利用该滤镜创建浮雕效果非常简便且效果极佳。
- 【镜头光晕】滤镜将产生摄像机镜头光晕效果，并可自动调节摄像机光晕的位置，可以创建星光效果、强烈的日光效果以及其他光芒等。
- 【纤维】滤镜使用前景色和背景色创建编织纤维的外观，通常用来制作纤维织品的效果。
- 【云彩】滤镜是利用前景色和背景色随机组合将图像转换为柔和的云彩效果，这是一个单击即可直接执行的命令。使用【云彩】滤镜会将原图像全部覆盖。

图10-67 原图

图10-68 【分层云彩】滤镜效果

图10-69 【光照效果】滤镜效果

图10-70 【镜头光晕】滤镜效果

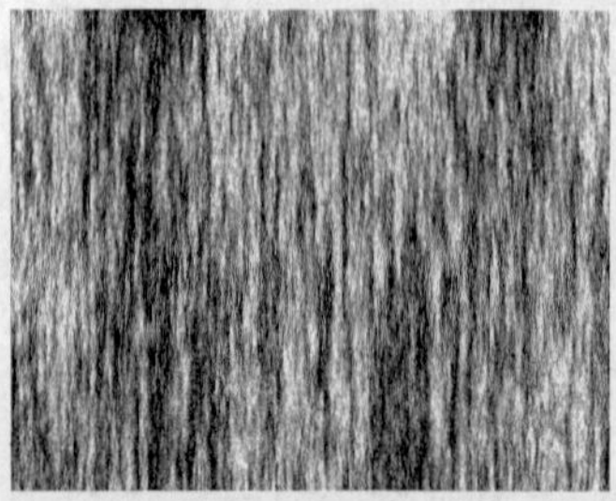

图10-71 【纤维】滤镜效果

图10-72 【云彩】滤镜效果

10.1.12 【杂色】滤镜组

选择【滤镜】/【杂色】命令，弹出的子菜单如图 10-73 所示，这就是【杂色】滤镜组，此组滤镜中共有 5 种滤镜，主要用于在图像中按一定方式添加或去除杂色，以制作出着色像素图案的纹理。原图及应用【杂色】滤镜后的效果如图 10-74 至图 10-79（参见光盘）所示。

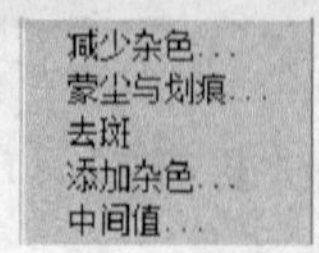

图10-73 【杂色】滤镜组次级菜单

【杂色】滤镜组中各滤镜的作用介绍如下。

- 【减少杂色】滤镜可以去除图像中的杂色以及消除 JPEG 存储低品质图像导致的斑驳效果。
- 【蒙尘与划痕】滤镜的作用是搜索图像中的缺陷并将其融入到周围像素中。它将根据亮度的过渡差值，找出突出于其周围像素的像素，并用周围的颜色填充这些区域。这是消除图像划痕的有效方法，但它也有可能将图像中应有的亮点也清除，所以要慎重使用。
- 【去斑】滤镜将寻找图像中色彩变化最大的区域，然后模糊除去过滤边缘外的所有选区，消除图像中的斑点。这个命令没有选项，单击即可直接执行，它在清除图像杂点的同时会使图像产生一定的模糊，所以在使用时要慎重。
- 【添加杂色】滤镜用来将一定数量的杂色点以随机的方式引入到图像中，它可以使混合时产生的色彩具有漫散的效果。
- 【中间值】滤镜通过混合选区中像素的亮度来减少图像的杂色。此滤镜搜索像素选区的半径范围以查找亮度相近的像素，扔掉与相邻像素差异太大的像素，并用搜索到的像素的中间亮度值替换中心像素。此滤镜在消除或减少图像的动感效果时非常有用。

图10-74　原图

图10-75　【减少杂色】滤镜效果

图10-76　【蒙尘与划痕】滤镜效果

图10-77　【去斑】滤镜效果

图10-78　【添加杂色】滤镜效果

图10-79　【中间值】滤镜效果

10.1.13 【其他】滤镜组

【其他】滤镜组中共有 5 种滤镜，这些滤镜中，有允许用户自定义滤镜的命令，也有使用滤镜修改蒙版、在图像中使选区发生位移和快速调整颜色的命令。应用【其他】滤镜组后的效果如图 10-80 至图 10-84（参见光盘）所示。

【其他】滤镜组中各滤镜的作用介绍如下。

- 【高反差保留】滤镜可以删除图像中亮度逐渐变化的部分，并保留图像中色彩变化最大的部分，它起到一定的压平图像颜色的作用。
- 【位移】滤镜根据对话框中的值进行图像偏移，常用它来编辑无缝图案中的单元图像。对于由偏移产生的空缺区域，还可以用不同的方式来填充。
- 用户可以通过【自定】滤镜创建并存储自定义的滤镜，并将它们应用于图像中，如清晰化、模糊化和浮雕等效果。
- 【最大值】滤镜通过提亮暗区边缘的像素将图像中的亮区放大，消减暗区。
- 【最小值】滤镜是通过加深亮区的边缘像素将暗区放大，消减亮区。

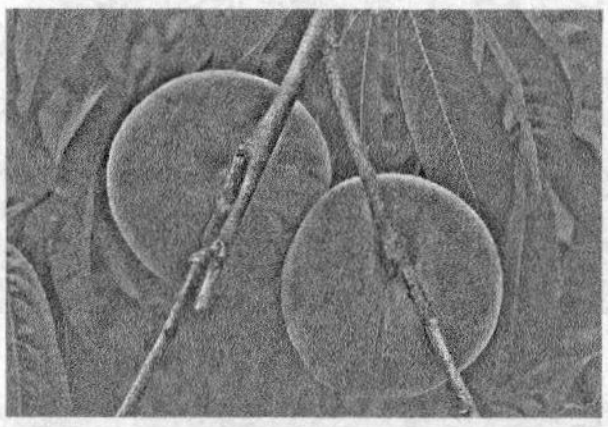

图10-80　【高反差保留】滤镜效果

图10-81　【位移】滤镜效果

图10-82　【自定】滤镜效果

图10-83　【最大值】滤镜效果

图10-84　【最小值】滤镜效果

10.1.14 【画笔描边】滤镜组

【画笔描边】滤镜组中共有 8 种滤镜，主要利用不同的画笔和油墨描边效果创造出艺术绘画效果。该滤镜中的所有滤镜都在 Photoshop CC 的【滤镜库】中。原图及应用【画笔描边】滤镜后的效果如图 10-85 至图 10-93 所示。

【画笔描边】滤镜组中各滤镜的作用介绍如下。

- 【成角的线条】滤镜使用对角描边重新绘制图像，产生一种不一致方向的倾斜笔触效果，笔触的方向在图像的不同颜色区域内发生变化，用一个方向的线条绘制图像的亮区，用相反方向的线条绘制暗区。
- 【墨水轮廓】滤镜是以钢笔画的风格，用纤细的线条在原图细节上重绘图像。
- 【喷溅】滤镜是在图像中产生画面颗粒飞溅的效果，就好像用水喷在图像上，使图像中出现一些细微的颜料滴。
- 【喷色描边】滤镜的效果与【喷溅】滤镜的效果有些相似，但它产生的是倾斜飞溅效果，有时利用【喷色描边】滤镜制作下雨的效果。
- 【强化的边缘】滤镜主要用于强化图像中不同颜色之间的边界，使图像产生一种强调边缘的效果。
- 【深色线条】滤镜生成的也是交叉笔触，它用短的、绷紧的线条绘制图像中接近黑色的暗区，用长的白色线条绘制图像中的亮区。该滤镜可以使图像产生一种很强烈的黑色阴影效果。
- 【烟灰墨】滤镜是以日本画的风格绘画，看起来像是用蘸满黑色油墨的湿画笔在宣纸上绘画，具有非常黑的柔化模糊边缘的效果。该滤镜通过计算图像像素的色值分布来产生色值概括描绘效果。
- 【阴影线】滤镜可以保留原始图像的细节和特征，同时使用模拟的铅笔阴影线添加纹理，并使彩色区域的边缘变得粗糙。

图10-85　原图

图10-86　【成角的线条】滤镜效果

图10-87　【墨水轮廓】滤镜效果

图10-88　【喷溅】滤镜效果

图10-89　【喷色描边】滤镜效果

图10-90　【强化的边缘】滤镜效果

图10-91 【深色线条】滤镜效果

图10-92 【烟灰墨】滤镜效果

图10-93 【阴影线】滤镜效果

10.1.15 【素描】滤镜组

【素描】滤镜组中的大部分命令将以前景色和背景色置换原图中的色彩，产生一种精确的图像效果，通常用于获得 3D 效果或创建精美的艺术品和手绘外观。【素描】滤镜组中共有 14 种滤镜，都被保存在 Photoshop CC 的【滤镜库】中，只要打开【滤镜库】对话框，就可以方便地查看和设置每个【素描】滤镜。原图及应用【素描】滤镜后的效果如图 10-94 至图 10-108 所示。

在介绍【素描】滤镜组时，如无特别说明，则将前景色设为黑色，背景色设为白色。【素描】滤镜组中各滤镜的作用介绍如下。

- 【半调图案】滤镜是使用前景色和背景色的组合重新给图片上色，从而产生一种网板图案的效果。
- 【便条纸】滤镜是根据图像中像素的明暗，用前景色和背景色替换原图中像素的颜色，使图像产生一种类似用厚纸制作的，有凹陷效果的作品。
- 【粉笔和炭笔】滤镜合成背景颜色的粉笔笔触和前景颜色的炭笔笔触，使图像产生一种粉笔和炭精涂抹的草图效果。与【编辑】/【渐隐粉笔和炭笔】命令结合使用会取得更好的效果。
- 【铬黄】滤镜产生的效果有点像【塑料效果】滤镜，只是它生成的效果是灰度的，原图像的细节几乎全部丢失，产生一种液体金属的质感。有时会用这一滤镜配合【渐隐】命令表现冰块、玻璃、水面或绸缎等表面光滑的效果。
- 【绘图笔】滤镜是用前景色和背景色生成一种钢笔画素描的效果，图像中没有轮廓，只有一些具有细微变化的笔触。
- 【基底凸现】滤镜使图像产生一种浮雕效果，图像用前景色和背景色填充。由于使用这一滤镜的图像细节丢失较多，所以常将其与菜单栏中的【编辑】/【渐隐基底凸现】命令配合使用。
- 【水彩画纸】滤镜模仿在潮湿纸张上作画的效果，它模糊颜色并减少图像反差，产生画面浸湿、扩散的效果。
- 【撕边】滤镜是用前景色和背景色填充图像，并在前景色与背景色的交界处制作溅射的效果，这一滤镜有时会被用来制作毛边的效果。
- 【塑料效果】滤镜利用前景色和背景色填充图像，产生一种光滑的浮雕效果，其中图像的高光部分使用背景色，较暗部分使用前景色。
- 【炭笔】滤镜是模拟炭笔素描的效果，图像中较暗的区域用前景色的“炭笔”笔触着色，较亮的部分用背景色填充。

- 【炭精笔】滤镜生成一种用蜡笔笔触以前景色和背景色在花纹纸上描绘的效果，配合【编辑】/【渐隐炭精笔】命令制作磨损的地毯、粗布、麻布等效果。
- 【图章】滤镜用前景色和背景色填充图像，产生的效果类似于【影印】滤镜，但没有【影印】滤镜清晰，是一种类似于图章盖印双色图像的效果。
- 【网状】滤镜也是用前景色和背景色填充图像并在图像上产生不规则的噪声，从而生成一种网眼覆盖的效果。这一滤镜常被用来表示瓷砖等建筑材料的效果。
- 【影印】滤镜产生的效果就像是在破旧的复制机上复制图像一样，其色彩用前景色和背景色填充，图像模糊、不均匀并且有色调分离的效果。这一滤镜常被用来制作旧照片的效果。

图10-94　原图

图10-95　【半调图案】滤镜效果

图10-96　【便条纸】滤镜效果

图10-97　【粉笔和炭笔】滤镜效果

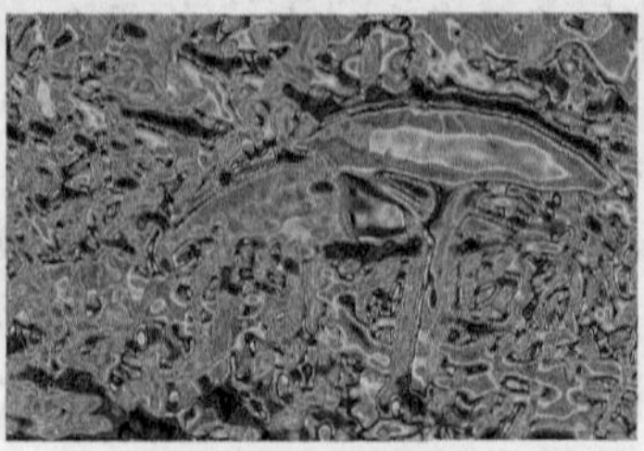

图10-98　【铬黄】滤镜效果

图10-99　【绘图笔】滤镜效果

图10-100　【基底凸现】滤镜效果

图10-101　【水彩画纸】滤镜效果

图10-102　【撕边】滤镜效果

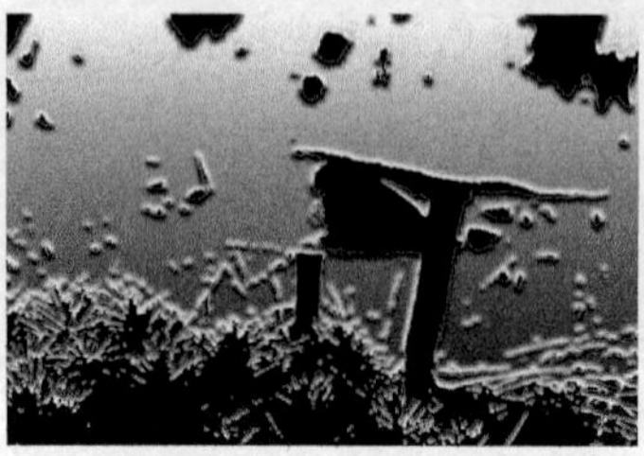

图10-103　【塑料效果】滤镜效果

图10-104　【炭笔】滤镜效果

图10-105　【炭精笔】滤镜效果

图10-106 【图章】滤镜效果

图10-107 【网状】滤镜效果

图10-108 【影印】滤镜效果

10.1.16 【纹理】滤镜组

【纹理】滤镜组中共有 6 种滤镜，也都被保存在 Photoshop CC 的【滤镜库】中，主要功能是使图像产生各种纹理过渡的变形效果，常用来创建图像的凹凸纹理和材质效果。应用【纹理】滤镜后的效果如图 10-109 至图 10-114（参见光盘）所示。

【纹理】滤镜组中各滤镜的作用介绍如下。

- 【龟裂缝】滤镜是将浮雕效果与某种爆裂效果结合，产生凹凸不平的裂缝效果。
- 【颗粒】滤镜使用【常规】、【软化】、【喷洒】、【结块】、【斑点】等不同类型的颗粒在图像中添加纹理效果，它相当于一个可控制的【添加杂色】滤镜，常用这一滤镜制作破损或脏旧的效果。
- 【马赛克拼贴】滤镜产生不规则的、近似方形马赛克瓷砖的效果。
- 【拼缀图】滤镜产生建筑拼贴瓷片的效果，其中原图中较暗的部分拼贴瓷片的高度较低，较亮的部分拼贴瓷片的高度较高。
- 【染色玻璃】滤镜产生从背后被照亮的不规则分离的“彩色玻璃格子”的效果，它们之间用前景色填充间隔，“玻璃格子”的色彩分布与图片中的颜色分布有关。这一滤镜常被用来制作玻璃窗、昆虫翅膀及龟裂的土地等。
- 【纹理化】滤镜是在图像中添加软件给出的纹理效果，或根据另一个文件的亮度值向图像中添加纹理，常用该滤镜制作布等。

图10-109 【龟裂缝】滤镜效果

图10-110 【颗粒】滤镜效果

图10-111 【马赛克拼贴】滤镜效果

图10-112 【拼缀图】滤镜效果

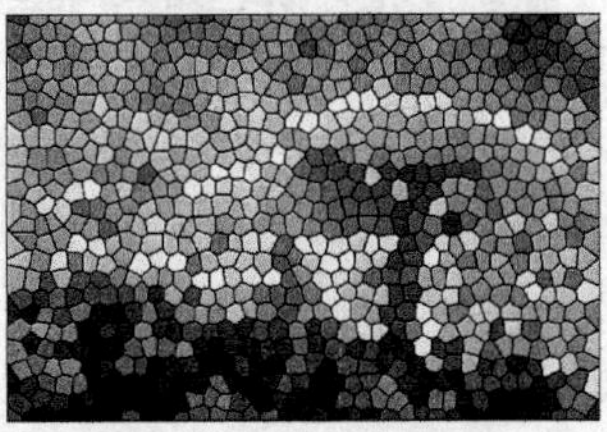
图10-113 【染色玻璃】滤镜效果

图10-114 【纹理化】滤镜效果

10.1.17 【艺术效果】滤镜组

【艺术效果】滤镜组中共有 15 种滤镜，用来对图像进行绘画或艺术效果处理，此组滤镜只应用于 RGB 模式和多通道模式图像，可以使图像不再是一幅照片，而是使其产生精美艺术品般的效果。

【艺术效果】滤镜组也都被保存在 Photoshop CC 的【滤镜库】中，打开【滤镜库】命令即可调用【艺术效果】滤镜组。应用【艺术效果】滤镜后的效果如图 10-115 至图 10-129（参见光盘）所示。

【艺术效果】滤镜组中各滤镜的作用如下。

- 【壁画】滤镜可产生古壁画的斑点效果，它往往用于在图像边缘上添加黑色边缘，并增加反差和饱和度。
- 【彩色铅笔】滤镜是模拟使用彩色铅笔在纯色背景上绘制图像的效果，图像中较明显的边缘被保留并带有粗糙的阴影线外观。
- 使用【粗糙蜡笔】滤镜的图像看上去好像是用彩色粉笔在带纹理的背景上描过边，在亮色区域，粉笔看上去很厚，几乎看不见纹理；在深色区域，粉笔似乎被擦去了，使纹理显露出来。
- 【底纹效果】滤镜是根据纹理的类型和色值产生一种纹理喷绘的效果，经常利用它与菜单栏中的【编辑】/【渐隐】命令相结合来创建布料或油画的效果。
- 【调色刀】滤镜使相近颜色融合产生大写意的笔法效果。
- 【干画笔】滤镜模拟使用干画笔技术（介于油画和水彩画之间）绘制图像的边缘，使画面产生一种不饱和、不湿润、干枯的油画效果。它相当于在一幅油画颜料未干时用一把干刷子在图画上涂抹后的效果。
- 【海报边缘】滤镜主要是减少图像中的颜色数量并用黑色勾画轮廓，从而将图像转换成一种美观的招贴画效果。
- 【海绵】滤镜产生画面浸湿的效果，它是模拟图画用海绵涂抹后的效果，可用此滤镜表现水渍的效果。
- 【绘画涂抹】滤镜就像是一系列滤镜效果的共同作用，先将图像柔化，再描边，然后进行色调分离处理，最后锐化得到的效果。
- 【胶片颗粒】滤镜产生一种软片颗粒纹理效果，在增加图像噪声的同时增亮图像并加大其反差。
- 【木刻】滤镜是对图像中的颜色进行色调分离处理，得到几乎不带渐变的简化图像，处理结果类似于木刻画。
- 【霓虹灯光】滤镜通过结合前景色和背景色给图像重新上色，并产生各种彩色霓虹灯光的效果。利用【霓虹灯光】滤镜可以创建出许多神奇而美丽的效果。
- 【水彩】滤镜产生的是一种水彩画的效果，但它生成的色彩通常比一般常见的水彩画要深。
- 【塑料包装】滤镜增加图像中的高光并强调图像中的线条，使图像产生一种表面质感很强的塑料压膜效果。
- 【涂抹棒】滤镜看起来就像是模糊笔触产生的一种条状涂抹效果。

图10-115 【壁画】滤镜效果

图10-116 【彩色铅笔】滤镜效果

图10-117 【粗糙蜡笔】滤镜效果

图10-118 【底纹效果】滤镜效果

图10-119 【调色刀】滤镜效果

图10-120 【干画笔】滤镜效果

图10-121 【海报边缘】滤镜效果

图10-122 【海绵】滤镜效果

图10-123 【绘画涂抹】滤镜效果

图10-124 【胶片颗粒】滤镜效果

图10-125 【木刻】滤镜效果

图10-126 【霓虹灯光】滤镜效果

图10-127 【水彩】滤镜效果

图10-128 【塑料包装】滤镜效果

图10-129 【涂抹棒】滤镜效果

10.1.18 【Digimarc】（作品保护）滤镜

【Digimarc】（作品保护）滤镜主要包括【读取水印】和【嵌入水印】两个滤镜，此组滤镜用于加入作品标记至图像中。

【读取水印】滤镜将检查图像，看看它是否有水印。如果没有水印，就会弹出一个【找不到水印】提示框，提示没有水印。如果有水印，就会显示出创建者的信息。

【嵌入水印】滤镜是在图像中加入识别图像创建者的水印。要先获得一个 ID 号才能使用这一功能，这个 ID 号是付钱给 Digimarc Corporation 后收到的号码。一旦有了这个号码就可以单击【嵌入水印】对话框中的 个人注册... 按钮，并根据对话框中的提示，一步步将个人的信息加入至图像中。

10.2　范例解析——滤镜综合应用

Photoshop CC 提供的滤镜种类繁多，功能也非常强大，灵活运用往往可以产生一些出人意料的效果，所以读者在学习滤镜时，不应局限于书中所讲的应用范围，可多找一些不同的图像反复尝试，以期将这些滤镜的效果显示出来，并熟练掌握其应用。

本节将综合使用【滤镜】命令制作出一幅油画效果的图像，练习制作时请注意不同滤镜命令的参数调整和效果显示。该例的原图与最终效果如图 10-130 所示。

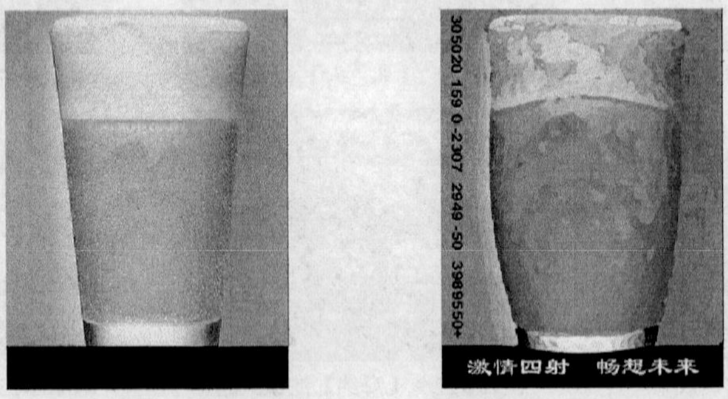

图10-130　原图与最终油画效果

1. 选择【文件】/【打开】命令，打开本书配套光盘“Map”目录下名为“啤酒杯.bmp”的文件。
2. 选择【滤镜】/【滤镜库】/【艺术效果】/【干画笔】命令，弹出如图 10-131 所示的【干画笔】对话框，修改【画笔大小】、【画笔细节】及【纹理】数值分别为“3”、“9”和“1”，然后单击 确定 按钮。

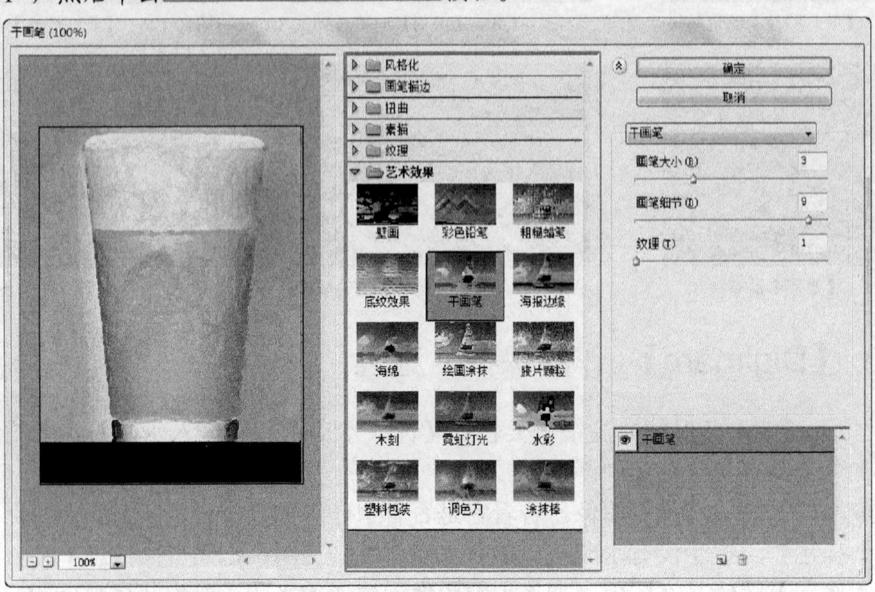

图10-131　【干画笔】对话框

3. 选择【滤镜】/【滤镜库】/【艺术效果】/【水彩】命令，弹出如图 10-132 所示的【水彩】对话框，修改【画笔细节】、【阴影强度】及【纹理】数值分别为“12”、“1”和“1”，然后单击 确定 按钮。
4. 选择【图像】/【调整】/【曲线】命令，弹出如图 10-133 左图所示的【曲线】对话框，参照如图 10-133 右图所示调整曲线，加大图像的对比度。

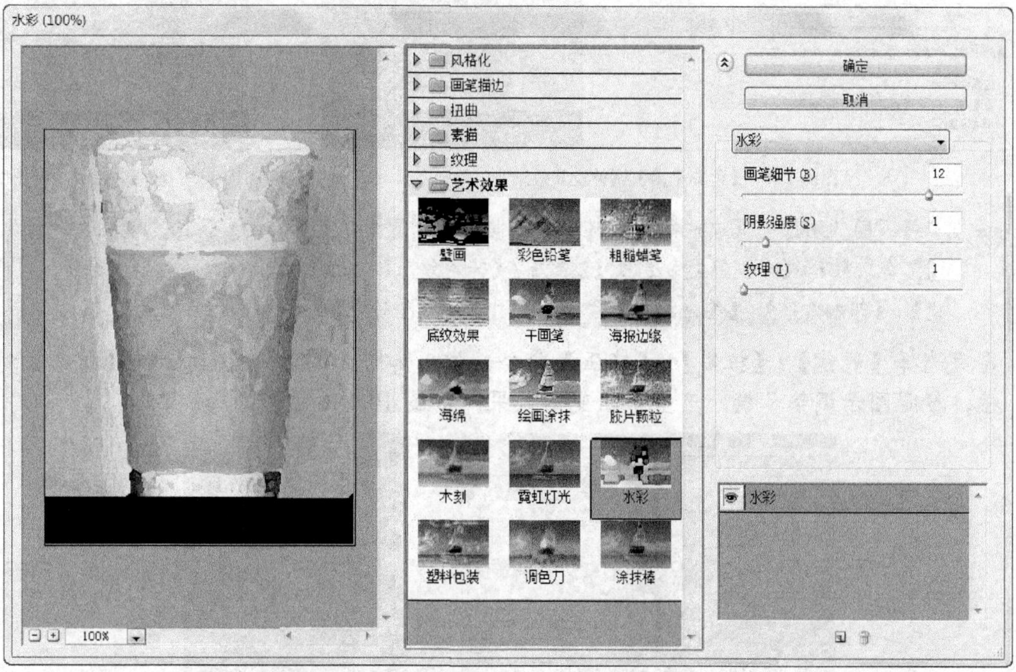

图10-132 【水彩】对话框

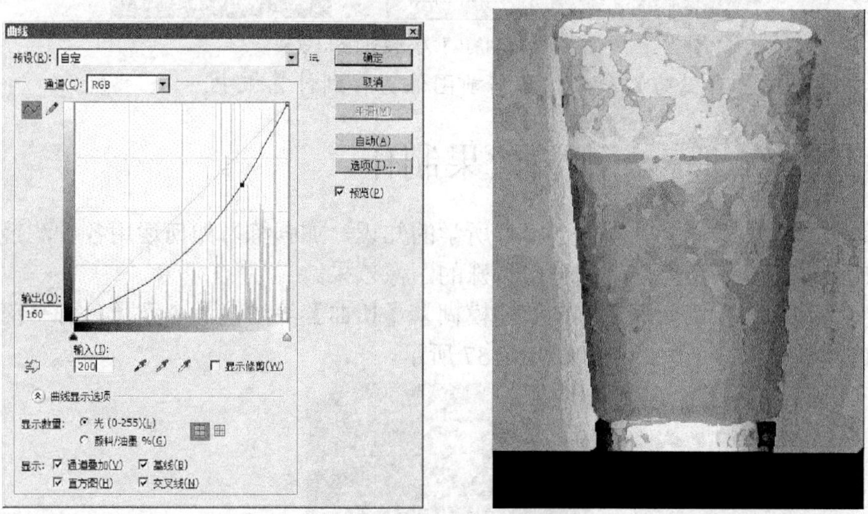

图10-133 【曲线】调整及其效果

5. 选择【图像】/【调整】/【色彩平衡】命令，弹出如图 10-134 左图所示的【色彩平衡】对话框，参照如图 10-134 右图所示调整参数，使图像色彩更偏向暖黄色。
6. 再新建一个图层，添加文字和细节，最终效果如图 10-135 所示。

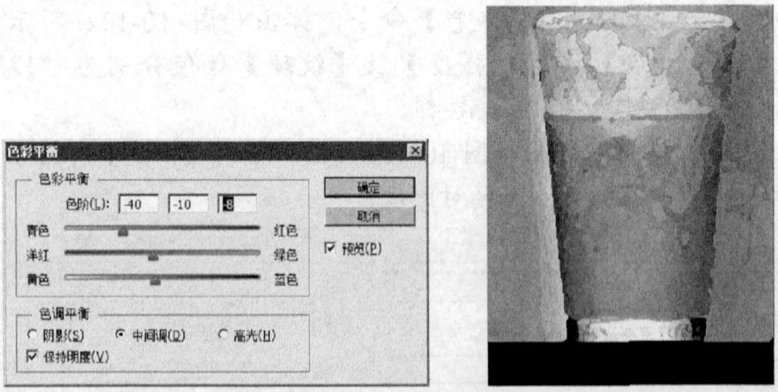

图10-134　【色彩平衡】调整及其效果

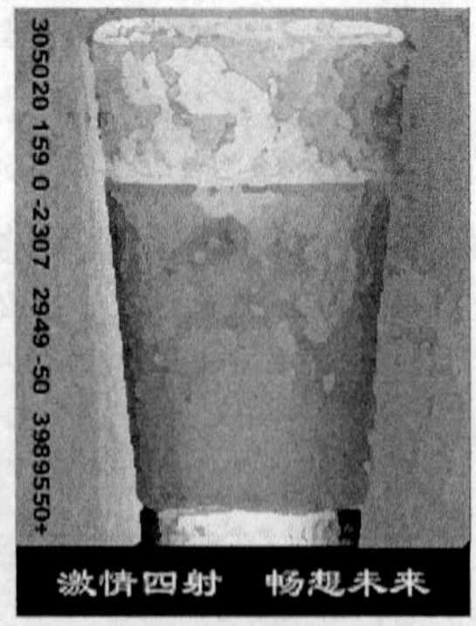

图10-135　最终效果（参见光盘）

要点提示　在将不同的图像处理成油画效果时，要根据具体情况调整使用的参数，除了使用【滤镜】/【艺术效果】/【干画笔】命令和【滤镜】/【艺术效果】/【水彩】命令，还可以结合使用【滤镜】/【艺术效果】/【绘画涂抹】命令。使用滤镜后再对图像的色彩进行调整。

7. 再次选择【滤镜】/【扭曲】/【挤压】命令，弹出如图 10-136 左图所示的【挤压】对话框，参照图示调整参数，产生挤压变形效果，如图 10-136 右图所示。

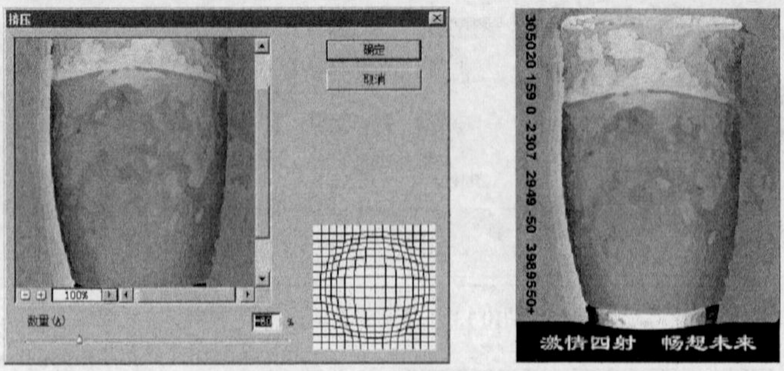

图10-136　【挤压】对话框和挤压效果

8. 选择【文件】/【存储为】命令，将当前图像另存到计算机中。

10.3　课堂实训——水波效果制作

下面通过课堂实训再来巩固一下本章所学的知识，加强练习如何运用各种滤镜命令以及前面所学的各种工具和命令，来创建出特殊的图像效果。

本次实训将主要介绍使用【渲染】、【模糊】、【扭曲】等滤镜命令及【色彩平衡】命令，制作逼真的水波效果。最终效果如图 10-137 所示。

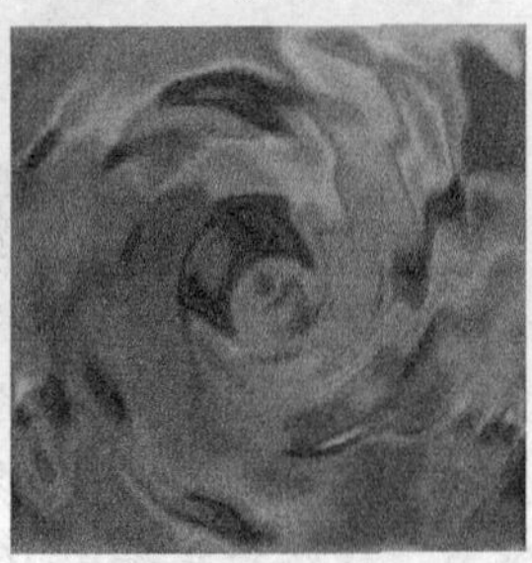

图10-137　水波效果

【操作步骤提示】

1. 选择【文件】/【新建】命令，新建一个名为“水波效果制作.psd”的文件，参数的设置如图 10-138 所示。
2. 新建一个图层，将前景色和背景色分别设置为黑色和白色。选择【滤镜】/【渲染】/【云彩】命令，得到如图 10-139 所示的效果。

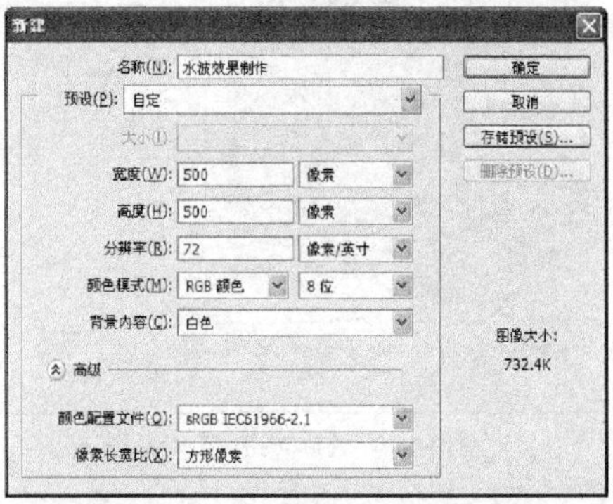

图10-138　新建文件

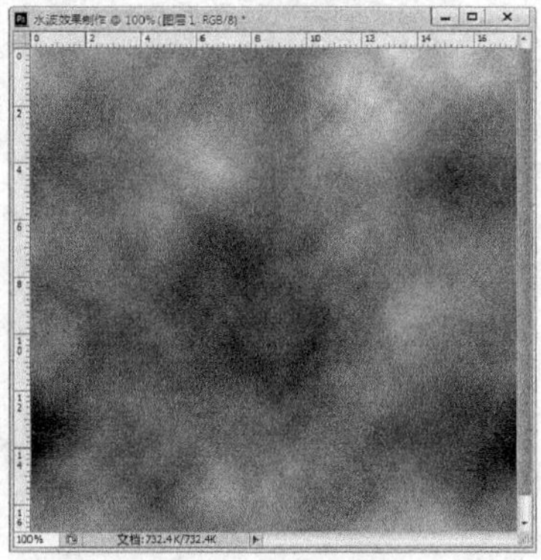

图10-139　云彩效果

3. 选择【滤镜】/【模糊】/【径向模糊】命令，参数的设置如图 10-140 所示。再选择【滤镜】/【模糊】/【高斯模糊】命令，参数的设置如图 10-141 所示，最终得到如图 10-142 所示的效果。

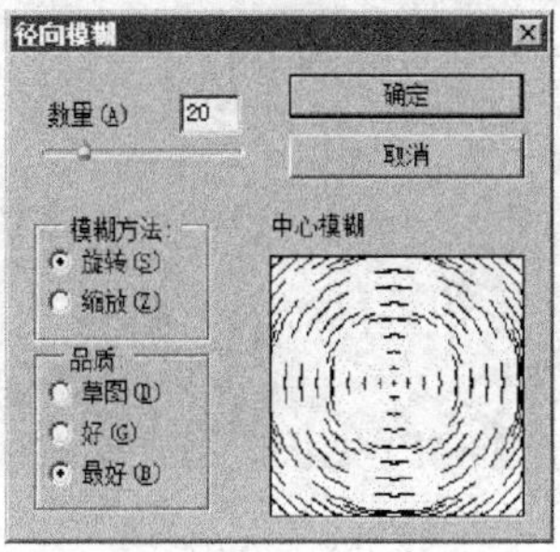

图10-140　【径向模糊】对话框

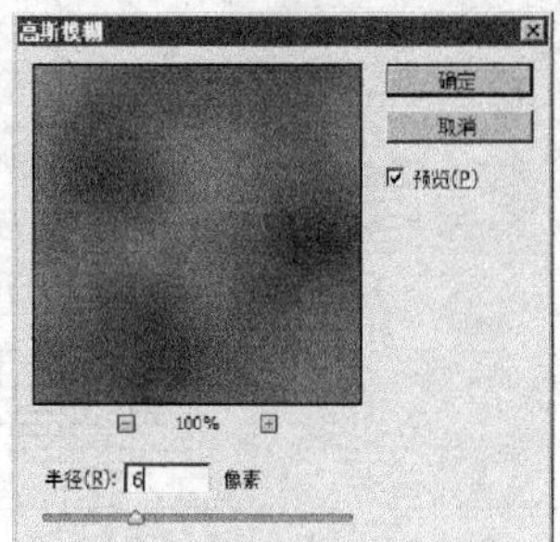

图10-141　【高斯模糊】对话框

4. 选择【滤镜】/【滤镜库】/【素描】/【铬黄渐变】命令，参数的设置如图 10-143 所示，得到如图 10-144 所示的效果。

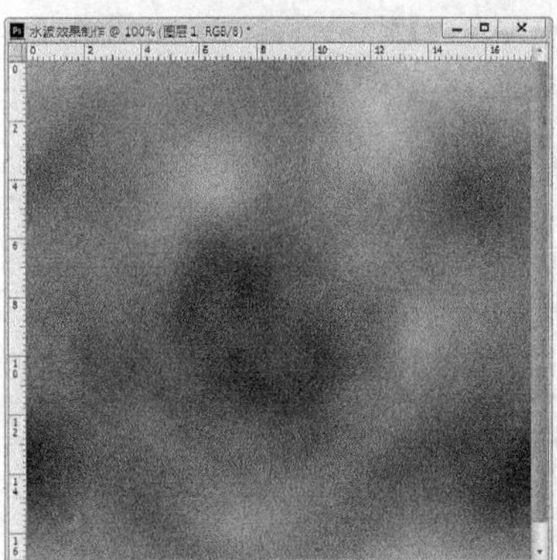

图10-142　模糊效果

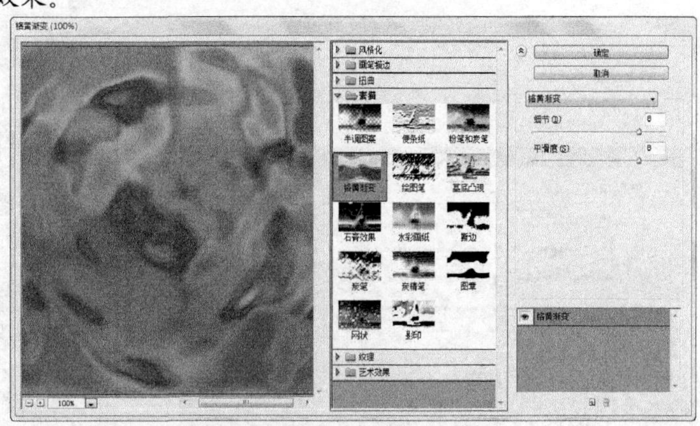

图10-143　【铬黄】对话框

5. 选择【滤镜】/【扭曲】/【旋转扭曲】命令，参数的设置如图 10-145 所示。再选择【滤镜】/【扭曲】/【水波】命令，参数的设置如图 10-146 所示。最终得到如图 10-147 所示的效果。

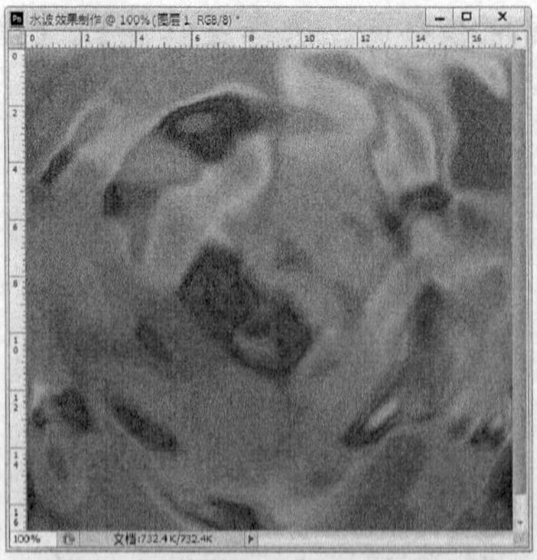

图10-144　铬黄效果

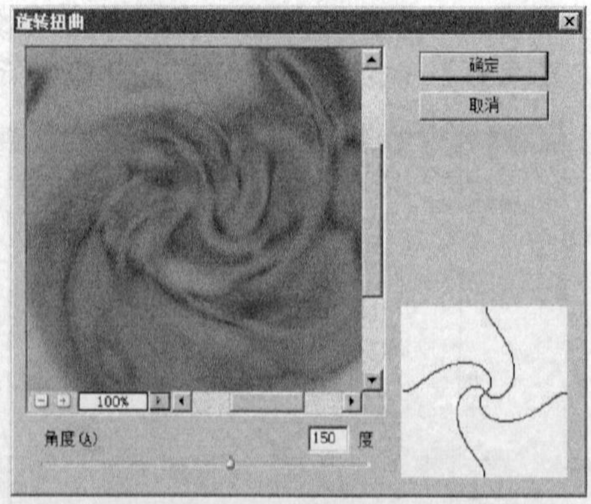

图10-145　【旋转扭曲】对话框

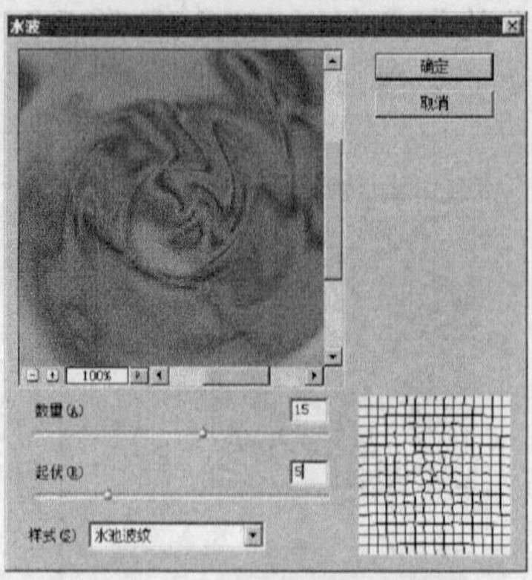

图10-146　【水波】对话框

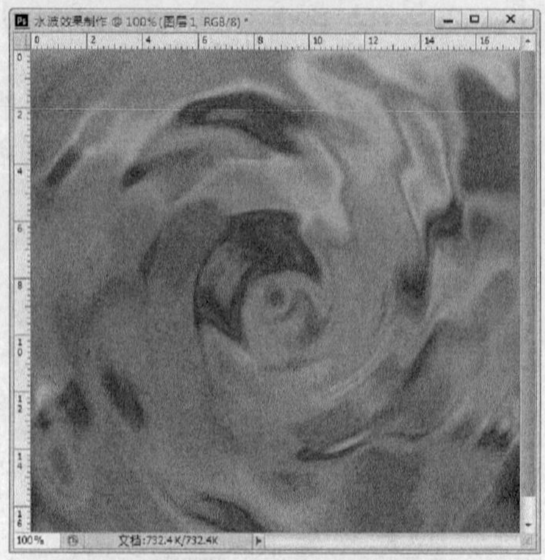

图10-147　扭曲效果

6. 选择【图像】/【调整】/【色彩平衡】命令，对图像进行色彩调整处理，参数的设置如图 10-148 所示，得到如图 10-149 所示的效果。

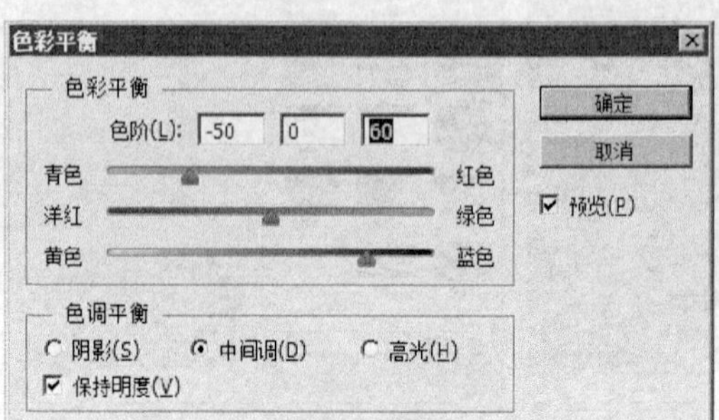

图10-148　【色彩平衡】对话框

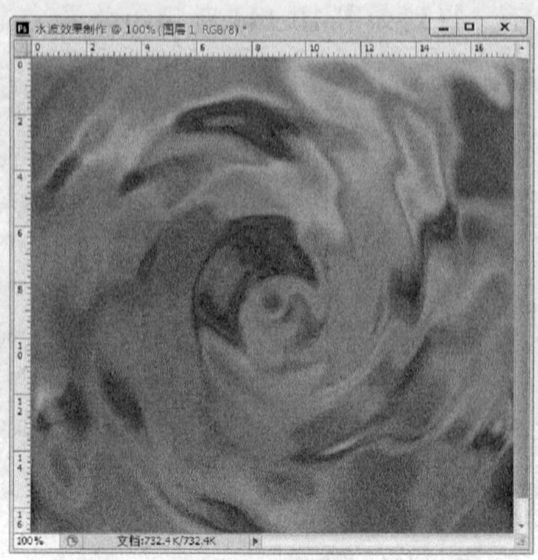

图10-149　最终效果

7. 选择【文件】/【存储】命令，将文件保存在附盘“课堂实训\CH10”目录中。

10.4 综合案例——炫彩效果制作

读者可以利用本章所学的命令制作出奇特炫丽的图像效果，以达到综合运用多种滤镜命令的目的。本节将主要介绍使用【渲染】、【像素化】、【模糊】、【扭曲】、【锐化】及图像颜色调整等命令，制作奇特炫丽的图像效果。最终效果如图 10-150 所示。

图10-150 炫彩效果

【操作步骤提示】

1. 选择【文件】/【新建】命令，新建一个名为“炫彩效果制作.psd”的文件，参数的设置如图 10-151 所示。
2. 新建一个图层，将前景色和背景色分别设置为黑色和白色。选择【滤镜】/【渲染】/【云彩】命令，得到如图 10-152 所示的效果。

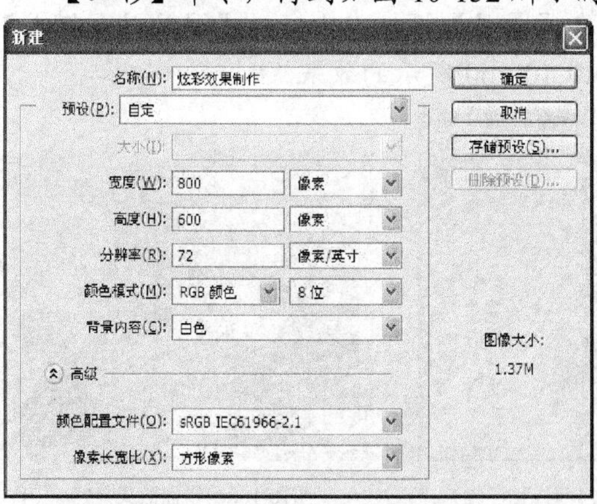

图10-151 新建文件

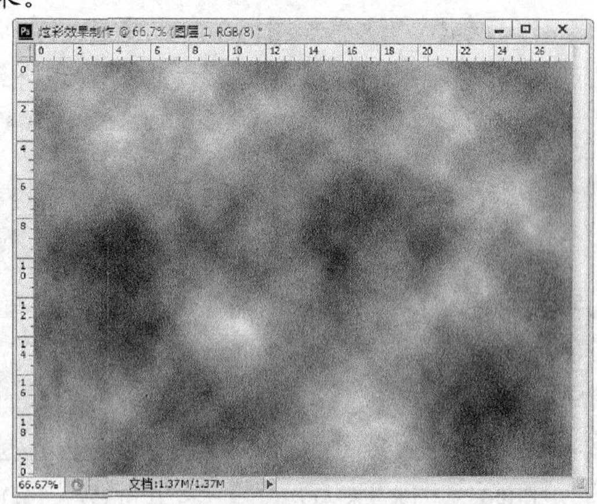

图10-152 云彩效果

3. 选择【滤镜】/【像素化】/【铜版雕刻】命令，参数的设置如图 10-153 所示，得到如图 10-154 所示的效果。

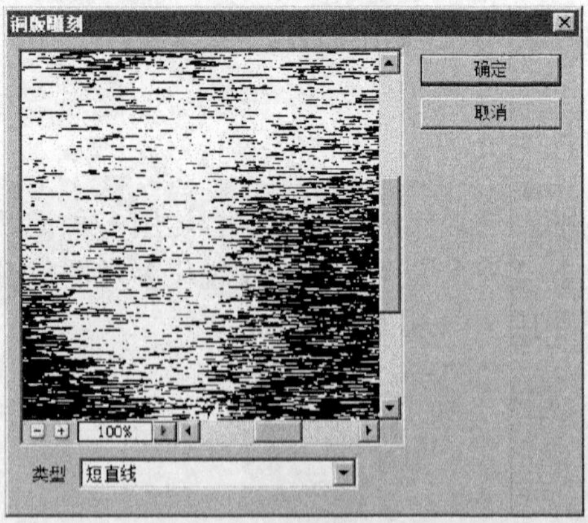

图10-153　【铜版雕刻】对话框

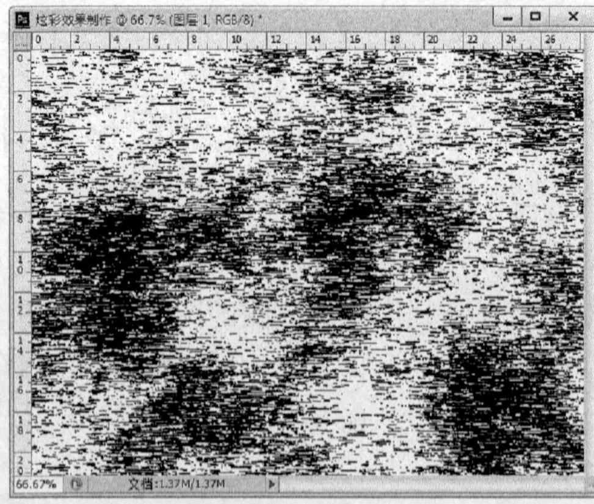

图10-154　铜版雕刻效果

4. 选择【滤镜】/【模糊】/【径向模糊】命令，参数的设置如图 10-155 所示，执行两次该操作，最终得到如图 10-156 所示的效果。
5. 选择【滤镜】/【扭曲】/【旋转扭曲】命令，参数的设置如图 10-157 所示，得到如图 10-158 所示的效果。

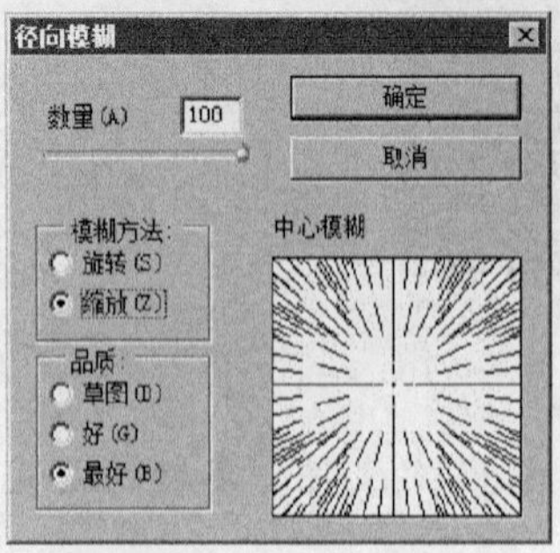

图10-155　【径向模糊】对话框

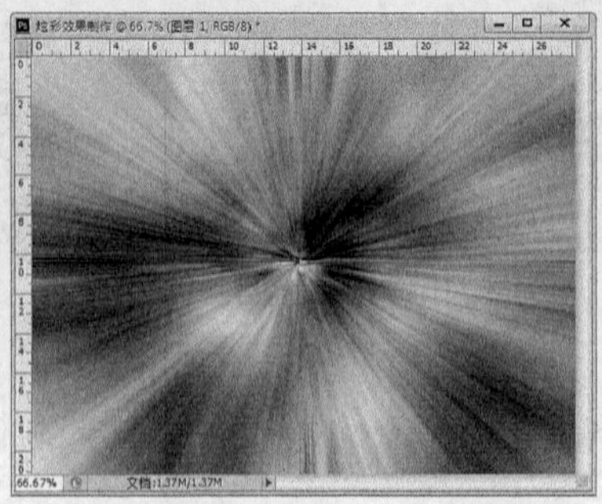

图10-156　径向模糊效果

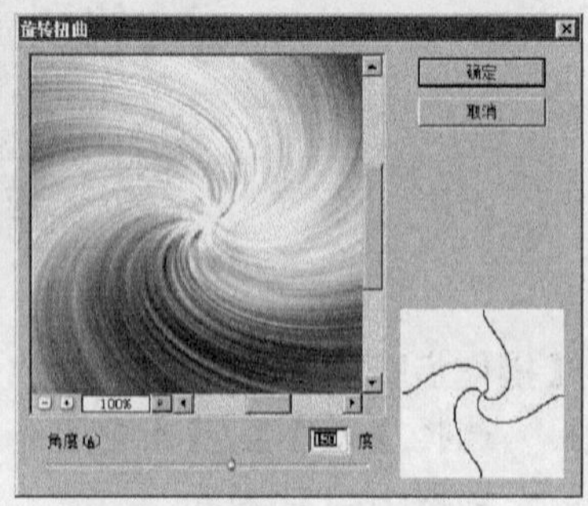

图10-157　【旋转扭曲】对话框（1）

6. 复制当前图层，再次选择【滤镜】/【扭曲】/【旋转扭曲】命令对复制的图层进行操作，参数的设置如图 10-159 所示。完成后在【图层】调板左上角的【图层混合模式】下拉列表中选择【变亮】模式，最终得到如图 10-160 所示的效果。

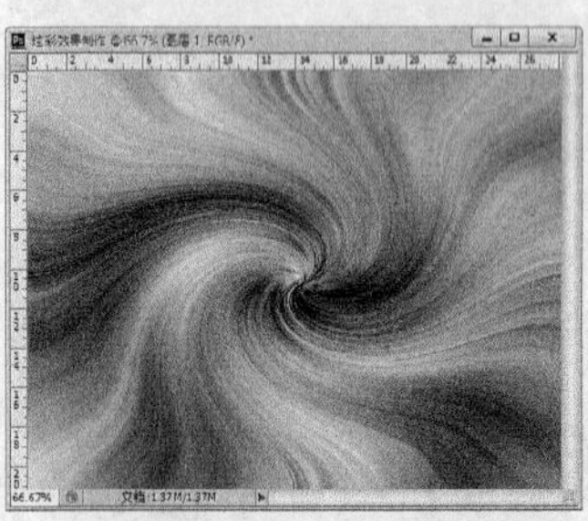

图10-158　扭曲效果（1）

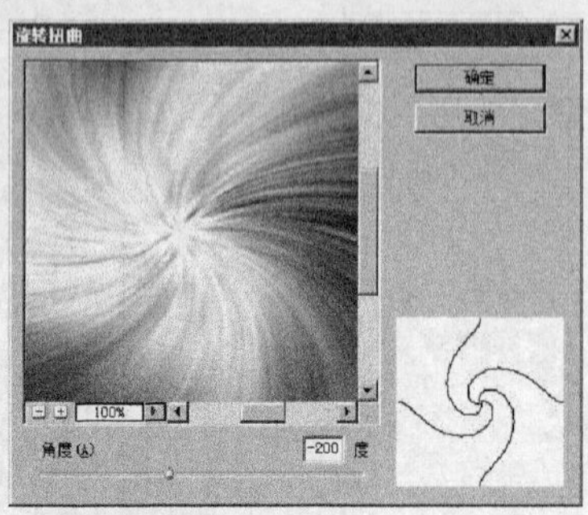

图10-159　【旋转扭曲】对话框（2）

图10-160　扭曲效果（2）

7. 选择【图像】/【调整】/【色相/饱和度】命令，对图像进行着色处理，参数的设置如图 10-161 所示，得到如图 10-162 所示的效果。

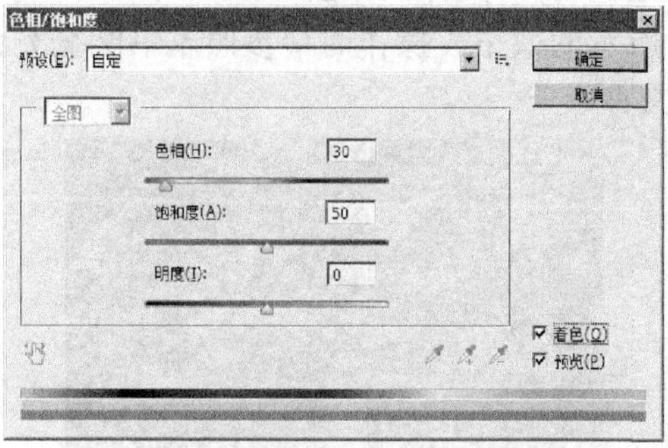

图10-161　【色相/饱和度】对话框（1）

图10-162　着色效果（1）

8. 选择【图层 1】，再次选择【图像】/【调整】/【色相/饱和度】命令，参数的设置如图 10-163 所示，得到如图 10-164 所示的效果。

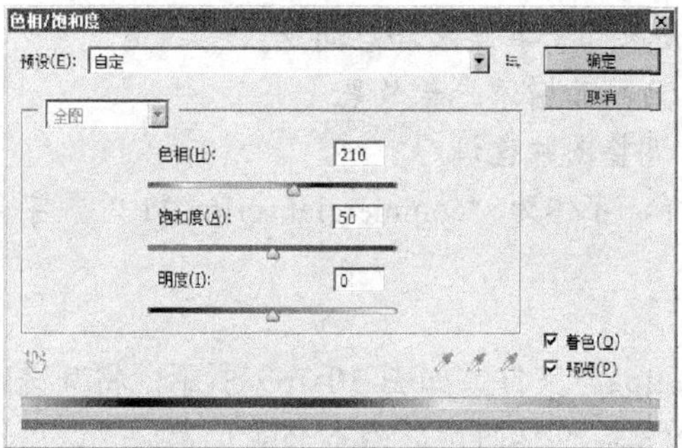

图10-163　【色相/饱和度】对话框（2）

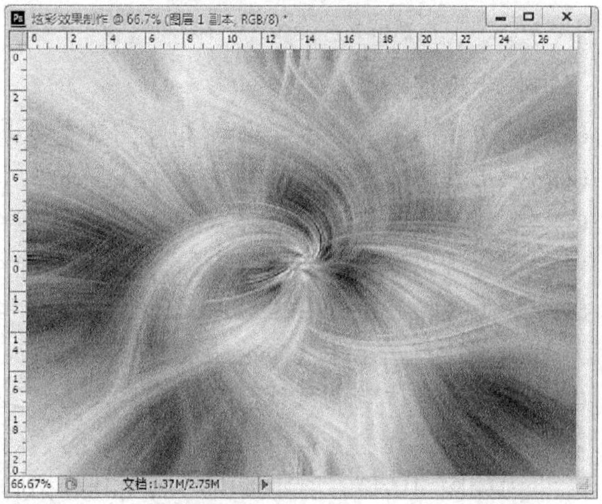

图10-164　着色效果（2）

9. 选择【图层】/【合并可见图层】命令，将图层合并。选择【滤镜】/【锐化】/【USM 锐化】命令，参数的设置如图 10-165 所示，最终得到如图 10-166 所示的效果。

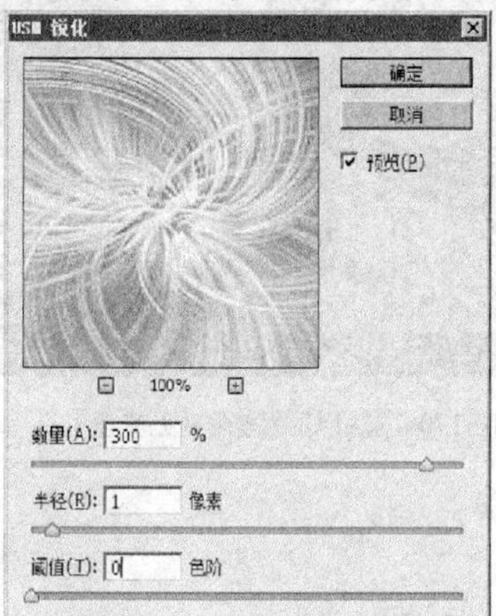

图10-165　【USM 锐化】对话框

图10-166　最终效果

10.5　课后作业

1. 打开本书配套光盘“Map”目录下的“Beautiful Sky”文件，如图 10-167 所示，利用【液化】滤镜将其变形修改为如图 10-168 所示的效果。操作时请参照本书配套光盘“课后作业”目录下的“Beautiful Sky.psd”文件。

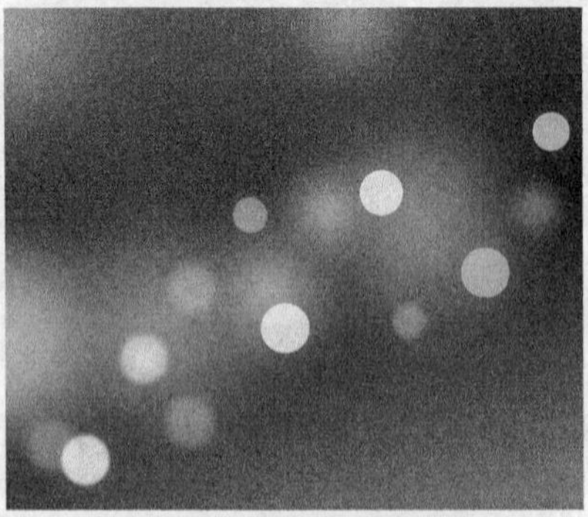

图10-167　原始照片素材

图10-168　变形图像的效果

【操作步骤提示】

(1) 使用【向前变形】工具和【褶皱】工具将图片中的圆点变为星形。

(2) 使用【膨胀】工具调整每个星星的大小，使画面富有层次和空间感。

(3) 选择【滤镜】/【渲染】/【镜头光晕】命令，为画面增添光晕效果。

(4) 选择【图像】/【调整】/【色彩平衡】命令，调整图片色调。

(5) 使用【文字】工具，输入“Beatiful Sky”字样，字体为“commercial script BT ”、字号为“107”，字体【不透明度】为“12%”。

(6) 在字体下方绘制细线，不透明度设为“22%”。

2. 打开本书配套光盘“Map”目录下的“向日葵.jpg”文件，如图 10-169 所示，将其修改为如图 10-170 所示的咖啡店霓虹灯招牌的效果。操作时请参照本书配套光盘“课后作业”目录下的“霓虹灯招牌.psd”文件。

图10-169　原始照片素材

图10-170　霓虹灯招牌（参见光盘）

【操作步骤提示】

(1) 使用【照亮边缘】滤镜将图像修改为光亮的霓虹灯。

(2) 将背景层转换为普通层，并修改当前图层的名称为“向日葵”。

(3) 添加一个黑色的背景层。

(4) 将【向日葵】层等比例缩放至如图 10-170 中所示的大小。
(5) 按住 Ctrl 键，在【图层】调板中单击【向日葵】层的缩略图，载入矩形选区。
(6) 创建一个新图层，并修改新图层的名称为“框”。
(7) 移动【框】图层至【向日葵】图层上方，在【框】图层中用白色对选区进行描边，并设置蓝色的【外发光】和【内发光】样式，如图 10-170 所示。
(8) 将【向日葵】图层中的黑色图像删除。
(9) 将【向日葵】图层再复制一层，使用【高斯模糊】滤镜，【半径】值为“5”，使新复制图层模糊，并修改当前图层的模式为【变亮】。
(10) 在图像中创建如图 10-170 所示的白色“coffee”文字。
(11) 将文字用绿色描边，描边宽度为“1px”。
(12) 将文字再复制一层，新复制的文字层名称为“coffee 副本”，修改当前文字颜色为绿色。使用【高斯模糊】滤镜，【半径】值为“3”，使新复制图层模糊，并修改当前图层的模式为【变亮】。
(13) 将【coffee 副本】层再复制一层。
(14) 给【coffee】层添加绿色的【外发光】样式。霓虹灯招牌的效果如图 10-170 所示。